U0315825

天然气加工基础知识

辛志玲　王　维　赵贵征　主编

北　京
冶 金 工 业 出 版 社
2021

内 容 提 要

本书主要内容包括化学基础知识、化学生产过程、动、静设备知识、自动化控制、工艺流程、生产投运、天然气加工流程及安全管理防范等，较全面系统地讲述了天然气加工所涉及到的各项基础知识。

本书适合于应用型大学本科化学工程与工艺、应用化学、能源化学工程等专业的教学用书，也适合于天然气加工企业岗位培训以及现场工程技术人员学习阅读。

图书在版编目(CIP)数据

天然气加工基础知识/辛志玲，王维，赵贵征主编. —北京：冶金工业出版社，2021. 10

ISBN 978-7-5024-8918-2

Ⅰ. ①天…　Ⅱ. ①辛…　②王…　③赵…　Ⅲ. ①天然气化工—高等学校—教材　Ⅳ. ①TE64

中国版本图书馆 CIP 数据核字（2021）第 179325 号

出 版 人　苏长永

地　　址　北京市东城区嵩祝院北巷 39 号　邮编　100009　电话　(010)64027926

网　　址　www. cnmip. com. cn　电子信箱　yjcbs@ cnmip. com. cn

责任编辑　程志宏　郭雅欣　美术编辑　吕欣童　版式设计　禹　蕊

责任校对　梅雨晴　责任印制　李玉山

ISBN 978-7-5024-8918-2

冶金工业出版社出版发行；各地新华书店经销；三河市双峰印刷装订有限公司印刷

2021 年 10 月第 1 版，2021 年 10 月第 1 次印刷

710mm×1000mm　1/16；15. 5 印张；299 千字；232 页

59. 00 元

冶金工业出版社　投稿电话　(010)64027932　投稿信箱　tougao@cnmip. com. cn

冶金工业出版社营销中心　电话　(010)64044283　传真　(010)64027893

冶金工业出版社天猫旗舰店　yjgycbs. tmall. com

前　言

“天然气加工基础知识”是大学化学工程与工艺或相关专业的核心课程之一，也是电力类应用型大学相关化学专业的重要实践教学内容，如化学工程与工艺、应用化学、能源化学工程专业等。本书为石油工业油气生产、处理工艺和设备知识的系列教材。该书的教学目的是帮助学生拓展知识面和技能，从而使其在毕业从业进入岗位时的专业面更宽广。

本书主要内容包括化学基础知识、化学生产过程、动静设备知识、自动化控制、工艺流程、生产投运、天然气加工流程及安全管理防范等。本书较全面系统地讲述了天然气加工所涉及的各项基础知识。该书是由一些从事天然气生产管理与科研、具有丰富实践经验的专家和长期从事油气加工专业教学、科研并积累了丰富理论知识和教学经验的优秀教育工作者合力完成的。既有理论深度又紧密联系实际生产需要，可读性与适用性广泛，以工艺生产为主线，内容清晰、层次分明、表述合理。

在本书编写过程中，赵贵征（上海石油天然气有限公司）和陆酊高级工程师做了大量工作，在此表示由衷感谢。

由于编者水平与学识所限，书中存在的缺点与不足之处，诚望广大读者指正。

编　者

2021 年 8 月

目　录

1 概　　论

1.1 无机物和有机物

与百姓日常生活息息相关的物质大致可分为无机物和有机化合物。通常无机物与有机化合物区分标准为是否含 C—H 键，没有 C—H 键的一氧化碳、二氧化碳、二硫化碳等都属于无机物。但无机物与有机化合物二者界限又不是很严格，它们之间有较大的重叠，有机金属化学即是一例。

过去认为无机物质即无生命的物质，如岩石、土壤，矿物、水等；而有机物质是由有生命的动物和植物产生，如蛋白质、油脂、淀粉、纤维素、尿素等。1828 年德意志化学家维勒从无机物氰酸铵制得尿素，从而破除了有机物只能由生命力产生的迷信，明确了这两类物质都是有内在联系的。

大多数有机化合物由碳、氢、氮、氧几种元素构成，少数还含有卤素和硫、磷、氮等元素。因而大多数有机化合物具有熔点较低、可以燃烧、易溶于有机溶剂等性质，这与无机化合物的性质有很大不同。

在有机物的大家庭中甲烷是最简单的一个有机物，而天然气的主要成分是甲烷。通常分为干气和湿气。干气是指主要组分为甲烷并含有微量 NGL（Natural Gas Liquids，即凝析液，包含乙烷，丙烷、丁烷和戊烷组分的碳氢混合物）的天然气；而湿气则指开采时带来的伴生液中含有大量的 NGL 的天然气，湿气具有较高的工业价值。NGL 的含量与地质结构密切相关，甚至在同一个地理位置开采，NGL 也会有较大差异。对于干气而言，甲烷的摩尔分数占比大约 95%，乙烷约 3%；而在湿气中，甲烷的摩尔分数占比大约 70%，乙烷占比则高达 15%，丙烷为 9%左右。

天然气产品的国家标准见《天然气》(GB 17820—2012)。

1.2 天然气组分物性

某产区的湿气主要组分有：甲烷（CH_4）、乙烷（C_2H_8）、丙烷（C_3H_{12}）、丁烷（C_4H_{18}）以及碳 5 或碳 5 以上的有机物，并伴有其他组分，如二氧化碳（CO_2）、氮气（N_2）和游离水（H_2O）。其中甲烷和乙烷的总量占到 88%左右。

在实际生产过程中对各组分的物性有所了解是非常必要的。

1.2.1 甲烷的物性

甲烷在自然界的分布很广，甲烷（俗称瓦斯）是最简单的有机物，是天然气、沼气、坑气等气体的主要成分，也是含碳量最小（含氢量最大，结构如图1-1所示）的烃，它可用来作为燃料及制造氢气、炭黑、一氧化碳、乙炔、氢氰酸及甲醛等物质的原料。

图1-1 甲烷结构图

1.2.1.1 物理特性

甲烷，其英文名：methane；相对分子质量：16.04276；

化学品类别：有机物—烷烃；结构简式：CH_4；管制类型：不管制；

颜色：无色；气味：无味；熔点：-182.5℃；沸点：-161.5℃；

蒸气压：53.32kPa/-168.8℃；饱和蒸气压（-168.8℃）：53.32kPa；

相对密度（水为1）：0.42（-164℃）；相对密度（空气为1）：0.5548（273.15K、101325Pa）；燃烧热：890.31kJ/mol；爆炸上限（体积分数）：15.4%；爆炸下限（体积分数）：5.0%。

1.2.1.2 甲烷燃烧方程式

（1）完全燃烧： $CH_4 + 2O_2 = CO_2 + 2H_2O$

即 甲烷 + 氧气 ⟶ 二氧化碳 + 水蒸气

（2）不完全燃烧：$2CH_4 + 3O_2 = 2CO + 4H_2O$

即 甲烷 + 氧气 ⟶ 一氧化碳 + 水蒸气

1.2.1.3 对人体健康危害

甲烷对人基本无毒，但浓度过高时，使空气中氧含量明显降低时，会造成人窒息。当空气中甲烷达25%~30%时，可引起头痛、头晕、乏力、注意力不集中、呼吸和心跳加速等。若不及时远离，可致窒息死亡。皮肤接触液化的甲烷，可致冻伤。

1.2.1.4　身体保护

（1）呼吸系统防护：一般不需要特别防护，但建议特殊情况下，佩带自吸过滤式防毒面具（半面罩）。

（2）眼睛防护：一般不需要特别防护，高浓度接触时可戴安全防护眼镜。

（3）身体防护：穿防静电工作服。

（4）手防护：戴一般作业防护手套。

（5）其他：工作现场严禁吸烟。避免长期反复接触。进入罐、限制性空间或其他高浓度区作业，须有人监护。

1.2.1.5　应急措施

（1）皮肤接触或眼睛接触：皮肤或眼睛接触液态甲烷会冻伤，应及时就医。

（2）吸入：迅速脱离现场至空气新鲜处。保持呼吸道通畅。如出现呼吸困难，应进行输氧。如呼吸停止，立即进行人工呼吸并就医。

（3）灭火方法：切断气源。若不能立即切断气源，则不允许熄灭正在燃烧的气体。喷水冷却容器，可能的话将容器从火场移至空旷处。

（4）灭火剂：雾状水、泡沫、二氧化碳、干粉。

（5）泄露：迅速撤离泄漏污染区人员至上风处，并进行隔离，严格限制出入。切断火源。合理通风，加速扩散。

1.2.2　乙烷的物性

乙烷是烷烃同系列中第二个成员，为最简单的含碳—碳单键（结构如图 1-2 所示）的烃。乙烷在某些天然气中的含量为 5%～10%，仅次于甲烷，并以溶解状态存在于石油中。

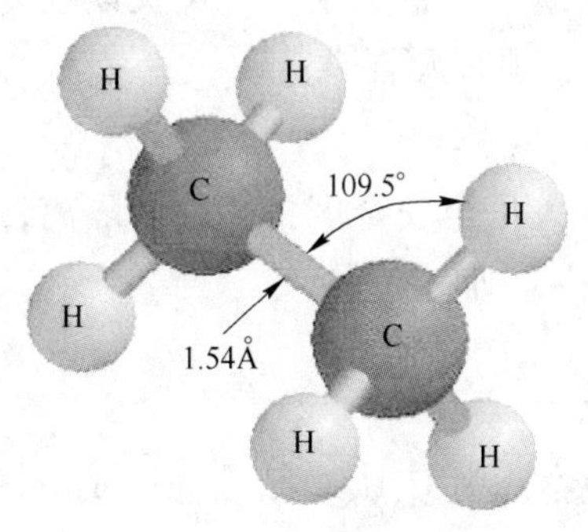

图 1-2　乙烷结构图

1.2.2.1　物理特性

乙烷，其英文名：ethane；化学式：C_2H_6；相对分子量：30.07；

外观与性状：无色无臭气体；熔点：-183.3℃；沸点：-88.6℃；

相对密度（水为1）：0.45；相对蒸气密度（空气为1）：1.04；

燃烧热：1558.3kJ/mol；饱和蒸气压（-99.7℃）：53.32kPa；

爆炸上限（体积分数）：16.0%；爆炸下限（体积分数）：3.0%；

溶解性：不溶于水，微溶于乙醇、丙酮，溶于苯，与四氯化碳互溶。

1.2.2.2 乙烷燃烧

乙烷可燃烧，即发生剧烈的氧化反应。完全燃烧时，反应物全被破坏，生成二氧化碳和水，同时放出大量热。

反应方程式： $2CH_3CH_3+7O_2 = 4CO_2+6H_2O$

即 乙烷 + 氧气 ⟶ 二氧化碳 + 水蒸气

1.2.2.3 主要用途

乙烷在化工行业是制造乙烯的很好原料，其收率高，主要工艺之一是通过蒸汽裂解生产乙烯。乙烷与蒸汽混合被加到900℃或以上的高温时重的碳氢化合物裂解成轻的碳氢化合物，烷烃成为烯烃。

1.2.2.4 健康危害

高浓度时，有单纯性窒息作用，空气中浓度大于6%时，出现眩晕、轻度恶心、麻醉症状。达到40%以上时，可引起惊厥，甚至窒息死亡。

1.2.2.5 身体保护

（1）呼吸系统防护：一般不需要特殊防护，但建议特殊情况下，佩戴自吸过滤式防毒面具（半面罩）。

（2）身体防护：穿防静电工作服。

（3）手防护：戴防冻作业手套。

（4）其他防护：工作现场严禁吸烟。避免长期反复接触。进入罐、限制性空间或其他高浓度区作业，须有人监护。

1.2.2.6 应急措施

迅速撤离泄露污染区人员至安全区，并进行隔离，严格限制出入；切断火源、切断泄漏源；合理通风，加速扩散。

1.2.3 丙烷的物性

丙烷，三碳烷烃，化学式为 C_3H_8，结构（图1-3）简式为 $CH_3CH_2CH_3$。通常为气态，在一定的压力下可相变为液态，液相的丙烷有利于运输。在对原油或湿天然气加工过程中可以得到丙烷。丙烷是重要的化工原料，还可以用作制冷剂和燃料。

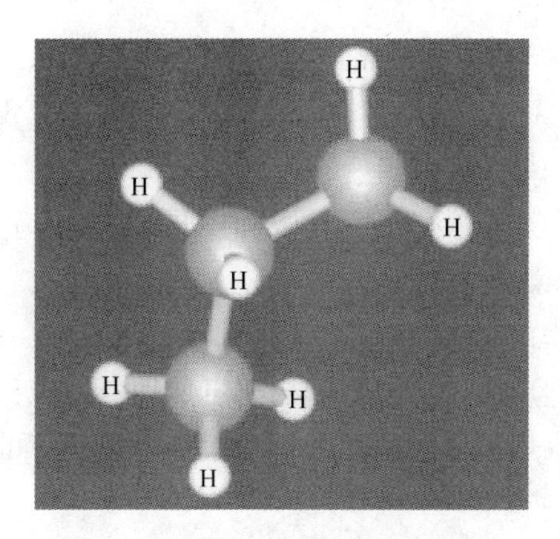

图 1-3 丙烷结构图

1.2.3.1 物理特性

丙烷，其英文名：Propane；化学式：C_3H_8；相对分子量：44.09562；

熔点：-187.6℃；沸点：-42.09℃；水溶性：不溶；密度（气体）：1.83kg/m^3；外观：无色气体；毒性：微毒；相对密度：0.5005；

相对蒸气密度（以空气为 1）：1.56；饱和蒸气压（-55.6℃）：53.32kPa；

燃烧热：2217.8kJ/mol；爆炸上限（体积分数）：9.5%；爆炸下限（体积分数）：2.1%。

1.2.3.2 丙烷燃烧

同甲烷及乙烷一样，丙烷同样在充足氧气下可燃烧，生成水和二氧化碳。

燃烧反应方程式：$C_3H_8 + 5O_2 = 3CO_2 + 4H_2O$

即 丙烷 + 氧气 ⟶ 二氧化碳 + 水蒸气

而当氧气不充足时，则生成水和一氧化碳。

燃烧反应方程式：$2C_3H_8 + 7O_2 = 6CO + 8H_2O$

即 丙烷 + 氧气 ⟶ 一氧化碳 + 水蒸气

和甲烷、乙烷不同的是，丙烷比空气重（约空气的 1.5 倍）。在自然的状态下，丙烷会下沉并积聚在地表或低洼处。在常压下，液态的丙烷会很快变为蒸气并且由于空气中水的凝结而显白色，而且快速挥发产生的低温能造成冻伤。在外界温度是 20℃ 的情况下，丙烷液体仍然保持-42℃ 的低温。1m^3 丙烷的高热值是 50kJ。

1.2.3.3 主要用途

丙烷通过蒸汽裂化技术制备基础石化产品的原料，也是生产丙醇的原料，又是良好的民用燃料及制冷剂。

1.2.3.4 健康危害

丙烷有单纯性窒息及麻醉作用。人短暂接触 1%丙烷，不引起症状；10%以下的浓度，只引起轻度头晕；接触高浓度时可出现麻醉状态、意识丧失；极高浓度时可致窒息。

1.2.3.5 毒性特点

丙烷属微毒类，为纯真麻醉剂，对眼和皮肤无刺激，直接接触可致冻伤。

1.2.3.6 应急措施

丙烷与空气混合能形成爆炸性混合物，遇热源和明火有燃烧爆炸的危险。与氧化剂接触会发生猛烈反应。出现泄漏后要迅速切断气源，若不能切断气源，则不允许熄灭泄漏处的火焰，要用喷水的方法冷却容器，在可能的情况下将容器从火场移至空旷处。

灭火剂采用雾状水、泡沫、二氧化碳、干粉。

迅速撤离泄漏污染区内人员至上风处，设立警戒区，严格限制人员进入。切断火源，禁止启动用电设施。用难燃物或沙子堵住泄漏点附近的下水道入口处，防止气体进入下水道。合理通风，加速扩散，用喷雾状水稀释丙烷浓度等措施。

1.2.4 正丁烷

正丁烷，其英文名：n-butane，别名：丁烷、四号溶剂，分子式：C_4H_{10}（结构如图1-4所示），即油田气、湿天然气和裂化气中都含有丁烷，并经分离而得到。

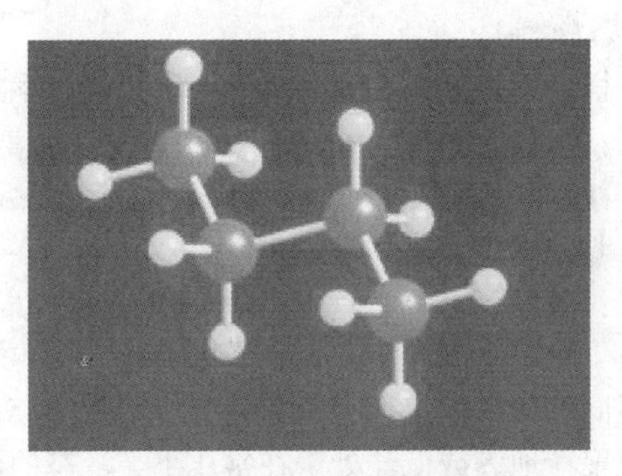

图1-4 正丁烷结构图

1.2.4.1 物理性质

正丁烷相对分子质量：58.12；化学品类别：有机物——烷烃；

管制类型：不管制；外观与性状：无色气体，有轻微刺激性气味；

熔点（℃）：−138.4；沸点（℃）：−0.5；相对密度（水为1）：0.58；

相对蒸气密度（空气为1）：2.05；燃烧热：2653kJ/mol；饱和蒸气压（0℃）：106.39kPa；溶解性：不溶于水，易溶于醇、氯仿；爆炸上限（体积分数）：8.5%；爆炸下限（体积分数）：1.5%。

1.2.4.2 应用领域

正丁烷除直接用作燃料外，还用作亚临界生物技术提取溶剂、制冷剂和有机合成原料。正丁烷在催化剂存在下脱氢生成丁烯或丁二烯，在硫酸或无水氢氟酸存在下异构成为异丁烷。此外，正丁烷还可做燃料掺和物以控制挥发成分，也可做重油精制脱沥青剂、树脂发泡剂等。

1.2.4.3 健康伤害

(1) 身体危害：高浓度有窒息和麻醉作用。

(2) 急性中毒：主要症状有头晕、头痛、嗜睡和酒醉状态、严重者可昏迷。

(3) 慢性影响：接触以丁烷为主的工人会出现头晕、头痛、睡眠不佳、疲倦等。

(4) 燃爆危险：易燃易爆。

1.2.4.4 急救措施

人体吸入正丁烷后应迅速脱离现场至空气新鲜处。保持呼吸道通畅。如呼吸困难，应输氧。如呼吸停止，立即进行人工呼吸。就医。

1.2.4.5 应急措施

(1) 有害燃烧产物：一氧化碳、二氧化碳。

(2) 灭火方法：切断气源。若不能切断气源，则不允许熄灭泄漏处的火焰。用喷水方法冷却容器，可能的情况下将容器从火场移至空旷处。

(3) 灭火剂：雾状水、泡沫、二氧化碳、干粉。

迅速撤离泄漏污染区内人员至上风处，设立警戒区，严格限制人员进入。切断火源，禁止启动用电设施。用难燃物或沙子堵住泄漏点附近的下水道入口，防止气体进入下水道。合理通风，加速扩散。用喷雾状水稀释丙烷浓度等措施。

1.2.5 异丁烷

异丁烷主要存在于天然气、炼厂气和裂解气中，经物理过程分离等获得，亦可由正丁烷经异构化反应制得。

1.2.5.1 物理特性

异丁烷，其英文名：isobutane；别称：2-甲基丙烷；化学式：C_4H_{10}（结构如图 1-5 所示）；

分子量：58.12；化学品类别：有机物——直链烷烃；管制类型：不管制；

外观与性状：无色、稍有气味的气体；熔点：-159.6℃；沸点：-11.8℃；

相对密度（水为 1）：0.56；相对蒸气密度（空气为 1）：2.01；燃烧热：2856.6kJ/mol；

饱和蒸气压（0℃）：160.09kPa；溶解性：微溶于水，溶于乙醚；

爆炸上限（体积分数）：8.5%；爆炸下限（体积分数）：1.8%。

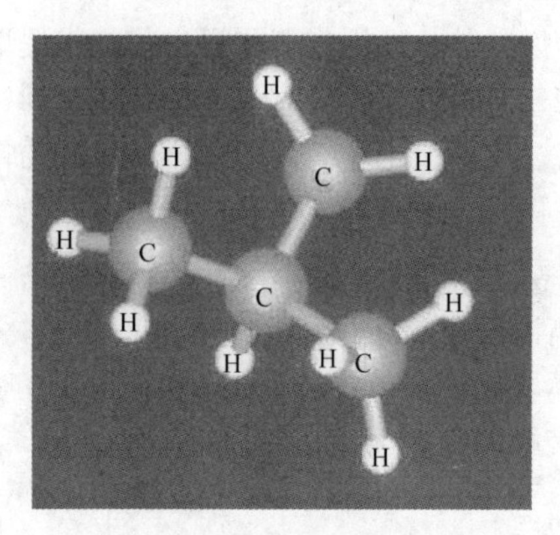

图 1-5 异丁烷结构图

1.2.5.2 应用领域

（1）异丁烷主要用于与异丁烯经烃化生产异辛烷，用作汽油辛烷值改进剂。经裂解可制异丁烯与丙烯。与正丁烯、丙烯进行烷基化可制烷基化汽油。可制备甲基丙烯酸、丙酮和甲醇等，还可作冷冻剂。

（2）高纯异丁烷主要用作标准气及配制特种标准混合气。

（3）用于制异丁烯、丙烯、甲基丙烯酸，用作制冷剂等。

1.2.5.3 安全风险

异丁烷属易燃气体，与空气混合能形成爆炸性混合物，遇热源和明火有燃烧爆炸的危险。与氧化剂接触发生猛烈反应。其蒸气比空气重，能在较低处扩散到相当远的地方，遇火源会着火回燃。

1.2.5.4 健康危害

（1）具有弱刺激和麻醉作用。

（2）急性中毒：主要表现为头痛、头晕、嗜睡、恶心、酒醉状态，严重者可出现昏迷。

（3）慢性影响：出现头痛、头晕、睡眠不佳、易疲倦。

1.2.5.5 急救措施

人体吸入异丁烷应迅速脱离现场至空气新鲜处。保持呼吸道通畅。如呼吸困难，应输氧。如呼吸停止，立即进行人工呼吸。就医。

1.2.5.6 应急措施

（1）有害产物：一氧化碳。

（2）灭火方法：切断气源。若不能切断气源，则不允许熄灭泄漏处的火焰。用喷水方法冷却容器，可能的话将容器从火场移至空旷处。

(3) 灭火剂：雾状水、泡沫、二氧化碳、干粉。

迅速撤离泄漏污染区内人员至上风处，设立警戒区，严格限制人员进入。切断火源，禁止启动用电设施。用难燃物或沙子堵住泄漏点附近的下水道入口，防止气体进入下水道。合理通风，加速扩散。用喷雾状水稀释丙烷浓度等措施。

1.2.6　正戊烷

正戊烷是烷烃中的第5个成员。正戊烷有两种同分异构体：异戊烷（沸点28℃）和新戊烷（沸点10℃），“戊烷”一词通常指正戊烷，即其直链异构体。

1.2.6.1　物理特性

正戊烷又名戊烷，其英文名称：n-pentane；分子式：C_5H_{12}（结构如图1-6所示）；相对分子量：72.15；纯品外观与性状：无色液体，有微弱的薄荷香味；熔点：-129.8℃；

沸点：36.1℃；相对密度（水为1）：0.63；相对蒸气密度（空气为1）：2.48；

饱和蒸气压（18.5℃）：53.32kPa；燃烧热：3506.1kJ/mol；

爆炸上限（体积分数）：9.8%；爆炸下限（体积分数）：1.7%；燃爆危险：极度易燃；

溶解性：微溶于水，溶于乙醇、乙醚、丙酮、苯、氯仿等多数有机溶剂。

图1-6　正戊烷结构图

1.2.6.2　主要用途

主要用于分子筛脱附和替代氟利昂作发泡剂，用作溶剂，制造人造冰、麻醉剂，合成戊醇、异戊烷等。

1.2.6.3　化学性质

戊烷为脂肪族饱和烃，化学性质稳定，常温常压下与酸、碱不作用。600℃

以上高温或在适当催化剂存在条件下发生热解，生成丙烯、丁烯、异丁烯、丁烷和异丙烷等混合物。

1.2.6.4 健康危害

高浓度可引起眼与呼吸道黏膜轻度刺激症状和麻醉状态，甚至意识丧失。慢性作用为眼和呼吸道的轻度刺激，可引起轻度皮炎。

1.2.6.5 应急处理

迅速撤离泄漏污染区内人员至上风处，设立警戒区，严格限制人员进入。切断火源，禁止启动用电设施。尽可能切断泄漏源，防止戊烷气液相流入下水道等有限空间形成爆炸危险。

皮肤接触时脱去污染的衣服，用肥皂水和清水彻底冲洗皮肤；眼睛接触时，提起眼睑，用流动水或生理盐水冲洗并就医；吸入时迅速脱离现场至空气新鲜处。保持呼吸道通畅。如呼吸困难，应输氧。如呼吸停止，立即进行人工呼吸，就医；食入时饮足够量温水，催吐，就医。

1.2.7 稳定轻烃

“烃”就是碳、氢两种元素以不同的比例混合而成的一系列物质。其中较轻的部分，就叫作轻烃。C_5 ~ C_{16}的烃在常温常压下是液态，就叫它液态轻烃。液态轻烃中最轻的部分是 C_5、C_6，其中饱和的 C_5、C_6 组分是发泡剂的比较好的原料之一，再重一点的部分是汽油、煤油和柴油等。其他别名有：轻质油、轻油、轻石脑油、轻汽油等。

稳定轻烃是以戊烷及更重的烃类为主要成分的油品，其终沸点不高于190℃，在规定的蒸气压下，允许含有少量丁烷。也称天然汽油。

稳定轻烃，其外文名：natural gasoline；主要成分：烃类；终沸点：不高于 190℃。

稳定轻烃按蒸气压范围分为两种牌号，其代号分别为 1 号和 2 号。1 号产品作为石油化工原料，2 号产品可作石油化工原料也可作车用汽油调和原料。

如果 C_5 作为单独产品分离出来，则稳定轻烃以 C_6 为主，兼含有少量的 C_5 及 C_7 以上的重组分。

1.2.7.1 理化特性

稳定轻烃外观：无色透明液体；爆炸上限（体积分数）：8.7%；爆炸下限（体积分数）：1.1%；燃爆危险：易燃；溶解性：微溶于水，溶于乙醇、乙醚、丙酮、苯等多数有机溶剂。

1.2.7.2 健康危害

高浓度可引起眼与呼吸道黏膜轻度刺激症状和麻醉症状，出现眩晕、头痛、兴奋或恶心、呕吐、缓脉甚至意识丧失。

1.2.7.3　应急措施

迅速撤离泄漏危险区内人员至上风处，并设置警戒区，严格限制人员进入。切断火源，禁止启动用电设施。尽可能切断泄漏源，防止稳定轻烃相流入下水道等有限空间形成爆炸危险。

稳定轻烃产品的国家标准为：《稳定轻烃》(GB-9053)。

1.3　水化物和干冰

1.3.1　水化物

水化物（hydrate）指的是含有水的化合物，其范围相当广泛。水化物是一种笼形晶体包络物，水分子借氢键结合形成笼形结晶，气体分子被包围在晶格之中。

天然气水化物是指轻的碳氢化合物和水所形成的疏松结晶化合物。水化物通常是当气流温度低于水化物形成的温度而生成的。在高压下，这些固体可以在高于0℃而生成。

因其外观像冰一样而且遇火即可燃烧，所以又被称作可燃冰（combustible ice）或者“固体瓦斯”或“气冰”。天然气水化物在自然界广泛分布在大陆永久冻土、岛屿的斜坡地带、活动和被动大陆边缘的隆起处、极地大陆架以及海洋和一些内陆湖的深水环境。

水化物形成的主要条件包括：

（1）天然气的含水量处于饱和状态。当天然气中的含水汽量处于饱和状态时，常有液相水的存在或易于产生液相水。液相水的存在是产生水合物的必要条件。

（2）压力和温度。当天然气处于足够高的压力和足够低的温度时，水化物才可能形成。

天然气中不同组分形成水化物的临界温度是该组分水化物存在的最高温度。此温度以上，不管压力多大，都不会形成水化物。除了烃类气体能形成水化物外其他气体也能形成，例如：CO_2、H_2S等，不同组分形成水化物的临界温度如下表1-1所示。

表1-1　不同组分形成水化物的临界温度

气体分子式	CH_4	C_2H_6	C_3H_8	nC_4H_{10}	iC_4H_{10}	H_2S	CO_2
临界温度℃	22	15	6	1	3	32	10

水化物的密度约为0.9g/cm^3，已经确定气体烃水化物的晶体属于立方晶体，

晶胞中水分子排列有两种形式。Ⅰ型为体心立方结构，晶胞中有46个水分子，形成若干空穴，可容纳甲烷或乙烷分子。Ⅱ型为类似金刚石的结构，晶胞中有136个水分子，所形成的空腔可容纳丙烷、正丁烷和异丁烷等。

(3) 流动条件突变。在具备上述条件时，水化物的形成，还要求有一些辅助条件，如天然气压力的波动，气体因流向的突变而产生的搅动以及晶种的存在等。图1-7为丙烷水化物的相图。压力对天然气生成水化物影响如图1-8所示。

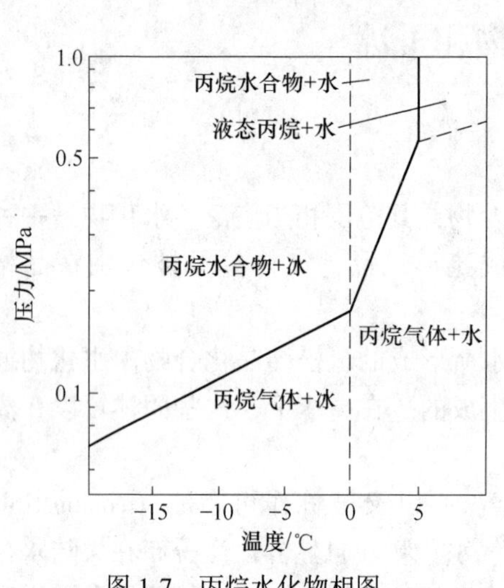

图1-7 丙烷水化物相图

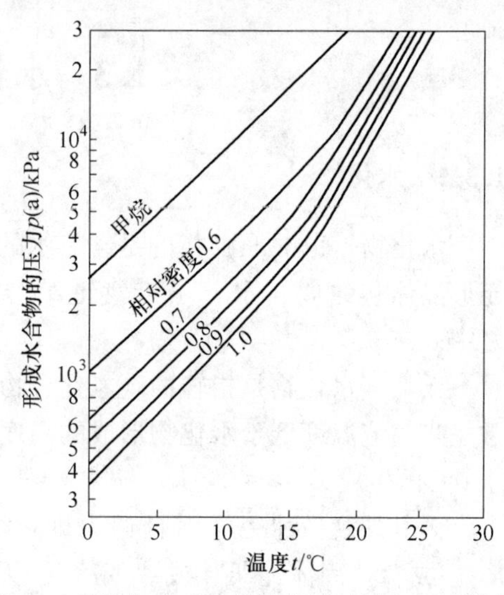

图1-8 天然气生成水化物的绝对压力-温度曲线

防止水化物形成的方法有：

(1) 加热，保证气流温度总是高于形成水化物温度；

(2) 用化学抑制剂或使气体脱水。

1.3.2 天然气中水汽含量的几个概念

(1) 绝对湿度或绝对含水量。标准状态下每立方米天然气所含水汽的质量数，称为天然气的绝对湿度或绝对含水量。

(2) 饱和湿度或饱和含水量。一定状态下天然气与液相水达到相平衡时，天然气中的含水量称为饱和含水量。

(3) 相对湿度。在给定条件下，$1m^3$ 天然气中的水汽含量 e 与相同条件下成饱和状态时 $1m^3$ 天然气中水汽含量 e_s 之比称为相对湿度。

(4) 天然气的露点（dew point）和露点降。天然气的露点是指在一定的压力条件下，天然气中开始出现第一滴水珠时的温度。天然气的露点降是在压力不变的情况下，天然气温度降至露点温度时产生的温降值。

1.3.3 天然气脱水的常用方法

1.3.3.1 冷却脱水

冷却脱水是利用当压力不变时，天然气的含水量随温度降低而减少的原理实现天然气脱水。此方法只适用于大量水分的粗分离。对于增加气体的压力和降低气体的温度，都会促使气体的液化。对于天然气这种多组分的混合物，各组分的液化温度都不尽相同，其中水和重烃是较易液化的两种物质。所以采用加压和降温措施，可促使天然气中的水分冷凝析出。天然气中的露点随气体中水分降低而下降。

1.3.3.2 吸收脱水

吸收脱水是用吸湿性液体（或活性固体）吸收的方法脱除气流中的水蒸气。用作脱水吸收剂的物质应具有以下特点：对天然气有很强的脱水能力，热稳定性好，脱水时不发生化学反应，容易再生，黏度小，对天然气和液烃的溶解度较低，起泡和乳化倾向小，对设备无腐蚀性，同时还应价格低廉，容易得到。

甘油是最先用来干燥燃料气体的液体之一。

1.3.3.3 吸附脱水

国际上对吸附的严格定义是：一个或多个组分在界面上的富集（正吸附或简单吸附）或损耗（负吸附）。其机理是在两相界面上，由于异相分子间作用力不同于主体分子间作用力，使相界面上流体的分子密度异于主体密度而发生吸附。

（1）基本原理：吸附是用多孔性的固体吸附剂处理气体混合物，使其中一种或多种组分吸附于固体表面，其他的不吸附，从而达到分离操作。水是一种强极性分子，分子直径很小。不同的多孔性固体的孔径是不同的，孔径较大的，都可以吸附水。吸附能力的大小与多种因素有关，主要是固体的表面力。

（2）吸附类型：根据表面力的性质可将吸附分为两大类型，即物理吸附和化学吸附。

1.3.3.4 膜分离技术脱水

天然气膜分离技术是利用特殊设计和制备的高分子气体分离膜对天然气中酸性组分的优先选择渗透性，当原料天然气流经膜表面时，其酸性组分（如 H_2O、CO_2 和少量 H_2S）优先透过分离膜而被脱除掉。

1.3.4 抑制水化物生成的抑制剂

广泛使用的天然气水化物抑制剂有甲醇和甘醇类化合物，如甲醇、乙二醇、二甘醇、三甘醇。所有这些化学抑制剂都可以回收和再次循环使用，但在大多数情况下，回收甲醇的经济性较差。

甲醇由于沸点较低，宜用于较低温度的场合，温度高时损失大，通常用于气量较小的节流设备或管线。甲醇富液经蒸馏提浓后可循环使用。

甲醇可溶于液态烃中，其最大质量浓度约3%。

甲醇具有中等程度的毒性，可通过呼吸道、食道及皮肤侵入人体，甲醇对人中毒剂量为5~10mL，致死剂量为30毫升，空气中甲醇含量达到39~65mg/m^3时，人在30~60min内即会出现中毒现象，因而，使用甲醇防冻剂时应注意采取安全措施。

1.3.5 干冰

干冰是固态的二氧化碳（二氧化碳相图见图1-9），在6.25MPa压力下，把二氧化碳冷凝成无色的液体，再在高压下迅速凝固而得到。二氧化碳常态下是一种无色无味的气体，自然存在于空气中，虽然二氧化碳在空气中的含量相对很小（体积分数约0.03%）但它却是我们所认识到的最重要的气体之一。

二氧化碳由固体变成气体时要吸收大量的热，使周围空气的温度下降很快，空气温降后其对水蒸气的溶解度变小，水蒸气发生液化反应并放出热量，由气相变为液相，就形成了雾。此“白雾”就是小水滴（图1-10），而不是气态的其他物质，所以看到的是白雾而不是白烟。

干冰极易挥发，升华为无毒、无味的气体，气相二氧化碳是固体干冰体积的600~800倍，所以干冰不能储存于完全密封性体积的容器中，如塑料瓶等，干冰与液体混装易爆炸。

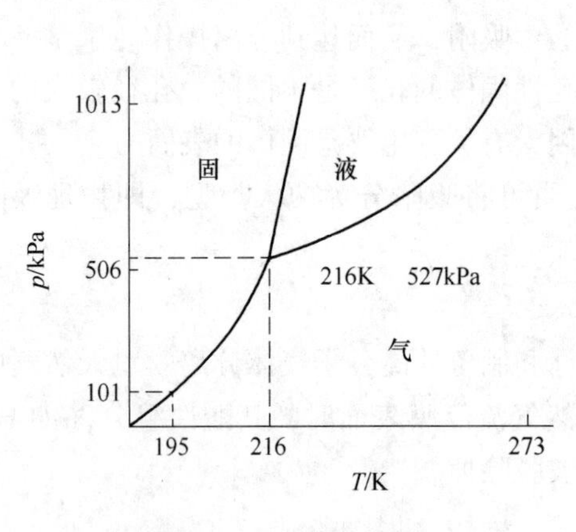

图1-9 二氧化碳相图

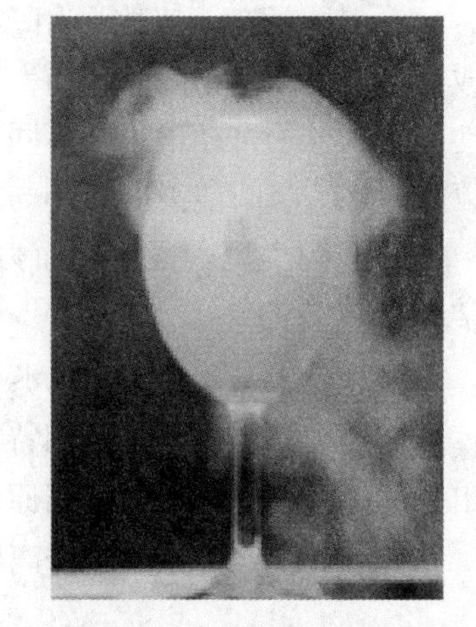

图1-10 干冰升华冒“烟”过程

1.3.6 干冰物性

干冰相对分子量：44.01；与水的溶解度为1∶1，部分生成碳酸；

密度（-78℃固态）：1560kg/m^3；沸点：-57℃；熔点：-78.5℃；三相点：如图 1-9 所示；外观：无色无味气体。

1.3.7 天然气产品中 CO_2 的要求

国家标准中对一类天然气产品中的 CO_2 含量小于 2%，二类天然气产品中的含量为小于 3%。只要湿气中的 CO_2 能得到控制，也就不必处理。

2 基础知识

2.1 化工生产过程的主要参数

在石油天然气和石油化工的连续生产过程中，自动化控制已达到一个很高的水平，做到这一点就离不开生产过程中实时对加工物料物理量的检测—对比—判断—调整—反馈，使生产过程一直处于人们所希望的运行状态并生产出所需要的产品。

生产过程中工艺基本参数主要包括：温度、压力、流量和液位。这 4 大参数是生产过程实现自动化、连续性、可靠性、安全性的基本依据。怎样获得这些重要依据呢？

2.1.1 温度

温度是表示物体冷热程度的物理量，微观上来讲是物体分子热运动的剧烈程度。温度只能通过物体随温度变化的某些特性间接测量，而用来量度物体温度数值的标尺叫温标。

温标规定了温度的读数起点（零点）和测量温度的基本单位。国际单位为热力学温标 K。目前国际采用较多的其他温标有华氏温标℉、摄氏温标℃和国际实用温标。

从分子运动论观点看，温度是物体内分子运动平均动能的标志。温度是大量分子热运动的集体表现，含有统计意义。

温度无论升高或降低所产生的温度梯度，会使能量在物体内部或物体之间流动（热交换）。

温度计是测量温度的仪表，如图 2-1 所示检测温度的单位为：℃或℉（1℉＝5/9℃）。常用测温仪的分类与原理如表 2-1 所示。

图 2-1　温度计

接触式测温法的特点是测温元件直接与被测对象接触，两者之间进行充分的热交换，最后达到热平衡，这时感温元件的某一物理参数的量值就代表了被测对象的温度值。这种方法优点是直观可靠，缺点是感温元件影响被测温度场的分布，接触不良等都会带来测量误差。

表 2-1　常用测温仪的分类与原理

<table>
<tr><th>形式</th><th colspan="2">名　称</th><th>作用原理</th><th>测温范围/℃</th><th>特　点</th></tr>
<tr><td rowspan="7">接触式</td><td rowspan="2">膨胀式温度计</td><td>液体膨胀式</td><td rowspan="2">利用液体、固体受热膨胀的原理</td><td rowspan="2">-200~500</td><td rowspan="2">结构简单，使用方便，不便远传</td></tr>
<tr><td>固体膨胀式</td></tr>
<tr><td rowspan="3">压力式温度计</td><td>气体式</td><td rowspan="3">利用封闭在容器中的气体、液体或某种液体的饱和蒸气受热时体积与压力的变化</td><td rowspan="3">0~300</td><td rowspan="3">机械强度高，耐振动，但滞后大</td></tr>
<tr><td>蒸气式</td></tr>
<tr><td>液体式</td></tr>
<tr><td colspan="2">热电阻温度计</td><td>利用导体或半导体受热后电阻值变化的性质</td><td>-200~500</td><td>精度高，便于集中控制</td></tr>
<tr><td colspan="2">热电偶温度计</td><td>利用物质辐射能的性质</td><td>0
1600</td><td>但需要补偿导线进行温度补偿</td></tr>
<tr><td rowspan="3">非接触式</td><td rowspan="3">辐射高温计</td><td>光学式</td><td rowspan="3">利用物体辐射能的性质</td><td rowspan="3">600-2000</td><td rowspan="3">结构复杂，只能测高温</td></tr>
<tr><td>光电式</td></tr>
<tr><td>辐射式</td></tr>
</table>

非接触式测温法的特点是感温元件不与被测对象相接触，而是通过辐射进行热交换，故可以避免接触式测温的缺点，具有较高的测温上限。此外，非接触式测温法热惯性小，可达 1/1000s，故便于测量运动物体的温度和快速变化的温度。由于受物体的发射率、被测对象到仪表之间的距离以及烟尘、水汽等其他的介质的影响，这种方法一般测温误差较大。

热电偶（图 2-2）是工业上最常用的一种感温元件，它由两种不同材料的导体（或半导体）A 和 B 焊接而成。导体 A、B 称为热电极，焊接的一端称为热电偶的测量端（或热端），与被测介质接触，感受被测温度，另一端通过导线与仪表连接，称为热电偶的参考端（或冷端）。

热电阻测量准确度高，性能稳定，不需要进行温度补偿。

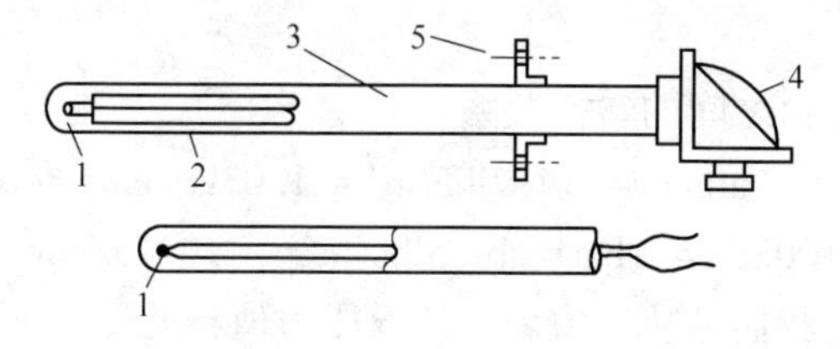

图 2-2　热电偶的结构图

1—测量端；2—绝缘管；3—保护套；4—接线盒；5—安装固定件

热电阻（图 2-3）的感温元件分为金属热电阻和半导体热电阻两大类，一般把金属热电阻称为热电阻，而把半导体热电阻称为热敏电阻，双金属片的测温原理如 2-4 所示。

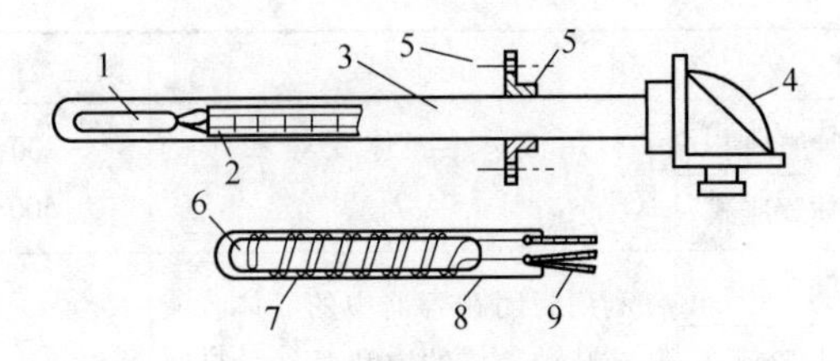

图 2-3　热电阻的结构图

1—电阻体；2—绝缘管；3—保护套；4—接线盒；5—安装固定件；6—芯柱；7—电阻丝；8—保护膜；9—引线

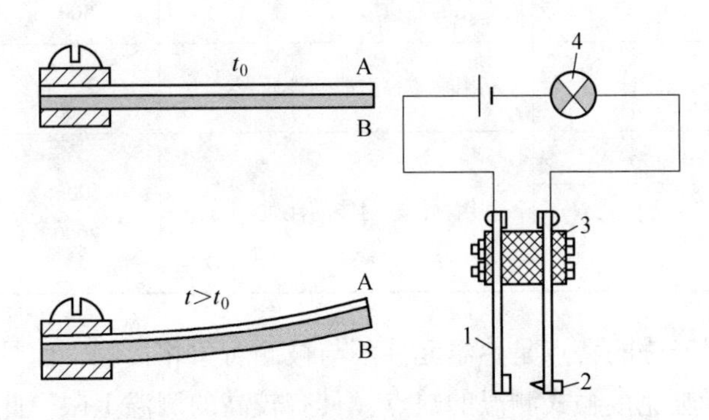

图 2-4　双金属片的结构形式与测温原理

1—双金属片；2—调节螺丝；3—绝缘子；4—信号灯

2.1.2　压力

压力是施加在单位表面面积上的力。世界范围使用的压力单位有很多，如镑每平方英寸（lbf/in^2）、大气压、千克每平方厘米（kg/cm^2）和巴。SI 制中压力的单位是帕斯卡（Pa），它等于在 1 平方米的面积上作用 1 牛顿的力。此单位压力比一个水滴作用在平面上的压力要小，因此将千帕 kPa 即 1000Pa 作为 SI 制压力的标准单位。

以下给出各种压力之间的转换关系：

$$1\text{大气压（atm）} = 14.7lbf/in^2 = 1.03kg/cm^2 = 101kPa$$

$$100kPa = 1bar = 14.5lbf/in^2 = 1.02kg/cm^2$$

在生产应用中，我们是从压力表上读取压力值，此压力值表示作用在容器内壁每平方厘米面积上的力。例如，如果压力表读数为 1000 kPa ，它就相当于作用在容器内壁上每平方厘米面积上的力为 10kg 。由于测量地点、被测介质以及所要求的不同，压力还可以有其他不同的表示方式。

弹簧式压力表是利用各种弹性元件受压后所产生的弹性变形来测量压力的，如图 2-5 所示。

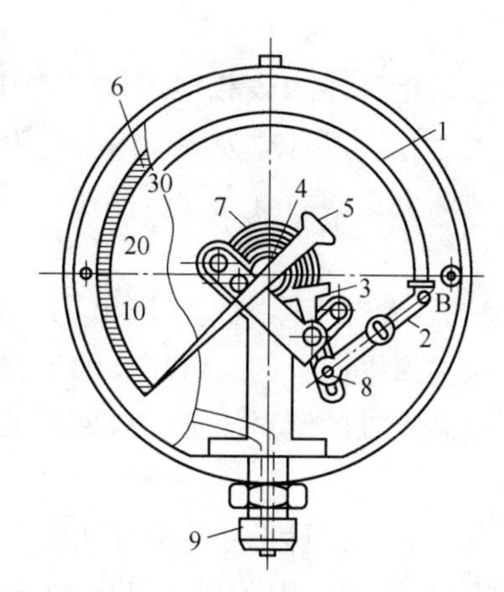

图 2-5 弹簧式压力表结构图

1—单圈弹簧管；2—拉杆；3—扇形齿轮；4—中心齿轮；5—指针；6—面板；7—游丝；8—调整螺丝；9—接头

2.1.2.1 内压

所有物质都是由小的分子组成的。物质的密度即是一定体积内所包含的分子的数目。空气的密度比水低，实际上根本看不到空气，这是因为空气分子之间距离太远所致。而固体的众多分子之间紧密结合成为一个小体积，通常就能看见它。

压力表显示的是内压。它是一群分子挤压在容器的内壁而产生的力。它的作用力不仅和分子的数目有关，还和其能量有关，这就是温度能影响压力的原因。随着温度的升高，分子的运动速度加快，撞击力就越强，因此压力升高。判断气体或液体压力的所有方法都把温度做一个因素加以考虑。

2.1.2.2 真空度

小于大气压的压力被称为真空度。我们认为真空度不是一个正压力，而把它看成是吸力或负压力。由于大气为我们生活环境的一部分，所以我们称其为大气压。但是，当在真空条件下操作时系统内保留的压力是在绝对零压力上的一个能引起流动或做功的正作用力。

如果把装有真空表的容器在常压下敞口置于空气中，则压力表的读数是零，压力为大气压力。如果把它封闭，并抽出 10%的空气，则真空计在刻度盘的读数为 10%。如果将一半的空气除去，则真空表的读数为 50%刻度。如果将所有空气都抽出，则真空表的读数为760mmHg。

真空表上的读数是指低于大气压力的那部分压力值，而常规的压力表读数是指高于大气压的那部分压力。

2.1.2.3 绝对压力

以上所说的压力表读数是指与压力表相连的设备内压和大气压之间的差值，绝对压力是表压和大气压力之和。以月球为例，因为它没有大气压，所以表压就等于绝对压力。但是，在地球上，因为有大气压存在，所以必须将大气压和表压相加才能得到绝对压力。

公式为：绝对压力=表压+大气压标准大气压=表压+101kPa

上述的标准大气压是指在海平面上的人气压。如果在海平面以上，它会小一些。要确定海平面以上一定高度处的绝对压力，应使用处于该高度的大气压而不是101kPa 。

气体计量、气体管线和压缩机设计都用绝对压力。但是，在生产过程中所涉及的压力都是压力表上显示的压力，因此是表压。为防止把绝对压力和表压混淆，我们在表示绝对压力的变量字母后加“a”，写作p（a）。如果在压力变量后面没有“a”，则该压力为表压。

2.1.2.4 压力降（差压）

压力降是在两个测定点处压力的变化量，这个压力降可以写作Δp，其中“Δ”是希腊符号“delta”。只要看到在压力p前有“Δ”，它就表示那是个变化量。

2.1.2.5 液压头

液压头是容器内盛装的液体处于其底部的压力。在该液柱底部所产生的压力决定于液柱的高度和相对密度，其计算公式是：

SI制：液体压力（kPa）=液体高度（m）×相对密度×9.8

液体压头取决于液柱的高度和相对密度，与容器的形状无关。每一容器内都装有相同高度和密度的液体，液体的重量不同，但液体在每一容器底部所产生的压力是相同的。如果容器相贯通，一旦出现液压差，那么液体将从压力较高处流向压力较低处。

切记，同一液体的压力只与液体的高度有关，与容器的形状无关。

在生产设备中，液体压头经常被称为液压头、静压头、静压或简单地称为压头。

压头通常也以长度单位来表示：SI制以厘米或米为单位的水柱或汞柱表示压头；对于生产处理设备，人们只关心由液体和固体产生的压头。气体的相对密度太低，因此气体的压头不大。

2.1.2.6 压力测量

测量压力最常用的方法是使用如图 2-6 所示的压力表来测量。大多数压力表都有一个 BOURDON 管和指针相连，当在管内侧施加压力时，它会膨胀或拉直而引起指针的旋转。压力表所用单位为 kPa 和 MPa，国家规定使用其他计量单位的压力表已不再生产使用了。

图 2-6 三种压力表

压力计是测量流体压力的仪器。通常都是将被测压力与某个参考压力（如大气压力或其他给定压力）进行比较，因而测得的是相对压力或压力差。

2.1.2.7 压力的应用

多数工艺容器在操作时须用压力表来指示其内部的压力。该压力可能是由容器内液体的蒸气压所引起的，或者来自压缩机或泵。无论在何种情况下，此压力均作用在容器的整个内表面上。如果容器内只装有一部分液体，那么由于液压头的缘故，容器底部所承受的压力大于其顶部所承受的压力。装在容器底部的压力表读数要比在顶部的高，它们之间压力的差值就是液压头。

2.1.3 流量

2.1.3.1 流量定义

所谓流量是指单位时间内流经封闭管道或明渠有效截面的流体数量的大小，又称瞬时流量。而在某一段时间内流过管道的流体流量的总和，即各瞬间流量在一段时间内的累计值称为总量。

当流体量以体积表示时称为体积流量；当流体量以质量表示时称为质量流量。

不可压缩的流体做均衡流动时，通过同一流管各截面的流量不变。

对在一定通道内流动的流体的流量进行测量统称为流量计量。流量计量的流体是多样化的，如测量对象有气体、液体、混合流体。由于流体的温度、压力、流量均有较大的差异，要求的测量准确度也各不相同，因此流量计量的任务就是根据测量目的，被测流体的种类、流动状态、测量场所等测量条件，研究各种相应的测量方法，并保证流量量值的正确传递。

2.1.3.2 工业生产过程的重要参数

计量流量与温度、压力、液位测量一样，是石油化工生产过程中的重要参数。人们依靠这些参数对生产流程进行监督和控制，并实现生产流程的自动化。这对提高产品的质量与产量，保障生产安全，改进操作工艺，改善生产条件及科学实验等方面将有着重要意义，同时，流量计量是企业经济核算的重要依据，流量计量准确可靠是保证企业生产高效进行，保证最佳经济效益的重要手段之一。

2.1.3.3 流量计量的内容

由于流量是一个动态量，流量测量是一项复杂的技术。从被测流体种类来说，包括气体、液体和混合流体三种具有不同物理特性的流体；从测量流体流量的条件来说，又是多种多样的，如测量时的温度可以从高温到极低温，测量时的压力可以从高压到低压，根据被测流量的大小可以从微小流量到大流量，还有被测流体的流动状态可以是层流、紊流等。此外就液体而言，还存在黏度大小不同等情况。因此，为准确测量流量，就必须研究不同流体在不同条件下的流量计量方法，并提供相应的测量仪表，这是流量计量的主要工作之一。由于被测流体的特性复杂，测量条件又不尽相同，因而产生了多种不同的测量方法和测量仪表。

2.1.3.4 测量仪表的分类

流量计种类、原理、特点及应用场合如表2-2所示。

表2-2 流量计种类及用途

<table>
<tr><th>种类</th><th colspan="2">原理</th><th>主要特点</th><th>应用场合</th></tr>
<tr><td>椭圆齿流量计</td><td colspan="2" rowspan="2">容积法原理</td><td rowspan="2">不受黏度因素影响，精度高，灵敏度高</td><td>液体、干净</td></tr>
<tr><td>腰轮流量计</td><td>液体、大流量</td></tr>
<tr><td>叶轮流量计</td><td colspan="2" rowspan="2">速度式测量原理</td><td>简单可靠</td><td>水表</td></tr>
<tr><td>涡轮流量计</td><td>精度高，灵敏度高、范围大</td><td>气、液、干净</td></tr>
<tr><td>转子流量计</td><td rowspan="2">节流原理</td><td>恒压差</td><td>应用广泛，使用前要校正</td><td rowspan="2">气体、蒸气、液体</td></tr>
<tr><td>差压式流量计</td><td>变压差</td><td>结构简单，使用普遍</td></tr>
<tr><td>靶式流量计</td><td colspan="2">动压原理</td><td>结构简单，可测一般流体和特殊介质</td><td>黏度大，含颗粒</td></tr>
<tr><td>电磁流量计</td><td colspan="2">电磁学原理</td><td>与介质不接触，不受流体性质影响</td><td>不宜高温、高压</td></tr>
<tr><td>旋进旋涡式流量计</td><td colspan="2" rowspan="2">质量法测量原理</td><td rowspan="2">不受流体性质影响</td><td>适合中小管径</td></tr>
<tr><td>卡曼旋涡式流量计</td><td>使用大管径</td></tr>
</table>

（1）差压式（也称节流式）流量计是基于流体流动的节流原理，利用流体流经节流装置时产生的压力差而实现流量测量的，是一种定节流面积、变压降的流量计，如图 2-7、图 2-8 所示。

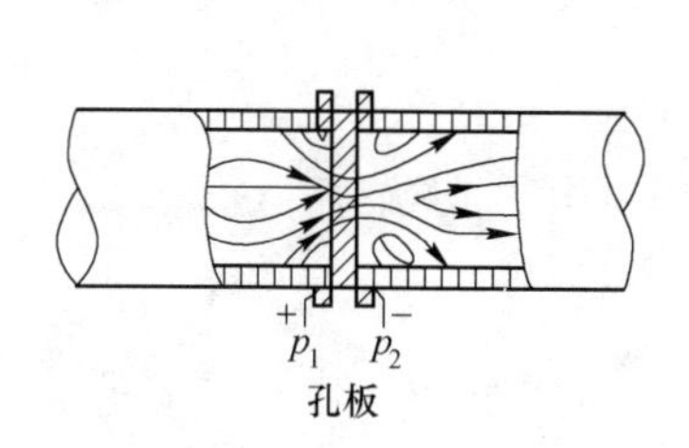

图 2-7 差压式（孔板式）流量计原理

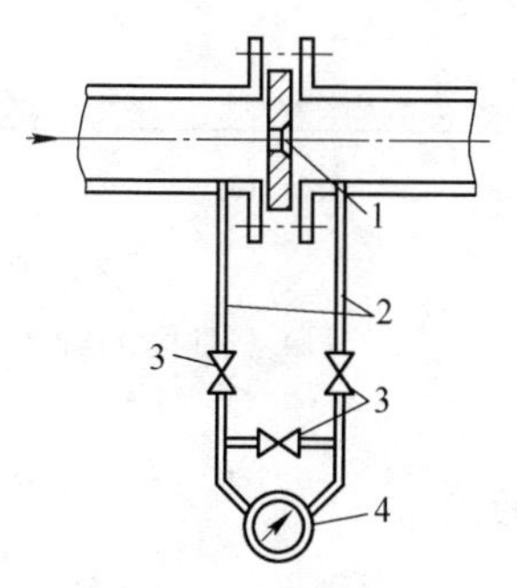

图 2-8 差压式流量计结构

1—节流元件；2—引压管线；3—三阀组；4—差压计

（2）涡轮流量计是速度式流量计中的主要种类，当被测流体流过涡轮流量计传感器时，在流体的作用下，叶轮会受力旋转，其转速与管道平均流速成正比，同时，叶片周期性地切割电磁铁产生的磁力线，改变线圈的磁通量，根据电磁感应原理，在线圈内将感应出脉动的电势信号，即电脉冲信号，该电脉动信号的频率与被测流体的流量成正比，从而计算出流量，如图 2-9 所示。

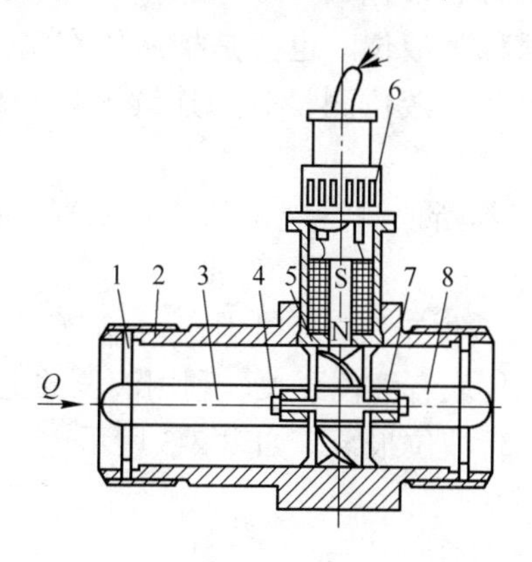

图 2-9 涡轮流量计结构

1—紧固环；2—壳体；3—前导流件；4—止推片；5—叶轮；6—磁电转换器；7—轴承；8—后导流片

（3）涡街流量计是利用流体振荡原理进行流量测量的，当流体流过非流线型阻挡体时，会产生稳定的旋涡，旋涡的频率与流体流速具有确定的对应关系，测量旋涡频率的变化，便能得知流体的流量，如图 2-10 所示。

流量仪表种类繁多，应测量原理不同，所适用场合也不同。

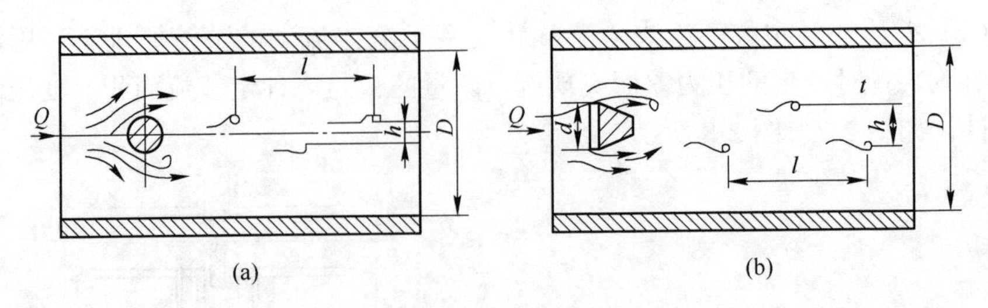

图 2-10　涡街流量计检测原理
（a）圆柱检测器产生的旋涡；（b）三角柱检测器产生的旋涡

2.1.4　液位

与液体相比气体更容易变形，因为气体分子比液体分子稀疏得多。在一定条件下，气体和液体的分子大小并无明显差异，但气体所占的体积是同质量液体的103 倍。所以气体的分子距与液体相比要大得多，且分子间的引力非常微小，分子可以自由运动，极易变形，能够充满所能到达的全部空间。液体的分子距很小，分子间引力较大，分子间相互制约，分子可以做无一定周期和频率的振动，在其他分子间移动，但不能像气体分子那样自由移动，因此，液体的流动性不如气体。在一定条件下，一定质量的液体有一定的体积，并取容器的形状，但不能像气体那样充满所能达到的全部空间。

液体和气体的交界面称为液位。也就是指液体在密封容器（池子）或开口容器（池子）中存放的高低。液位测量分为连续测量和位式测量两大类（参见图 2-11~图 2-14）。

（1）连续测量：连续不断地测量液位的变化情况，能实现连续测量的仪表有液位计或液位变送器。

（2）位式测量：检测液位是否达到上限、下限等某个特定的位置称为位式测量，能实现位式测量的仪表有液位开关。利用液位的上、中、下给出的信号可控制物料进出的多少及进行液位报警，如表 2-3 所示。

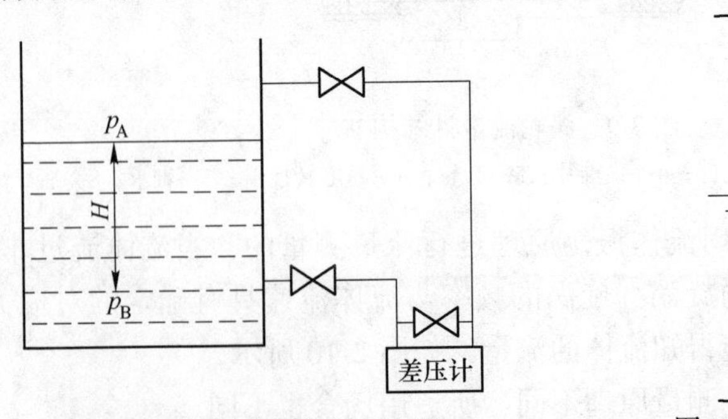

图 2-11　差压式液位计原理图

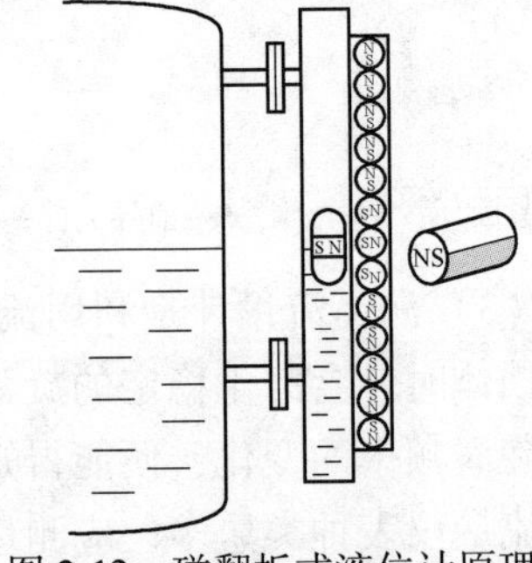

图 2-12　磁翻板式液位计原理图

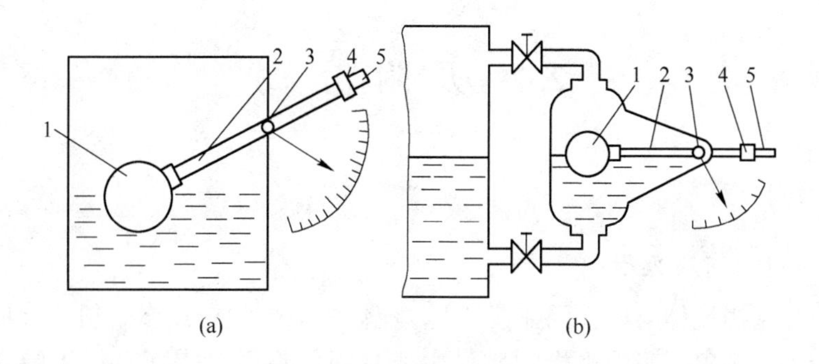

图 2-13 浮力式液位计原理图

（a）内浮球式；（b）外浮球式

1—浮球；2—连杆；3—转动轴；4—平衡重锤；5—杠杆

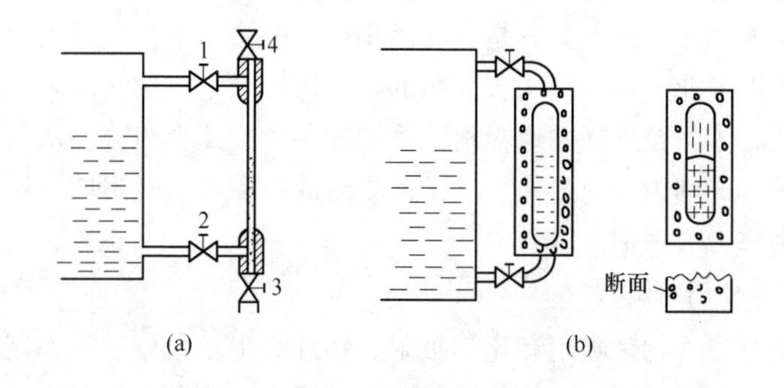

图 2-14 玻璃液位计原理图

（a）玻璃管式；（b）玻璃板式

表 2-3 常用液位计的分类与原理

种 类	原 理	主 要 特 点
玻璃式	连通器原理	结构简单、玻璃易损
浮力式	浮在液面上的浮标随液面变化而升降	结构简单、信号不远传
差压式	静力学原理，液面的高度与容器底部的压力成正比	开口和闭口容器均能测量
电容式	由液体的容器形成的电容，其值随液位高度变化而变化	可测液位及低温介质物位，精度高，线路复杂，成本高
电极式	根据导电性液面达到某个电极位置发出信号的原理	简单、跳跃测量，精度不高
辐射式	液体吸收放射性物质后射线能量与液位高度有一定关系	非接触式，不受温度、压力影响
超声波式	利用声波在介质中传播的某些声学特性进行测量	非接触测量，准确性高，易受介质温度、压力影响

几种液位计的工作原理如图 2-11～图 2-13 所示。

2.2 吸附分离

2.2.1 吸附分离

2.2.1.1 何为吸附

吸附是指当流体与多孔固体接触时，流体中某一组分或多个组分在固体表面处产生积蓄的现象。吸附也指物质（主要是固体物质）表面吸住周围介质（液体或气体）中的分子或离子的现象。

吸附属于一种传质过程，物质内部的分子与周围分子间有互相引力，但物质表面的分子相对物质外部的作用力未能充分释放，所以液体或固体物质的表面可以吸附其他的液体或气体，尤其是表面面积很大的情况下，这种吸附力能产生很大的作用，所以工业上经常利用大面积的物质进行吸附，如活性炭、水膜等。

利用多孔固体颗粒选择性地吸附流体中的一个或几个组分，从而使流体混合物得以分离的方式称为吸附操作。通常被吸附的物质称为吸附质，用于吸附的多孔固体颗粒则称为吸附剂。

2.2.1.2 吸附分类

吸附现象可分为物理吸附和化学吸附。物理吸附是由分子间作用力相互作用而产生的吸附。如活性炭对气体的吸附，物理吸附一般是在低温下进行，吸附速度快、吸附热小、吸附无选择性。由于化学键的作用而产生的吸附称为化学吸附。化学吸附过程有化学键的生成与破坏，吸收或放出的吸附热比较大，所需活化能也较大，需在高热下进行并有选择性。

物理吸附过程不产生化学反应，不发生电子转移、原子重排及化学键的破坏或生成。由于分子间引力的作用比较弱，使得吸附质分子的结构变化很小。在吸附过程中物质不改变原来的性质，因此吸附能小，被吸附的物质很容易再脱离，如用活性炭吸附气体，只要升高温度，就可以使被吸附的气体逐出活性炭表面。

化学吸附是吸附质和吸附剂以分子间的化学键为主的吸附，是指吸附剂与吸附质之间发生化学作用，生成化学键引起的吸附，在吸附过程中不仅有引力，还运用化学键的力，因此吸附能较大，要逐出被吸附的物质需要较高的温度，而且被吸附的物质即使被逐出，也已经产生了化学变化，不再是原来的物质了，一般催化剂都是以这种吸附方式起作用的。

2.2.1.3 解吸方法

与吸附相反，组分脱离固体吸附剂表面的现象称为解吸（或脱附）。解吸的方法有很多种，原则上是升温和降低吸附质的分压以改变平衡条件使吸附质解吸。工业上根据不同的解吸方法，赋予吸附-解吸循环操作以不同的名称，具体包括以下几种。

（1）变温吸附：用升高温度的方法使吸附剂的吸附能力降低，从而达到解吸的作用，即利用温度变化来完成循环操作。

（2）变压吸附：降低系统压力或抽真空使吸附质解吸，升高压力使之吸附，利用压力的变化完成循环操作。

（3）变浓度吸附：利用惰性溶剂冲洗或萃取剂抽提而使吸附质解吸，从而完成循环操作。

（4）置换吸附：用其他吸附质把原吸附质从吸附剂上置换下来，从而完成循环操作。

2.2.2 过滤分离

2.2.2.1 何为过滤

过滤是一大类单元操作的总称，是通过特殊装置在推动力的作用下，位于一侧的流体通过多孔介质的孔道流向另一侧，在通过介质时不需要的组分被挡住，需要的组分通过介质，这就是流体提纯净化的过程，过滤的方式很多，使用的物系也很广泛，有固-液过滤、固-气过滤等。

2.2.2.2 过滤介质

过滤介质即为使流体通过而颗粒被截留的多孔介质。无论采用何种过滤方式，过滤介质总是必需的，因此过滤介质是过滤操作的要素之一。

许多过滤介质的共性要求是：多孔、理化性质稳定、耐用和可反复利用等。可用作过滤介质的材料很多，主要可以分为：

（1）织物介质。织物是非常常用的过滤介质。工业上称为滤布（网），由天然纤维、玻璃纤维、合成纤维或者金属丝组织而成。可截留的最小颗粒视网孔大小而定，一般在几到几十微米的范围。

（2）多孔材料。制成片、板或管的各种多孔性固体材料，如陶瓷、烧结金属和玻璃、多孔性塑料以及过滤和压紧的毡与棉等。此类介质较厚，孔道细，能截留1~3μm的微小颗粒。

（3）固体颗粒床层。由沙、木炭之类的固体颗粒堆积而成的床层，称为滤床。用作过滤介质使含少量悬浮物的液体澄清。

（4）多孔膜。由特殊工艺合成的聚合物薄膜，最常见的是醋酸纤维膜与聚酰胺膜。膜过滤属精密过滤，可分离5nm的微粒。

2.2.2.3 过滤方式

根据使用的过滤设备、过滤介质及所处理的物系的性质和产品收集等要求，过滤操作分为间歇式和连续式两种主要方式。根据提供过滤推动力的方式，又有重力过滤、加压过滤、真空过滤和离心过滤之分，其目的都是克服过滤阻力（图 2-15）。

图 2-15　常用过滤器（芯）和管线过滤器类型

2.2.3　常用的吸附剂

在固体表面积蓄的组分称为吸附物或吸附质，这种能吸附组分的多孔固体称为吸附剂。广义地讲，指固体表面对气体或液体的吸着现象。

2.2.3.1　吸附剂

化工生产中常用的吸附剂分为两大类，即人工制作和天然。天然矿物吸附剂有白土、天然沸石等，其吸附能力小，选择性低，但价格便宜，常用在简易的精制工艺中，而且一般使用一次后即舍弃，不再回收。人工制作的吸附剂有活性炭、硅胶、活性氧化铝和合成沸石等。常见吸附剂如图 2-16 所示。

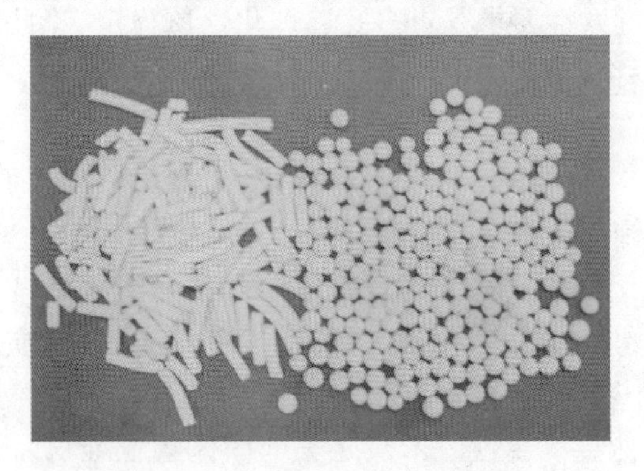

图 2-16　吸附剂的基本形状

（1）活性炭：将煤、植物壳和木材等进行炭化，再经活化处理制成各种不同性能的活性炭，其比表面积可达 $1500m^2/g$。活性炭具有非极性表面，为疏水性和亲有机物的吸附剂。

（2）硅胶：硅酸钠溶液用酸处理，沉淀所得的胶状物经老化、水洗、干燥后制得硅胶。硅胶是一种亲水性吸附剂，其比表面积可达 $600m^2/g$。

（3）活性氧化铝：由含水氧化铝加热活化而制得活性氧化铝，其比表面积可达 $350m^2/g$。是一种极性吸附剂，它对水分的吸附能力大，可循环使用，物化性能变化不大。

（4）合成沸石和天然沸石分子筛：沸石是一种硅铝酸金属盐的晶体，其比表面积可达 $750m^2/g$。它具有较高的化学稳定性，微孔尺寸大小均一，是强极性吸附剂。随着晶体中硅铝比的增加，极性逐渐减弱。它的吸附选择性强，能选择性地将小于晶格微孔的分子吸附于其中，能起到选分子的作用。

（5）其他的吸附剂还有：各种活性土（如酸性白土）由天然矿物在 80～110℃下经硫酸处理活化后制得，其比表面可达 $250m^2/g$。吸附树脂由高分子物质（如纤维素）经过反应交联或引进官能团制成吸附树脂。

2.2.3.2 吸附剂的基本特性

（1）吸附剂的比表面：是指单位质量吸附剂所具有的吸附表面积，它是衡量吸附剂性能的重要参数。

（2）吸附容量：是指当吸附表面每个空位都单层吸满吸附质分子时的吸附量。吸附容量与系统的温度、吸附剂的孔径大小和孔隙结构形状、吸附剂的性质有关。

（3）吸附剂密度：装填密度与空隙率、颗粒密度、真密度。

工业吸附对吸附剂的要求：

1）有较大的内表面，比表面越大吸附容量越大；

2）活性高，内表面都能起到吸附作用；

3）选择性高，吸附剂对不同的吸附质具有选择性吸附作用；

4）具有一定的机械强度和物理特性；

5）具有良好的化学稳定性、热稳定性以及价廉易得。

2.2.3.3 吸附等温线

气体吸附质在一定温度、分压（或浓度）下与固体吸附剂长时间接触，其吸附质在气、固两相中的浓度达到平衡。平衡时吸附剂的吸附量与气相中的吸附质组分分压（或浓度）的关系曲线称为吸附等温线。

图 2-17 为水在不同温度下的吸附等温线，由图可见，提高组分分压、降低温度有利于吸附。常见的吸附等温线有 3 种类型：类型Ⅰ显示先快后慢，在气相吸附质浓度很低时，仍有相当高的平衡吸附量，称为有利的吸附等温线；类型Ⅱ先慢后快，称为不利的吸附等温线，类似Ⅲ是平衡量与气相浓度呈线性关系（见图 2-18）。

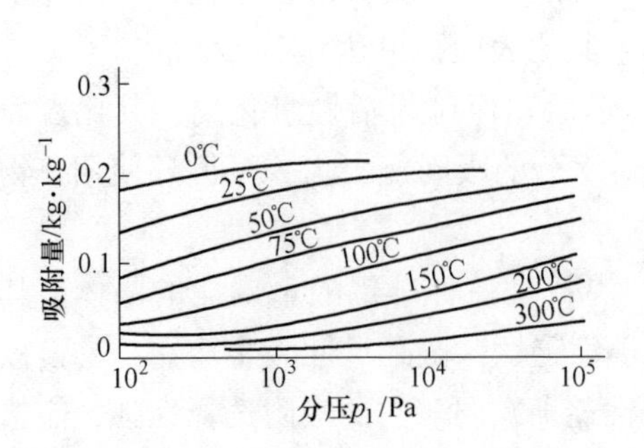

图 2-17 水在 5A 分子筛上的吸附等温线

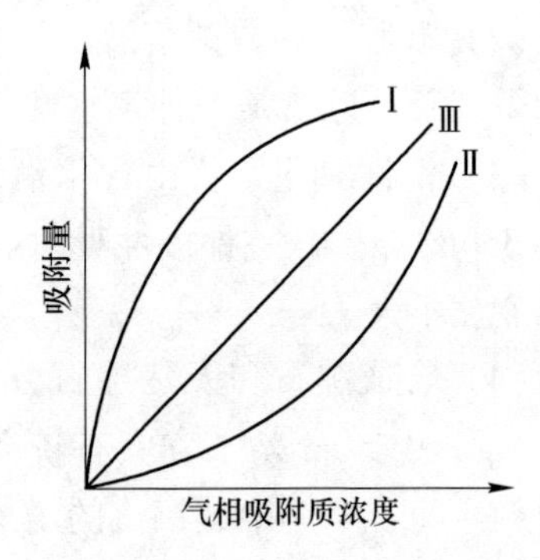

图 2-18 气固吸附等温线的分类

2.2.3.4 固定床吸附过程

A 吸附质的负荷曲线

假设固定吸附床在恒温下操作，吸附质进入床层后一段时间，床层中吸附质浓度会沿流体流动方向的变化曲线称为负荷曲线。负荷曲线的波形将随着操作时间的延续而不断向前移动。见图 2-19，吸附质饱和段 L_1 随时增长，而未吸附的床层 L_2 不断减少。在 L_1、L_2 床层段中气固两相各自达到平衡，唯有在负荷曲线 L_0 段中发生吸附传质，故 L_0 称为传质区或传质前沿。

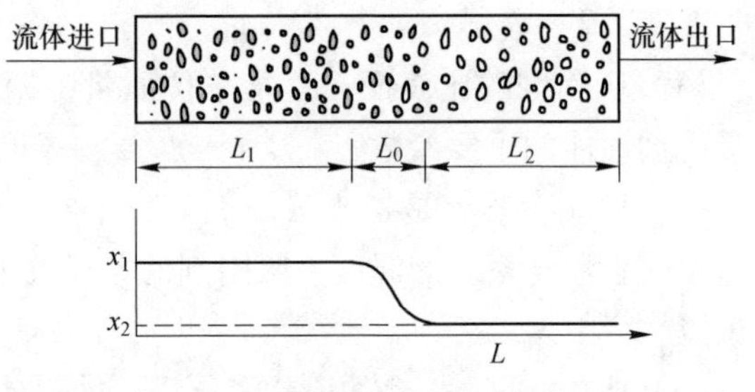

图 2-19 固定床吸附的负荷曲线

B 吸附质的浓度波与透过曲线

浓度波和负荷曲线均恒速向前移动直至到达出口，此后出口流体的浓度将与时增高。出现如图 2-20 的曲线，此曲线叫作透过曲线。

该曲线上流体的浓度开始明显升高时的点成为透过点，一般规定出口流体浓度为进口流体浓度的 5%时为透过点 c_B，操作达到透过点的时间为透过时间 τ_B。若继续进行，出口流体浓度不断增加，直至接近进口浓度，该点成为饱和点 c_s，一般取出口流体浓度为进口流体浓度的 95%。相应的时间为饱和时间 τ_s。

负荷曲线或透过曲线的形状与吸附传质速率、流体流速及相平衡有关。传质速率越大，传质区越薄，透过时间也越长；流体流速越小，停留时间越长，传质区也越薄。传质区越薄，床层的利用率越高。

2.2.3.5 固定床吸附器

图 2-21 为固定床吸附流程，举例说明用活性炭吸附处理工业废气的运行过

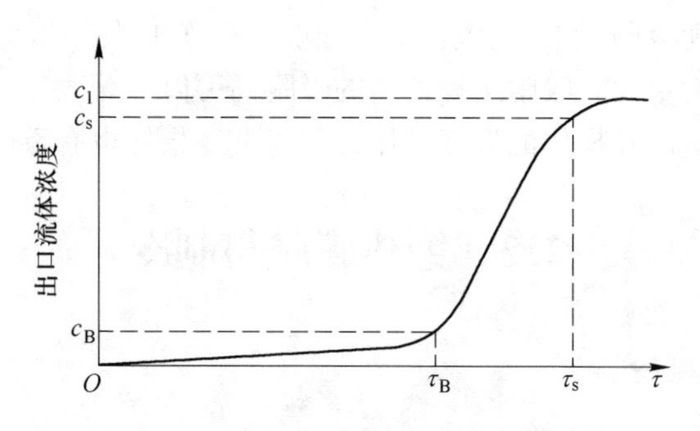

图 2-20 恒温固定床的透过曲线

程。吸附剂为活性炭，先使混合废气进入吸附器 1，废气中的有害物质被吸附截留，废气则放空。运行一段时间后，活性炭上所吸附的有害物质逐渐增多，在放空废气中检测到有害物质的浓度达到了规定值，即切换使用吸附器 2。同时在吸附器 1 中通入水蒸气，使有害物质解吸，有害物质随水蒸气一起在冷凝器中冷凝，经分离后有害物质另行处理。然后在吸附器 1 中再通入干燥的空气（或惰性气体）将活性炭干燥并冷却以备再用。

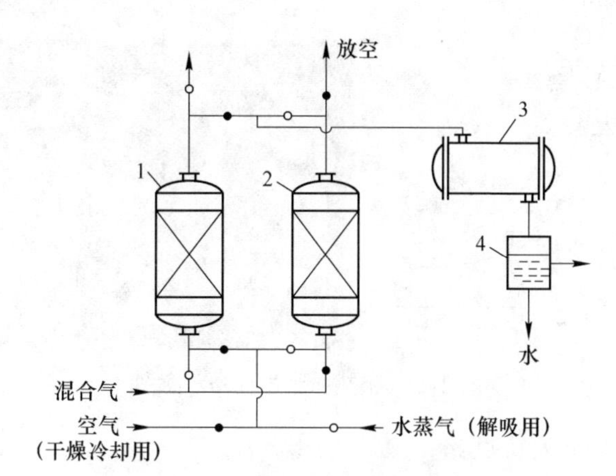

图 2-21 固定床吸附流程示意图

1，2—装有活性炭的吸附器；3—冷凝器；4—分离器

○—阀门开；●—阀门关

2.2.3.6 吸附评价

评价吸附分离的指标包括：

（1）吸附质的回收率（当吸附质是有价值的物料时）或吸附质的净化率（当吸附质是有害杂质时）；

（2）设备的操作强度，即单位设备体积所能处理的混合气体或溶液的流量；

（3）能量消耗，包括输送物料和吸附剂的能耗，脱附时升温的热能消耗等。

吸附剂的平衡吸附量和吸附选择性对吸附操作的上述指标都有决定性的影响，选用平衡吸附量大、吸附选择性高的吸附剂可以显著改善过程的经济性。此外，吸附剂的用量以及操作的温度和压力，对上述指标也有重要影响。

2.3 绝热膨胀与制冷

2.3.1 绝热膨胀制冷

当体系状态发生变化，体系和环境之间没有热量交换的过程称为绝热过程。在绝热膨胀过程中，气体的体积 V 增大，压强 p 降低，等熵过程的温度随压强的变化而变化。过程可用等熵效应系数来衡量。又由于系统不与外界交换热量，即 $dQ=0$，故由热力学第一定律，气体的温度必然降低（图 2-22）。

从能量转化的角度看，气体在绝热膨胀过程中减少其内能而对外做功，膨胀后气体分子间的平均距离增大，吸力的影响减弱而使分子间的互作用能量有所增加。内能既减少，相互作用能量又增加，分子的平均动能必减少，因而气体的温度下降，起到冷冻的效果。

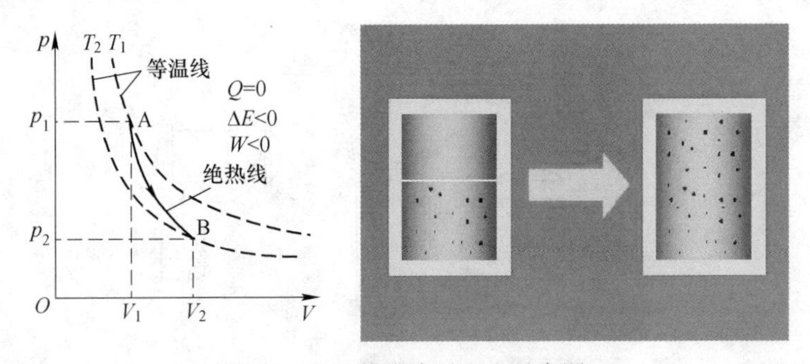

图 2-22 绝热膨胀过程和示意图

绝热过程具有下列特点：

（1）既可以可逆地进行（气体的缓慢膨胀或压缩），也可以不可逆地进行（气体的快速膨胀或压缩）；

（2）气体绝热膨胀时，体系温度降低，当绝热压缩时，体系温度升高。

2.3.2 制冷剂制冷

2.3.2.1 制冷剂

制冷剂又称冷媒，是各种热机中借以完成能量转化的媒介物质。这些物质通常以可逆的相变（如气-液相变）来增大功率。如蒸气引擎中的蒸气、制冷机中的冷媒等。一般的蒸汽机在工作时，将蒸气的热能释放出来，转化为机械能以产生原动力；而制冷机的冷媒则用来将低温处的热量传递到高温处。

传统工业及生活中较常见的工作介质是部分卤代烃（尤其是氯氟烃），但由于会造成臭氧层空洞而逐渐被淘汰。其他应用较广的工作介质有丙烷、氨气、二氧化碳、溴化锂等。

2.3.2.2　制冷系统

制冷就是使某一空间或某物体达到低于其周围环境介质的温度，并维持这个低温的过程。目前常用的制冷方式有两种：机械制冷和吸收制冷。机械制冷是依靠机械作用或热力作用，使制冷工质（如丙烷）发生状态变化，完成制冷循环，并利用制冷工质在低温下的温升进行制冷；吸收式制冷则是利用某些具有特殊性质的工质对如水-溴化锂，通过一种物质对另一种物质的吸收和释放，产生物质的状态变化，从而伴随吸热和放热过程。

制冷系统由 4 个基本部分构成，即压缩机、冷凝器、节流部件、蒸发器。由铜管将 4 大构件按一定顺序连接成一个封闭系统，系统内充注一定量的制冷剂，这就是蒸气压缩式制冷系统（图 2-23）。

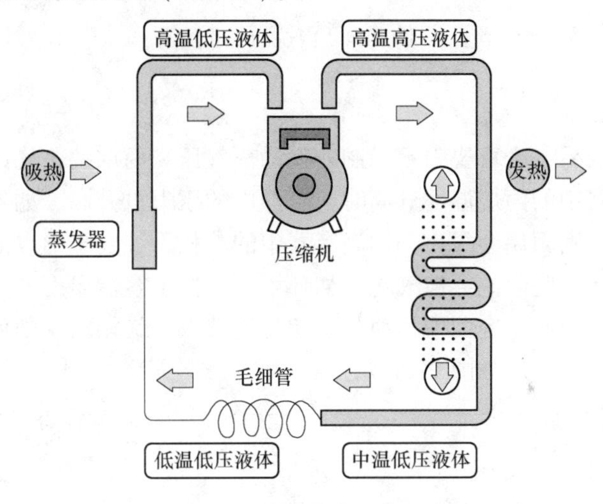

图 2-23　制冷系统示意图

以制冷为例，压缩机吸入来自蒸发器的低温低压制冷剂气体压缩成高温高压的气体，然后流经热力膨胀阀（毛细管），节流成低温低压的气液两相物体，然后低温低压的液体在蒸发器中吸收来自室内空气的热量，成为低温低压的气体，低温低压的制冷剂气体又被压缩机吸入。环境介质经过蒸发器后，释放了热量，环境介质温度下降。如此压缩—冷凝—节流—蒸发反复循环，制冷剂不断带走环境中的热量，从而降低了周边环境的温度。

2.3.2.3　制冷原理

制冷过程是利用低温流体移走热量，然后通过冷凝器传递给处于环境温度下的水或空气。制冷剂只不过是一种传热介质。它从低温流体中移走热量，传递给高温的水或空气。

A　气化热

制冷过程一个最基本的因素是沸腾或气化。液体必须获得气化热才能从液相变化为气相从而产生沸腾的现象。

丙烷是常用的制冷剂，其在低温下的气化热比高温时要高。如图 2-24 所示。

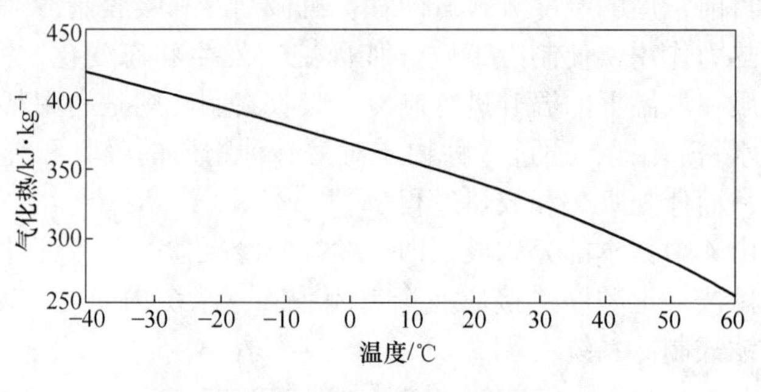

图 2-24　丙烷的气化热

B　蒸气压

制冷过程的另一个重要因素是制冷剂的蒸气压。丙烷的蒸气压随温度的升高而增加，当容器中的丙烷温度升高时，容器内的压力也升高。如果温度不变，容器内压力降低，则丙烷会气化。即当容器中的液相丙烷处于沸点温度，如果它从环境移走热量，有些丙烷会被气化。如环境温度低于容器温度，一些丙烷蒸气会被冷凝成液体。因此，容器中的液相丙烷处于沸点，气相丙烷则处于它的冷凝温度。纯丙烷饱和蒸气压如图 2-25 所示。

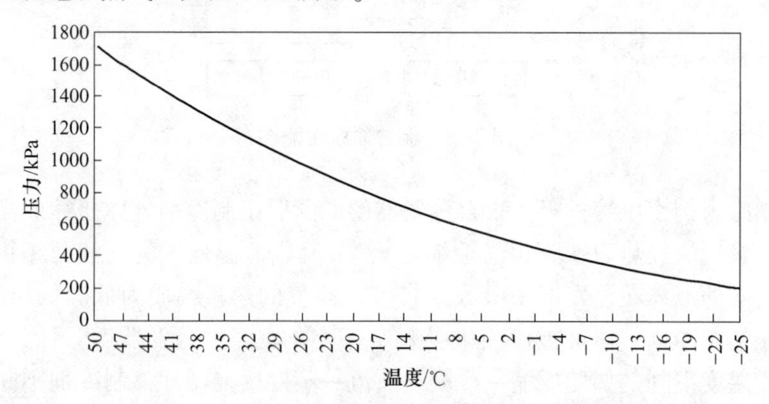

图 2-25　纯丙烷饱和蒸气压

在沸点状态，液体气化和气体冷凝时，系统热量会增加或减少，但温度却没有变化。

2.4 传 热

传热（或称热传、热传递）是物理学上的一个物理现象，是热能从高温部分向低温部分转移的过程，传热有三种方式，即热传导、热对流、热辐射，如图2-26所示。

传递热量的单位为焦耳（J）。

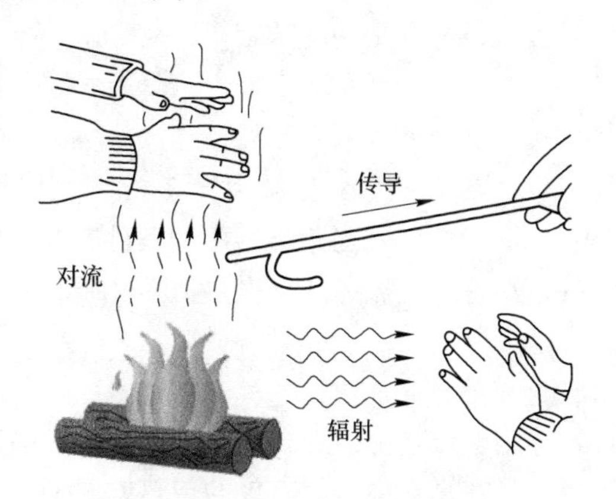

图 2-26 传热三种形式示意图

2.4.1 热传导

热传导是指在物质在无相对位移的情况下，物体内部具有不同温度或者当不同温度的物体直接接触时所发生的热能传递现象。

固体中的热传导是源于晶格振动形式的原子活动。非导体中，能量传输只依靠晶格波进行；在导体中，除了晶格波还有自由电子的平移运动。

所有物质都是由基本的分子或者原子构成的。只要物体有温度，分子或原子就处在不停运动当中。温度越高，分子的能量也就越大，也就是说振动的能量越大。当临近的分子发生碰撞时，能量就会从能量高的分子向能量低的分子传输。从而，当存在温度梯度时，通过导热的能量传输总是从高温向温度降低的方向进行。

计算热传导的速率方程就是大家熟悉的傅里叶定律：

$$q = -\lambda \frac{\mathrm{d}t}{\mathrm{d}n} \tag{2-1}$$

式中，q 为与传输方向相垂直的单位面积上的热流速率，$\mathrm{W/m^2}$。它与在该方向上的温度梯度成正比，其中的比例系数 λ 就是介质的热导率，是物质最基本的物理性质之一。

2.4.2 热对流

对流传热，又称热对流，是指由于流体的宏观运动而引起的流体各部分之间发生相对位移，冷热流体相互掺混所引起的热量传递过程。

对流传热可分为强制对流和自然对流。强制对流，是由于外界作用推动下产生的流体循环流动。自然对流是由于温度不同密度梯度变化，重力作用引起低温高密度流体自上而下流动，高温密度流体自下而上流动。

对流热流密度计算公式，又称牛顿冷却定律：

流体加热：
$$q = \alpha(t_w - t) \tag{2-2}$$
流体冷却：
$$q = \alpha(T - T_w) \tag{2-3}$$
式中，q 为热流密度，W/m^2；T_w、t_w 为壁温，℃；T、t 为流体的代表性温度，℃；α 为对流给热系数，$W/(m^2 \cdot K)$。α 与边界层中的条件有关，边界层又取决于表面的几何形状、流体的运动特性及流体的众多热力学性质和输运性质。

2.4.3 热辐射

热辐射，是一种物体用电磁辐射的形式把热能向外散发的传热方式。它不依赖任何外界条件而进行，是在真空中最为有效的传热方式。

不管物质处在何种相态（固态、气态、液态或者玻璃态），只要物质有温度（所有物质都有温度），就会以电磁波的形式向外辐射能量。这种能量的发射是由于组成物质的原子或分子中电子排列位置的改变所造成的。

实际的传热过程一般都不是单一的传热方式，如煮开水过程中，火焰对炉壁的传热，就是辐射、对流和传导的综合，而不同的传热方式则遵循不同的传热规律。为了分析方便，人们在传热研究中把三种传热方式分解开来，然后再加以综合。

2.5 流体传输

什么是流体？流体是具有保持存储容器或设备形状的特性，并且能够从高压点向低压点流动的一种物质。最常见的流体是液体和气体。

为了实现流体传输，必须在管道的一端到另一端存在压力降，该压力降表示为 Δp，通常也称为压差。

在保证流体正常从一处流向另一处所需要的压差外，在实际传输过程中还必须考虑其他 4 个方面的因素：（1）流体的流速或流量；（2）流体的黏度；（3）管壁粗糙度；（4）流体的相对密度，才能保证流体按工艺要求来稳定流动。

流体流动规律的一个重要方面是流速、压强等运动参数在流动过程中的变化规律。流体流动应当服从一般的守恒原理：质量守恒、机械量守恒和动能守恒。

2.5.1 质量守恒（连续性方程）

连续性方程是质量守恒定律在流体力学中的一种表达形式。

液体的可压缩性很小，在一般情况下认为是不可压缩的，即密度 ρ 为常数。

由质量守恒定律可知，理想液体在通道中作稳定流动时，液体的质量既不会增多，也不会减少，因此在单位时间内流过通道任一通流截面的液体质量一定是相等的。如图 2-27 所示，管路的两个通流面积分别为 A_1 和 A_2，液体流速分别为 v_1 和 v_2，液体的密度 ρ 为，则有

$$\left.\begin{aligned}\rho v_1 A_1 = \rho v_2 A_2 = \text{常量}\\ v_1 A_1 = v_2 A_2 = q = \text{常量}\end{aligned}\right\} \tag{2-4}$$

式（2-4）称为液流的连续性方程，它说明不可压缩液体在通道中稳定流动时，流过各截面的流量相等，而流速和通流截面面积成反比。因此，流量一定时，管路细的地方流速大，管路粗的地方流速小。

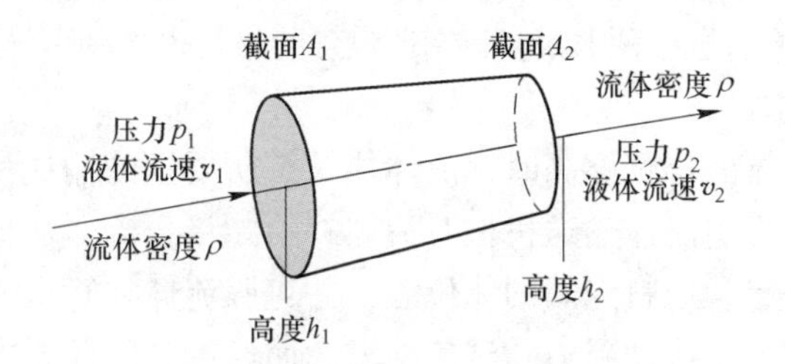

图 2-27 液体流动的连续性

2.5.2 机械量守恒和动能守恒的关系（伯努利方程）

伯努利方程是能量守恒定律在流动液体中的表现形式。

理想液体在管内稳定流动时没有能量损失。在流动过程中，由于它具有一定的速度，所以除了具有位置势能和压力能外，还具有动能。如图 2-27 所示，取该管上的任意两截面假定截面积分别为 A_1、A_2，两截面上液体的压力分别为 p_1、p_2，速度分别为 v_1 和 v_2，由两截面至水平参考面的距离分别为 h_1、h_2。根据能量守恒定律，重力作用下的理想液体在通道内稳定流动时的伯努利方程为

$$p_1 + \frac{1}{2}\rho v_1^2 + \rho g h_1 = p_2 + \frac{1}{2}\rho v_2^2 + \rho g h^2$$

或

$$p + \rho g h + \frac{1}{2}\rho v^2 = \text{常量} \tag{2-5}$$

式（2-5）即为理想液体的伯努利方程，它表明了流动液体各质点的位置、压力和速度之间的关系。其物理意义为：在管内做稳定流动的理想液体具有动

能、位置势能和压力能三种能量，在任一截面上的这三种能量都可以互相转换，但其和都保持不变。

2.5.3 流体流动的类型

流体流动有两种类型：

(1) 层流：当流体质点做直线运动，即流体分层流动，层次分明，彼此互不混杂，这种流型被称为层流；

(2) 湍流：流体在总体上沿管道向前运动，但同时还在各个方向作随机的脉动，正是这种混乱运动使流体质点的直线运动被抖动、弯曲、以致断裂，这种流型称为湍流。

化工生产过程中所加工的物料多数为流体且以湍流为主，按工艺要求在各化工设备和机器之间输送这些物料，是实现化工生产连续性的重要环节。化工生产中物料的种类很多，被输送流体的性质如密度、黏度、毒性、腐蚀性、易燃性与易爆性等各不相同，而且流体的压力和输送量根据不同的工艺条件而不同，所以输送流体所用的流体输送机械种类繁多，制造设备的材料也多种多样，以满足不同工况下流体对设备的要求。

当送料点的流体能位足够高时，流体能够按所要求的输送量自行流至低能位的受料点，否则就需用流体输送机械对流体补给能量。流体从输送机械取得机械能，用来补偿受料点和送料点间的能位差，并克服流体在管道或渠道内流动时所受到的流动阻力。由于流动阻力随流速的增大而增大，因此要求流体输送机械施加到单位质量流体的机械能随流速的增大而增加。

化工生产中，流体大都用密闭的管道输送。为调节流量，改变流向以及实现流体的分流或合流，管道中装有阀门、弯头和三通等管件。管道和管件的选用也要满足被输送流体物性要求和输送过程中温度、压力的要求。

2.6 精　　馏

蒸馏是分离液体混合物的单元操作，分离的基本依据是各组分挥发性的差异。工业上实施蒸馏的方法很多，包括平衡蒸馏（闪蒸）、简单蒸馏、分子蒸馏和精馏等。精馏是应用最广泛的蒸馏操作，借助回流的工程手段，可以得到高纯度的产品。据估计，90%~95%的产品提纯由精馏实现。

2.6.1 蒸发与冷凝

蒸发和沸腾都是气化现象，是气化的两种不同方式，如图 2-28 和图 2-29 所示。蒸发是在液体表面发生的气化过程，沸腾是在液体内部和表面上同时发生的剧烈的气化现象。溶液的蒸发通常是指通过加热使溶液中一部分溶剂气化，以提高溶液中非挥发性组分的浓度（浓缩）或使溶质从溶液中析出结晶的过程。通常，温度越高、液面暴露面积越大，蒸发速率就越快；溶液表面的压强越低，蒸发速率也越快。

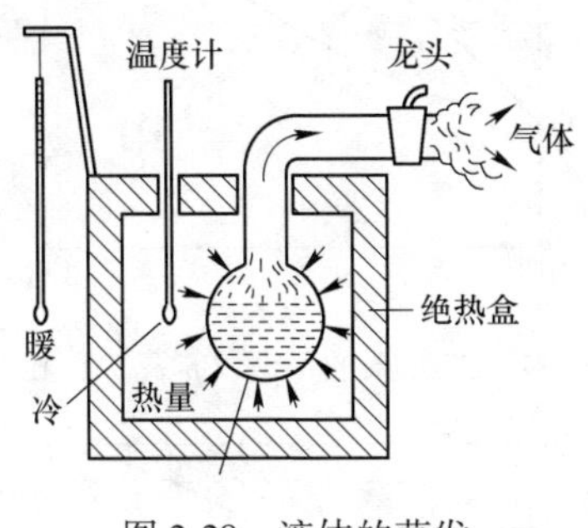

图 2-28　液体的蒸发

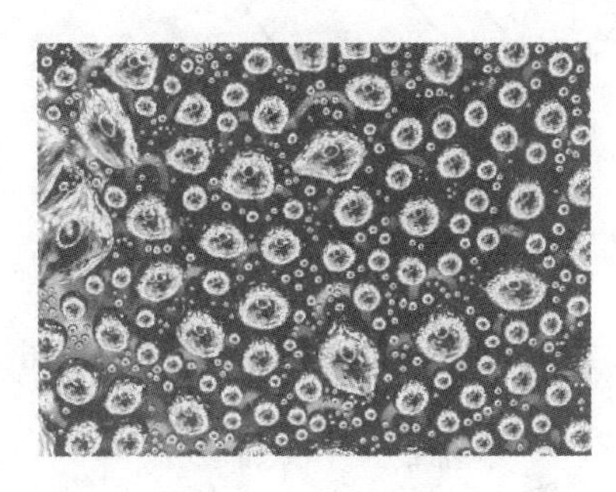
图 2-29　水汽的冷凝

冷凝是使热物体的温度降低而发生相变化的过程，通常指物质从气态变成液态的过程。冷凝和蒸发是作用相反的两个单元操作。

2.6.2　气液相平衡

一个只涉及相变化的体系，当到达这样一种状态：随着时间的迁移，观察不到任何宏观的变化，也就是说，体系的性质不随时间而变，这种状态就叫相平衡状态。

为了判断一个体系是否处在相平衡状态，必须有一定的热力学准则。当体系中气液两相呈平衡时，每一相中各处的温度和压力一定是均匀的，而且两相的温度、压力相等。换言之，整个相平衡体系的温度和压力都必然是均匀的。在此条件下，每一个组分在所有各相中的逸度必定相等。这些就是相平衡所必须满足的条件。

相平衡是相对的，因为体系的环境总是处于变动之中，只是暂时处于相对平衡状态，所以当外界条件变化时，体系也要发生变化；其次，真正的平衡是达不到的，这是因为体系越接近平衡，实际状态与平衡状态之间的差别越小，传质的推动力或速度越趋于零，除非有无限大的传质面积或无限长的时间，理论上的平衡是不可能达到的。

2.6.3　气液平衡相图

根据气液平衡数据绘成的几何图形（图 2-30～图 2-33）称为相图。相图直观而形象地反映体系相变化和相平衡的规律。

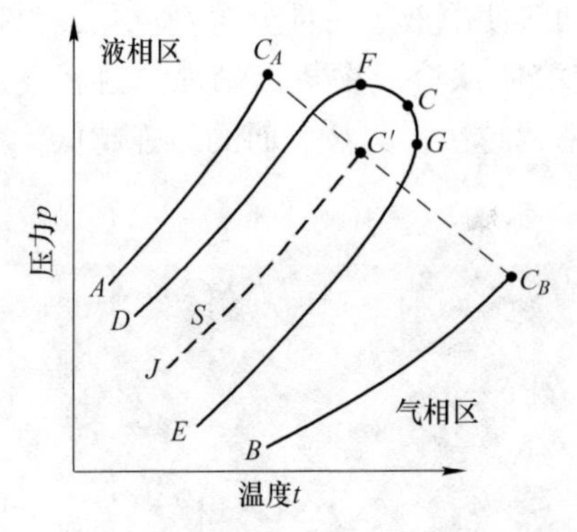

图 2-30 二元混合物的恒组成（p-t）相图

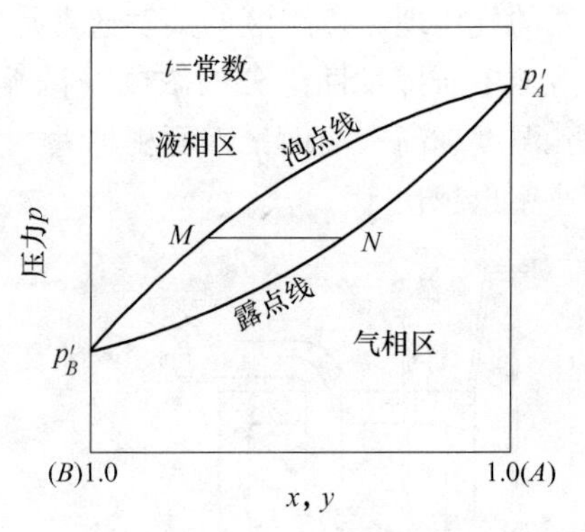

图 2-31 二元系的恒温（p-x，y）相图

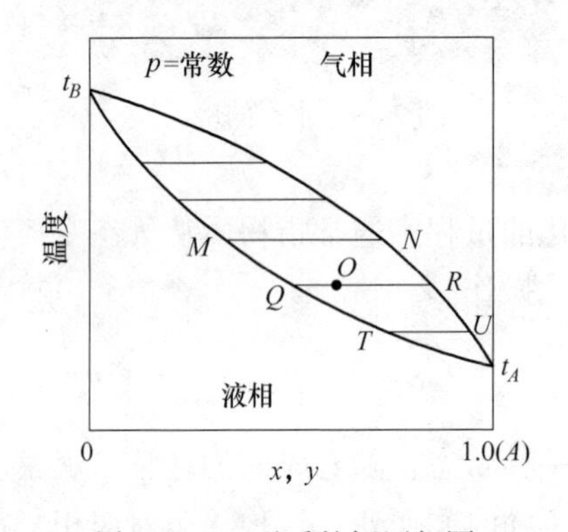

图 2-32 二元系的恒压相图

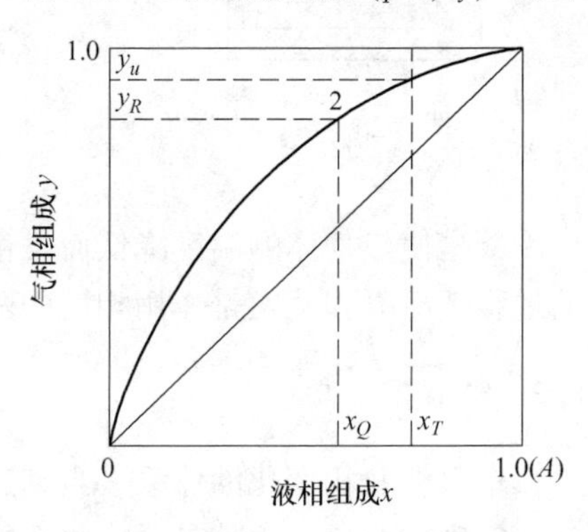

图 2-33 平衡组成（y-x）相图

2.6.4 精馏过程

精馏是蒸馏的一种方式，精馏在精馏装置中进行，它由精馏塔、冷凝器和再沸器等构成。物料于塔中部的适当位置加入，此处的塔板称为加料板，加料板以上部分称为精馏段，加料板以下部分称为提馏段。

塔底部存液被再沸器加热而部分气化，蒸气沿塔逐板上升，使全塔处于沸腾状态。蒸气从塔顶出来在塔顶冷凝器中冷凝，一部分作为塔顶溜出液（产品），一部分作为回流液回入塔顶，逐板下流，使塔中各板上保持一定液层，与上升气相密切接触，发生传热和传质。精馏段下流的液相与加料板进入的液相相混合继续逐板下流，直至再沸器；其蒸气部分则逐板上升，进入冷凝器。

在塔的精馏段，在加料板进入的料液中蒸气和从提馏段来的蒸气一起与从塔顶回流来的液相逆流接触，进行传热和传质，液相中的易挥发组分气化进入气相，而气相中难挥发组分则冷凝进入液相。随着气相的上升，其中易挥发组分的含量逐渐增大，只要两相在精馏段得到充分的接触传质，塔顶气相可以达到所要求的易挥发组分的浓度，连续精馏过程如图 2-34 所示。在塔的提馏段，进料中的液相和精馏段来的液相一起逐板下流，与塔釜气化来的气相逆流接触，进行传热和传质。在液相下流过程中，其中易挥发组分逐渐脱除，也即难挥发组分的含量逐渐增高。只要气液两相间得到充分的接触，塔底液体中难挥发组分的浓度就能达到要求。

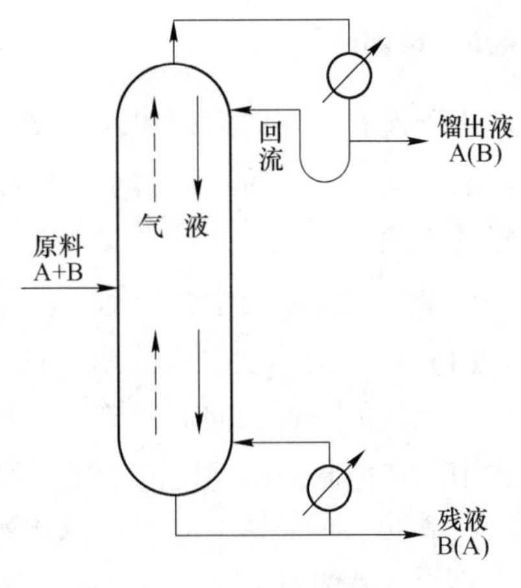

图 2-34 连续精馏过程

工业上待分离的料液大多数是多组分的，如果含 N 组分的料液分离，要求得到 N 股高纯度产品，则需要 $N-1$ 座精馏塔。精馏操作由于没有另外溶剂加入，仅需加入热能和应用适当的冷凝方法，就能得到高纯度产品，操作简单，适用于各种浓度物料的分离，因此得到广泛的应用。

2.6.5 精馏塔的温度分布和灵敏板

溶液的泡点与总压及组成有关。精馏塔内各块塔板上的物料组成及总压并不相同，因而从塔顶至塔底形成某种温度分布。见图 2-35 和图 2-36。

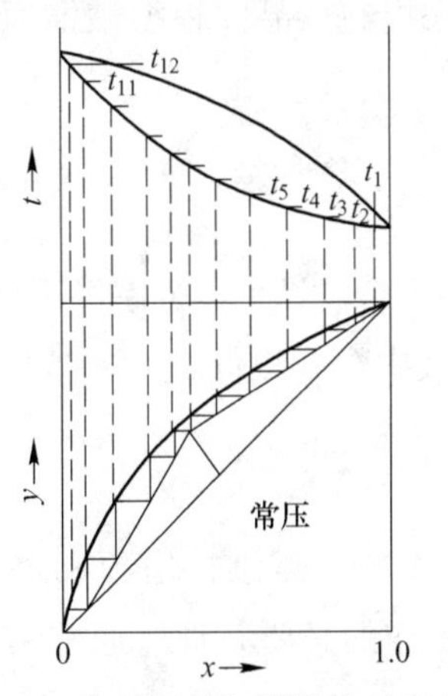

图 2-35 各板组成与温度的对应关系

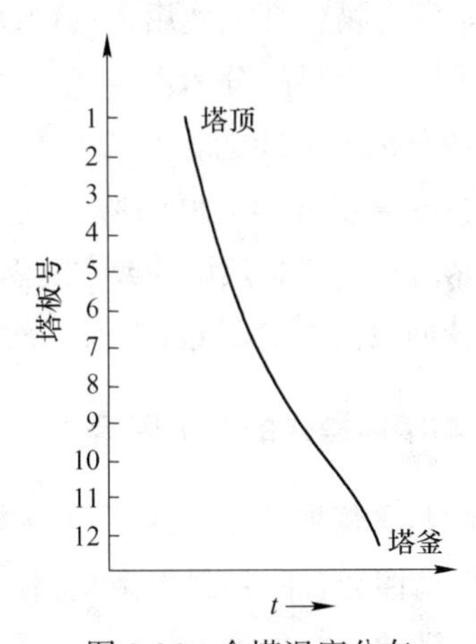

图 2-36 全塔温度分布

一个正常操作的精馏塔当受到某一外界因素干扰（如回流比、进料组成等），全塔各板的组成将发生变动，全塔的温度分布也将发生相应的变化。在仔细分析操作条件的变化而引起的温度变化时可发现在精馏段或提馏段的某些塔板上温度变化最为显著，这些塔板称之为灵敏板。在灵敏板上安装感温仪表，可及早发现温度异常变化，通过干预来稳定产品组成。

2.6.6 精馏操作

由于没有另外的溶剂加入，仅需加入热能和适合的冷凝方法，就能得到高纯度产品，而且操作简单；由于比较经济，适合于各种浓度物料的分离，因此得到广泛的应用。

评价精馏操作的主要指标是：

（1）产品的纯度。板式塔中的塔板数或填充塔中填料层高度以及料液（即进料）加入的位置和回流比等，对产品纯度均有一定影响。调节回流比是精馏塔操作中用来控制产品纯度的主要手段和常用方法。

（2）组分回收率。这是产品中组分含量与料液（即进料）中组分含量之比。

（3）操作总费用。主要包括再沸器的加热费用、冷凝器的冷却费用和精馏设备的折旧费，操作时回流比大小的调整，直接影响前两项费用。此外，即使同样的加热量和冷却量，加热费用和冷却费用还随着沸腾温度和冷凝温度而变化，特别当不使用水蒸气作为加热剂或者不能用空气或冷却水作为冷却剂时，这两项费用将大大增加。选择适当的操作压力，有时可避免使用高温加热剂或低温冷却剂（或冷冻剂），但却增添加压或抽真空的操作费用。设备和管线保温质量的高低直接影响能耗的利用率和操作费用。

但不是所有物料都能使用普通精馏的方法来提纯产品，根据精馏原理，精馏不适合用于以下物料的分离：

（1）待分离组分间的相对挥发度很接近与1。

（2）待分离组分形成恒沸物。

（3）待分离物料是热敏的或在高温下已发生聚合、结垢、分解等不良反应的。

（4）待回收的组分是难挥发组分，且在料液中含量很低。

2.6.7 影响精馏操作的几个因素

（1）物料平衡的影响和制约。在精馏塔操作中，需维持塔顶和塔底产品的稳定，保持精馏装置的物料平衡是精馏塔稳态操作的必要条件。通常由塔底液位来控制精馏塔的物料平衡。

（2）塔顶回流的影响。回流比是影响精馏塔分离效果的主要因素，生产中经常用回流比来调节除了调节回流比大小，控制产品的质量外，它还会影响塔的负荷和产品数量。

（3）进料热状况的影响。进料的工艺参数对精馏操作有着重要意义。精馏塔较为理想的进料状况是泡点进料，它较为经济和最为常用。

(4) 塔釜温度的影响。塔釜温度由釜压和物料组成决定。它是精馏操作中的重要控制指标之一。

(5) 操作压力的影响。压力是精馏塔的主要控制指标之一。在操作中规定了塔压力的调节范围，正常运行时塔压基本稳定不变。

3　静设备分类

3.1　容器总称

压力容器是一种能够承受压力载荷的密闭容器。一般说来，承受气态或液态介质压力的密闭容器属于压力容器。压力容器的用途极为广泛，它在工业、民用、军工及科研等诸领域中具有重要的地位和作用。其中以在化工与石油化工中应用最多，仅在石油化工应用的压力容器就占全部压力容器总数的50%左右。压力容器在化工与石油化工领域，主要用于传热、传质、反应等工艺过程以及储存、运输有压力的气体或液化气体等。

3.1.1　容器的分类

根据不同的要求，压力容器的分类方法很多，在化工与石油化工设备中，从安全管理角度出发，较为普遍应用这三种方法，如表3-1所示。

表3-1　化工装置容器常见的分类方法

分类方法	容器种类
按压力等级分类	低压容器、中压容器、高压容器、超高压容器
按用途分类	盛装容器、反应容器、换热容器、分离容器
按安全综合分类	一类容器、二类容器、三类容器

从安全管理和技术监督方面，压力容器又分为固定式压力容器和移动式压力容器两大类。

3.1.2　容器的结构

压力容器的结构一般都比较简单。压力容器的主要作用是储存压缩气体、液化气体或为这些介质的传热、传质、化学反应提供一个密闭的空间（图3-1）。

压力容器主要结构件是一个能承受压力的壳体以及其他必要的连接件和密封件等，用于其他工艺用途的容器还根据需要设置各种工艺附件装置。但是，所有设备不论其大小、结构形状、内部构件形式如何，它们都有一个外壳，这个外壳就叫容器，即容器是化工和石油化工生产所用各种设备外部壳体的总称。

图 3-1　容器中最常见的压力容器之一示意图

3.1.3　影响容器的三个因素

3.1.3.1　压力

压力容器的压力可以来自两个方面：(1) 压力是由容器外产生或增大的；(2) 压力是由容器内产生或增大的。

(1) 最高工作压力：多指在正常操作情况下，容器顶部可能出现的最高压力。

(2) 设计压力系是指在相应设计温度下用以确定容器壳体厚度的压力，即标注在铭牌上的容器设计压力，压力容器的设计压力值不得低于最高工作压力。当容器各部位或受压元件所承受的液柱静压力达到5%设计压力时，则应取设计压力和液柱静压力之和进行该部位或元件的设计计算。装有安全阀的压力容器，其设计压力不得低于安全阀的开启压力或爆破压力。

3.1.3.2　温度

(1) 金属温度：系指容器受压元件沿截面厚度的平均温度。任何情况下，元件金属的表面温度不得超过钢材的允许使用温度。

(2) 设计温度：系指容器在正常操作情况下，在相应设计压力下，壳壁或元件金属可能达到的最高或最低温度。当壳壁或元件金属的温度低于-20℃，按最低温度确定设计温度。除此之外，设计温度一律按最高温度选取。设计温度值不得低于元件金属可能达到的最高金属温度。对于0℃以下的金属温度，则设计温度不得高于元件金属可能达到的最低金属温度。容器设计温度（即标注在容器铭牌上的设计介质温度）是指壳体的设计温度。

3.1.3.3　介质

生产过程所涉及的介质品种繁多，分类方法也有多种。按物质状态分类，有气体、液体、液化气体、单质和混合物等；按化学特性分类，则有可燃、易燃、惰性和助燃4种；按它们对人类毒害程度，又可分为极度危害（Ⅰ）、高度危害（Ⅱ）、中度危害（Ⅲ）、轻度危害（Ⅳ）4级。

（1）易燃介质：是指与空气混合的爆炸下限小于10%，或爆炸上限和下限之差值大于等于20%的气体，如甲烷、乙烷、乙烯等。

（2）毒性介质：《固定式压力容器安全技术监察规程》（TSG 21—2016）对介质毒性程度的划分参照《职业性接触毒物危害程度分级》（GB 5044）分为4级。其最高容许浓度分别为：极度危害（Ⅰ级）<0.1mg/m^3；高度危害（Ⅱ级）0.1～<1.0mg/m^3；中度危害（Ⅲ级）1.0～<10mg/m^3；轻度危害（Ⅳ级）≥10mg/m^3。压力容器中的介质为混合物质时，应以介质的组成并按毒性程度或易燃介质的划分原则。

（3）腐蚀性介质：石油化工介质对压力容器用材具有耐腐蚀性要求。有时是因介质中有杂质，使腐蚀性加剧。腐蚀介质的种类和性质各不相同，加上工艺条件不同，介质的腐蚀性也不相同。这就要求压力容器在选用材料时，除了应满足使用条件下的力学性能要求外，还要具备足够的耐腐蚀性，必要时还要采取一定的防腐措施。

国家对容器的检验有专门的法律法规，且为强制性文件：《压力容器定期检验规则》（TSG R7001—2018）、《移动式压力容器安全技术监察规程》（TSG R0005—2011）、《固定式压力容器安全技术监察规程》（TSG 21—2016）。

3.1.4　容器的检验

（1）外部检查：亦称运行中检查，检查的主要内容包括：压力容器外表面有无裂纹、变形、泄漏、局部过热等不正常现象；安全附件是否齐全、灵敏、可靠；紧固螺栓是否完好、全部旋紧；基础有无下沉、倾斜以及防腐层有无损坏等异常现象。外部检查既是检验人员的工作，也是操作人员日常巡回检查项目。发现危及安全现象（如受压元件产生裂纹、变形、严重泄漏等）应予停运并及时报告有关人员。

（2）内外部检验：压力容器内外部检验必须在停车和容器内部清洗干净后才能进行。检验的主要内容除包括外部检查的全部内容外，还要检验内外表面的腐蚀磨损现象；用肉眼和放大镜对所有焊缝、封头过渡区及其他应力集中部位检查有无裂纹，必要时采用超声波或射线探伤检查焊缝内部质量；测量壁厚。若测得壁厚小于容器最小壁厚时，应重新进行强度校核，提出降压使用或修理措施；对可能引起金属材料的金相组织变化的容器，必要时应进行金相检验；高压、超高压容器的主要螺栓应利用磁粉或着色进行有无裂纹的检查等。

通过内外部检验，对检验出的缺陷要分析原因并提出处理意见。修理后要进行复验。压力容器内外部检验周期为每三年一次，但对强烈腐蚀性介质、剧毒介质的容器检验周期应予缩短。运行中发现有严重缺陷的容器和焊接质量差、材质对介质抗腐蚀能力不明的容器也均应缩短检验周期。

（3）全面检验：压力容器全面检验除了上述检验项目外，还要进行耐压试验（一般进行水压试验）。对主要焊缝进行无损探伤抽查或全部焊缝检查。但对压力很低、非易燃或无毒、无腐蚀性介质的容器，若没有发现缺陷，取得一定使用经验后，可不作无损探伤检查。容器的全面检验周期，一般为每六年至少进行一次。对盛装空气和惰性气体的制造合格容器，在取得使用经验和一两次内外检验确认无腐蚀后，全面检验周期可适当延长。

3.2 分 离 罐

3.2.1 什么是分离罐

分离罐是一种将不相溶或不同组分的流体混合物分离开的容器。生产过程中的分离罐是将气体从液体中分离出来，或是将一种液体从另一种液体中分离出来。比较常见的容器有：回流罐、储存罐、分液罐等。

分离罐有两种外形：卧式和立式。流体分离的相数如果是两相流体，如气体和液体，则称为两相分离罐；如果是3相流体，如油、气、水分离，则称为三相分离罐。

物质的分离必须具备两个条件：待分离的流体必须不相溶和一种流体必须比另一种流体轻。气体和液体分离是最常见的一种分离，但也需要具备两个条件：气体在分离罐中停留足够长的时间，以便液滴沉降和气体流速足够慢，以免气体物流搅动而影响液滴的沉降。

3.2.2 分离罐的操作

图3-2是分离罐最基本的结构与附件的示意图，其投入使用可分为3方面操作，即启动、停用和日常检查与控制。

3.2.2.1 *启动步骤*

启动步骤包括：

（1）如果分离罐是空的，关闭液体出口管线的调节阀，以防泄漏。

（2）如果设有压力调节阀，将其设定在正常控制压力的75%，在投入使用时，再慢慢把设定值提升到正常值。目的是防止压力调节器超出调节范围而发生超压而使泄压设备打开。

（3）如果分离罐设有低液位停车装置，必须先取消，以防液位超过低液位

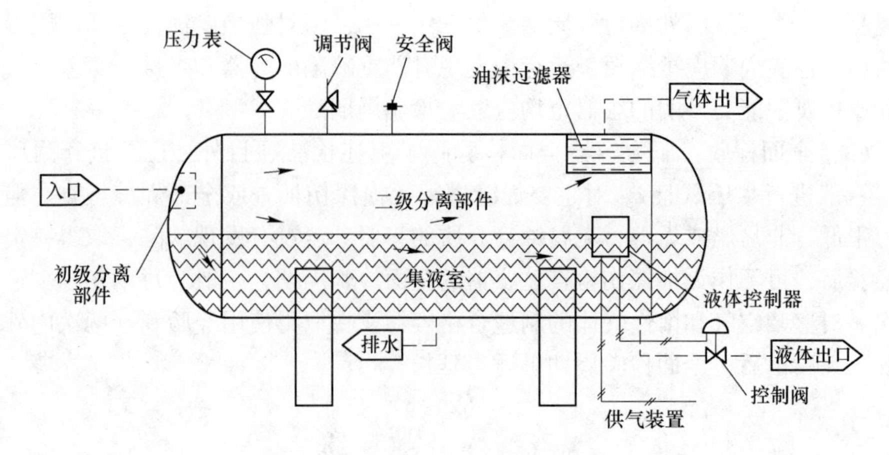

图 3-2 基本结构与附件示意图

时连锁。

(4) 检查分离罐物料出口管线，确定流向正确。

(5) 缓慢打开入口物料管线。

(6) 当液位达到液位调节器的调节范围时，投用调节器，并打开第一步中关闭的阀门。

(7) 调节液位和压力调节器参数，使其稳定操作。

3.2.2.2 停用步骤

停用步骤包括：

(1) 关闭物料入口阀门。

(2) 关闭液体出口管线阀门，防止液体漏出。如果分离罐要清空，打开液位调节阀的旁通阀门，或修改调节的参数。排放结束后，关闭液体出口管线截止阀。

(3) 如果分离罐必须泄压，则关闭气体出口管线阀门。

(4) 打开分离罐放空管线上的放空阀，是分离罐泄压。

(5) 如可能，保持分离罐微正压，可防止空气进入。

3.2.2.3 日常检查

日常检查包括：

(1) 日常观察各种液位、压力、温度和流量是否在控制范围内。

(2) 现场液位计是否出现假液位。

(3) 各连接处是否有泄漏现象。

3.3 蒸 馏 塔

塔是压力容器中的一种，但又是化工和石油化工生产中的重要关键设备。精馏塔（蒸馏塔的一种）是精馏装置的核心。它可使气（汽）液或液液两相之间进行充分接触，达到相间传热与传质的目的。在塔设备中能进行的单元操作有：精馏、吸附、解析、气体的增湿及冷却等。

塔设备的分类方法很多，按操作压力分为加压塔、常压塔和减压塔；按单元操作分为精馏塔、吸收塔、解析塔、萃取塔等；按形成相间接触面的方式分为具有固定相界面的塔和流动过程中形成相界面的塔；最常见的分类是按塔的内部结构分为板式塔和填料塔两大类。

在板式塔中，塔内装有一定数量的塔板，它是气液两相发生接触传质的场所，气体自塔底向上以鼓泡喷射的形式穿过塔板上的液层，使两相密切接触，进行传质，两相的组分浓度沿塔高呈阶梯式变化。

在填料塔中，塔内装填一定高度的填料，液体自塔顶沿填料表面向下流动，作为连续相的气体自塔底向上流动，气液两相在湿润的填料表面进行逆向接触传质，两相的组分浓度也沿塔高呈阶梯式变化。

3.3.1 对塔设备的要求

有效、经济的运行是对塔设备的主要要求包括：

（1）能分离组成复杂的物料；

（2）生产可靠；

（3）保证产品质量；

（4）大型化。

为了满足工艺要求，塔设备应具有以下的性能：

（1）气液两相能充分接触，分离效率高；

（2）操作弹性大，即当塔的负荷变动较大时，塔的操作仍然稳定，效率变化不大；

（3）流体流动的阻力小，即压降小；

（4）气液处理量大；

（5）结构简单可靠，金属耗用量小，制造成本低；

（6）易于操作、调节和维修。

3.3.2 板式塔总体结构

一般情况下，与填料塔相比，板式塔具有效率高、处理量大、质量小等有点，但其结构较复杂、阻力较大。在石油化工生产中，板式塔使用数量居多，尤其是处理气（汽）、液量较大的情况。

板式塔结构主要包括：塔体、塔体支座、降液管、回流料接管、进料接管、气体出口接管、塔底液相出料接管、人孔、塔板、溢流堰和塔外平台及其他组件等，如图 3-3 所示。

由于塔板的结构不同，又分为泡罩塔、筛板塔、浮阀塔等。目前使用最多的是筛板塔和浮阀塔。

3.3.3　填料塔总体结构

填料塔的特点是结构（图 3-4）简单、压降小，可用各种材料的填料，特别是处理易产生泡沫的物料以及用于真空操作，具有独特的优越性。因此在石油化工中也得到广泛使用的传质设备。近年来，由于填料结构的改进，即提高了塔的通过能力和分离能力，又保持了压降小及性能稳定的特点，已在大型气液操作中得到应用。

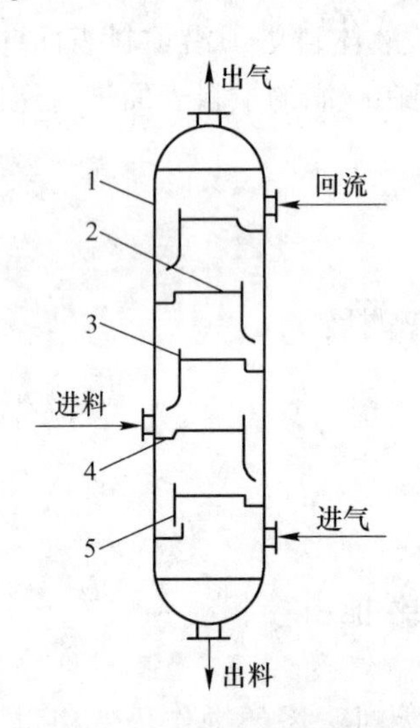

图 3-3　板式塔结构图

1—塔体；2—塔板；3—溢流堰；4—受液盘；5—降液管

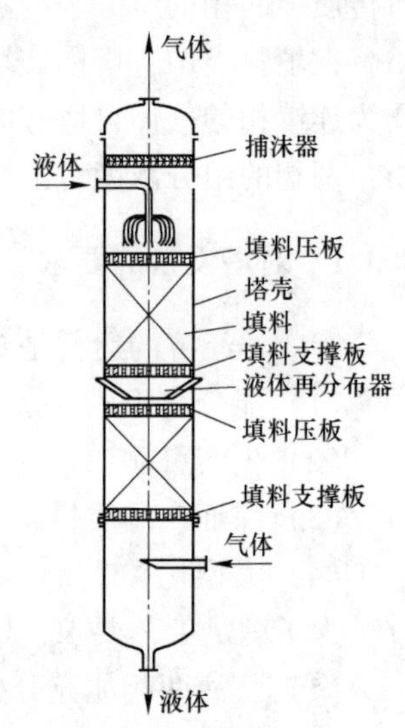

图 3-4　填料塔结构图

填料塔在传质形式上与板式塔不同，它是一种连续式气液传质设备，传质主要元件不是塔板，而是填料。填料又分为颗粒填料和规整填料（图 3-5）。

图 3-5　部分颗粒状填料和规整填料的形状

填料塔的主要结构件包括：塔体、喷淋装置、填料、再分布器、支撑板、捕沫器以及气液进出口接管等。

3.3.4 塔的分离原理

3.3.4.1 板式塔

塔盘是板式塔中气液两相接触传质的部位，决定塔的操作性能，通常主要由以下部分组成：

（1）气体通道：为保证气液两相充分接触，塔板上均匀地开设一定数量的通道供气体自下而上穿过板上的液层。气体通道的形式很多，它对塔板性能有决定性影响，也是区别塔板类型的主要标志。筛板塔塔板的气体通道最简单，只是在塔板上均匀地开设许多小孔（通称筛孔），气体穿过筛孔上，如图 3-6 所示。

（2）溢流堰：为保证气液两相在塔板上形成足够的相际传质表面，塔板上须保持一定高度的液层，为此，在塔板的出口端设置溢流堰。塔板上液层高度在很大程度上由堰高决定。对于大型塔板，为保证液流均布，还在塔板的进口端设置进口堰。

（3）降液管：液体自上层塔板流至下层塔板的通道，也是气（汽）体与液体分离的部位。为此，降液管中必须有足够的空间，让液体有所需的停留时间。

各种塔板只有在一定的气液流量范围内操作，才能保证气液两相有效接触，从而得到较好的传质效果。可用塔板负荷性能图来表示塔板正常操作时气液流量的范围，图 3-7 中的几条边线所表示的气液流量限度为：

（1）漏液线，气体流量低于此限时，液体经开孔大量泄漏。

（2）过量雾沫夹带线，气体流量高于此限时，雾沫夹带量超过允许值，会使板效率显著下降。

（3）液流下限线，若液体流量过小，则溢流堰上的液层高度不足，会影响液流的均匀分布，致使板效率降低。

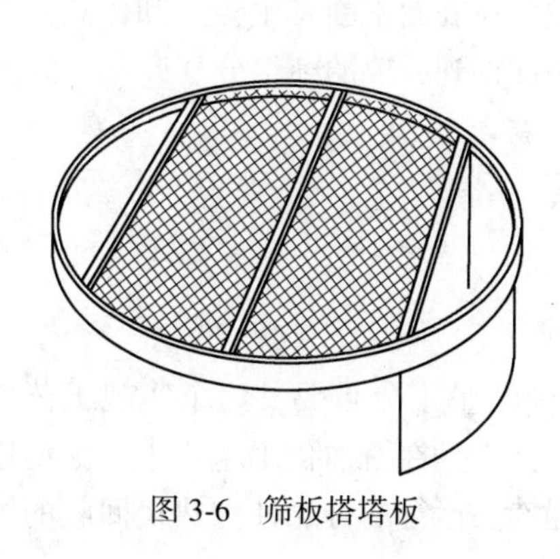

图 3-6 筛板塔塔板

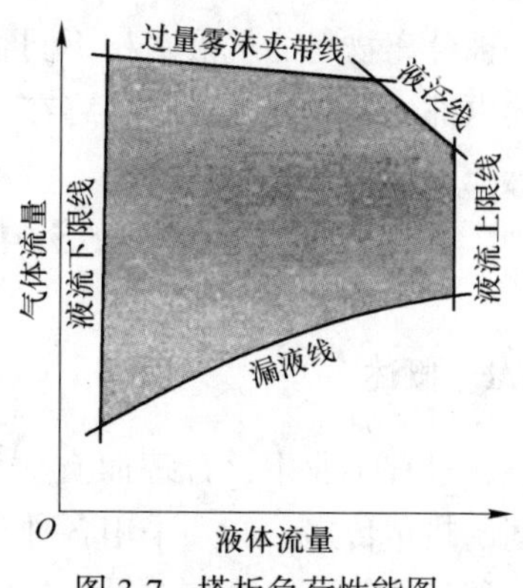

图 3-7 塔板负荷性能图

(4) 液流上限线，液体流量太大时，液体在降液管内停留时间过短，液相夹带的气泡来不及分离，会造成气相返混，板效率降低。

(5) 液泛线。气液流量超过此线时，引起降液管液泛，使塔的正常操作受到破坏。

如果塔板的正常操作范围大，对气液负荷变化的适应性好，就称这些塔板的操作弹性大。浮阀塔和泡罩塔的操作弹性较大，筛板塔稍差，这 3 种塔在正常范围内操作的板效率大致相同。

3.3.4.2　填料塔

填料塔是以塔内的填料作为气液两相间接触构件的传质设备。填料塔的塔身是一直立式圆筒，底部装有填料支撑板，填料以乱堆或整砌的方式放置在支撑板上。填料的上方安装填料压板，以防被上升气流吹动。

液体从塔顶经液体分布器喷淋到填料上，并沿填料表面流下。气体从塔底送入，经气体分布装置（小直径塔一般不设气体分布装置）分布后，与液体呈逆流连续通过填料层的空隙，在填料表面上，气液两相密切接触进行传质。

填料塔属于连续接触式气液传质设备，两相组成沿塔高连续变化，在正常操作状态下，气相为连续相，液相为分散相。当液体沿填料层向下流动时，有逐渐向塔壁集中的趋势，使得塔壁附近的液流量逐渐增大，这种现象称为壁流。壁流效应造成气液两相在填料层中分布不均，从而使传质效率下降。因此，当填料层较高时，需要进行分段，中间设置再分布装置。液体再分布装置包括液体收集器和液体再分布器两部分，上层填料流下的液体经液体收集器收集后，送到液体再分布器，经重新分布后喷淋到下层填料上。

填料塔具有生产能力大，分离效率高，压降小，持液量小，操作弹性大等优点。但缺点是，当液体负荷较小时不能有效地润湿填料表面，使传质效率降低；不能直接用于有悬浮物或容易聚合的物料；对侧线进料和出料等复杂精馏不太适合等。

被分离物料的气液两相不同组分在塔板或填料表面不断发生传质和传热，在塔的内部出现组分梯度，最终在塔的顶部和底部得到所要的纯组分。

3.4　换　热　器

3.4.1　概述

在过程工业中，合理而有效地利用热（冷）量十分重要，为了实现工艺物料间的热量传递，必须采用各种类型的换热器，也是在石油化工生产中广泛使用的一种工艺设备。换热器设计的先进性、合理性、运行的可靠性和热量回收的经济性等将直接影响产品的质量、产量和成本。

在生产过程中，进行着各种不同的换热过程，其主要作用是使热量由温度较高的流体传向温度较低的流体，以满足生产过程的需要，其主要目的：

(1) 加热或冷却，使流体达到工艺要求的温度；

(2) 换热，以回收利用热量或冷量；

(3) 保温，以减少热量或冷量的损失。

为将冷流体加热或热流体冷却，必须用另一种流体供给或取走热量，此流体称为载热体。起加热作用的载热体称为加热剂；而起冷却作用的载热体称为冷却剂。

工业上常用的冷却剂是水、空气和各种冷冻剂。如果工艺上要求的冷却温度更低，则要借用某些低沸点液体的蒸发达到目的，如丙烷等。

对一定的传入过程，被加热或冷却流体的初始与终了温度由工艺条件决定，因而需要提供和移除的热量是一定的。除此之外，在选择载热体时要考虑 4 方面的因素：

(1) 载热体的温度应易于调节；

(2) 载热体的饱和蒸气压宜低，加热时不会分解；

(3) 载热体毒性要小，使用安全，对设备基本没有腐蚀；

(4) 载热体应价格低廉且容易得到。

如图 3-8 所示是典型的换热过程。

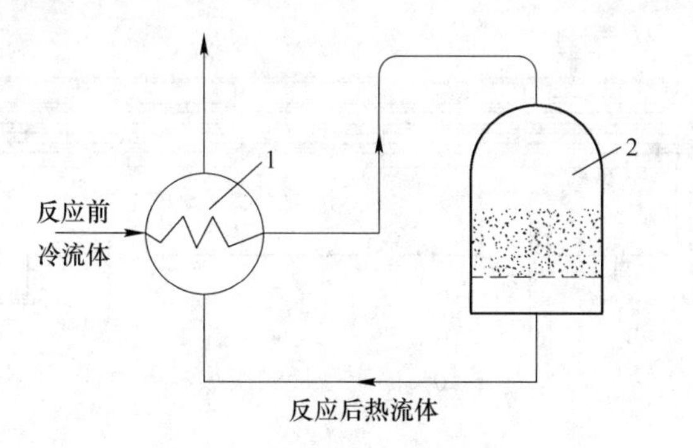

图 3-8 典型换热过程示意图

1—换热器；2—反应器

3.4.2 换热器的类型

3.4.2.1 按作用原理和实现传热的方式分类

换热器按作用原理和实现传热的方式分类（各类型间壁式换热器如图 3-9 所示）：

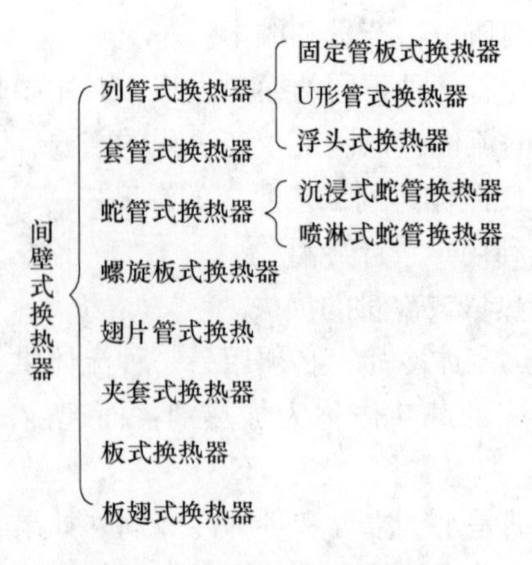

图 3-9 间壁式换热器的种类

(1) 直接接触式换热器。它是利用两种换热流体直接接触与混合来进行热量交换，其传热效果最好。

(2) 蓄热式换热器。它是让两种温度不同的流体交替通过同一种载热体表面，使载热体被加热或冷却，而进行冷、热流体之间的热量传递。

(3) 间壁式换热器。它是利用一种固定壁面将两种流体隔开，使它们之间通过壁面进行热量交换。这类换热器应用最广泛，其中固定板式换热器如图 3-10 所示。

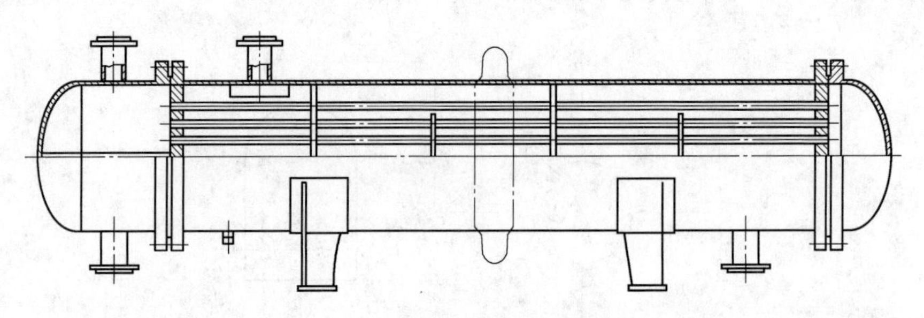

图 3-10 固定管板式换热器

3.4.2.2 按使用目的分类

换热器按使用目的分类如下：

(1) 冷却器，冷却工艺物料的设备。冷却剂一般多采用水，若冷却温度较低，可采用其他冷却剂。

(2) 加热器，加热工艺物料的设备。加热介质有：水蒸气、热水、烟道气、熔盐和热导油等。

(3) 再沸器，用于蒸馏塔底气化物料的设备。

(4) 冷凝器，用于将气态物料冷凝变成液态物料的设备。

(5) 过热器，用于对饱和蒸气再加热升温的设备。

(6) 废热锅炉，用于回收高温物料或废气的热量而产生蒸汽的设备。

3.4.2.3 按传热面的形状分类

换热器按传热面的形状分类包括：

A 列管式换热器（即管壳式换热器）

通过管子壁面进行传热的换热设备，在换热设备中应用最为广泛。虽然在换热效率、结构紧凑和制造所耗金属方面不及其他类型的换热器，但其结构坚固，可靠性高，选材范围广，耐压，耐温，操作弹性大。换热器形状有蛇管式、套管式、缠绕管式和列管式等，其中U形管式换热器如图3-11所示。

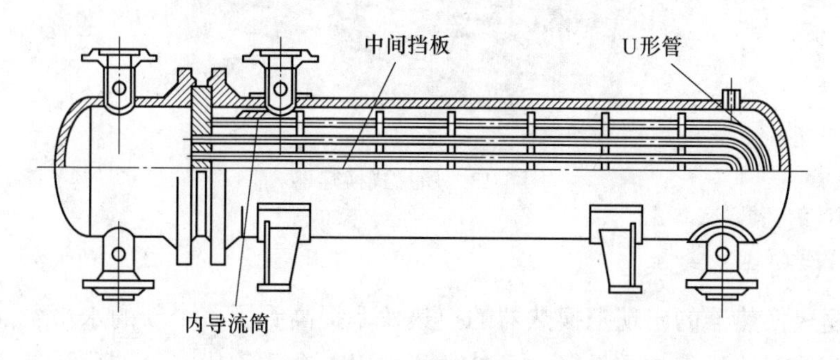

图3-11 U形管式换热器

管壳式换热器主要有壳体、管束、管板、折流挡板和封头等部分组成，壳体多呈圆形，内部装有平行管束，管束两端固定于板上。在管壳换热器内进行换热的两种流体，一种在管内流动，其行程称为管程；一种在管外流动，其行程称为壳程。管束的壁面即为传热面。

流体在管内每通过管束一次称为一个管程，每通过壳体一次称为一个壳程。

B 套管式换热器

套管式换热器是由直径不同的直管制成的同心套管，并由U形弯头连接而成。在这种换热器中，一种流体走管内，另一种流体走环隙，两者皆可得到较高的流速，故传热系数较大。另外，在套管式换热器中，两股流体实行逆流设计，如图3-12所示。

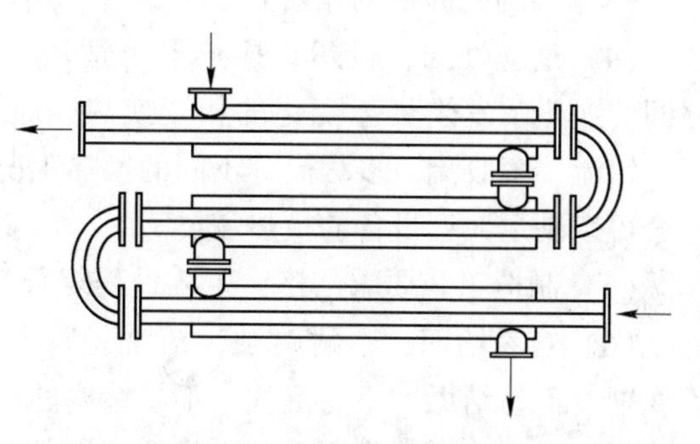

图3-12 套管式换热器

套管式换热器结构简单，能

承受高压，应用也方便，可根据需要增减管段数目。

C 翅片式换热器

换热器中的翅片管是在金属管的外表面安装各种翅片制成。翅片与光管的链接必须紧密无间，否则在连接处的接触热阻很大，影响传热效果。翅片管仅在管的外表采取了强化措施，因而只是对外侧给热系数很小的传热过程才起显著的强化效果。主要用在空气冷却器，如图 3-13 所示。

图 3-13 翅片式换热器

D 板翅式换热器

板翅式换热器的出现把换热器的换热效率提高到了一个新的水平，同时板翅式换热器具有体积小、重量轻、可处理两种以上介质等优点。被公认是高效新型换热器之一。

板翅式换热器特点包括：

(1) 传热效率高，由于翅片对流体的扰动使边界层不断破裂，因而具有较大的换热系数；同时由于隔板、翅片很薄，具有高导热性，所以使得板翅式换热器可以达到很高的效率。

(2) 紧凑，由于板翅式换热器具有扩展的二次表面，使得它的比表面积可达到 $1000m^2/m^3$。

(3) 轻巧，原因为紧凑且多为铝合金制造。

(4) 适应性强，板翅式换热器可适用于：气-气、气-液、液-液、各种流体之间的换热及发生集态变化的相变换热。通过流道的布置和组合能够适应：逆流、错流、多股流、多程流等不同的换热工况。通过单元间串联、并联、串并联组合可以满足大型设备的换热需要。

(5) 制造工艺要求严格，工艺过程复杂。

(6) 容易堵塞，不耐腐蚀，清洗检修很困难，故只能用于换热介质干净、无腐蚀、不易结垢、不易沉积、不易堵塞的场合。

板翅式换热器工作原理：它具有扩展的二次传热表面（翅片），所以传热过程不仅是在一次传热表面（隔板）上进行，而且同时也在二次传热表面上进行。高温侧介质的热量除了有一次表面倒入低温侧介质外，还沿翅片表面高度方向传递部分热量，即沿翅片高度方向，有隔板倒入热量，再将这些热量对流传递给低温侧介质。由于翅片高度大大超过了翅片厚度，因此，沿翅片高度方向的导热过程类似于均质细长导杆的导热。翅片两端的温度最高等于隔板温度，随着翅片和介质的对流放热，温度不断降低，直至在翅片中部区域介质温度。

板翅式换热器，通常由隔板、翅片、封条、导流片组成。在相邻两隔板间放置翅片、导流片以及封条组成一夹层，称为通道，将这样的夹层根据流体的不同方式叠置起来，钎焊成一整体便组成板束，板束是板翅式换热器的核心，如图3-14所示。

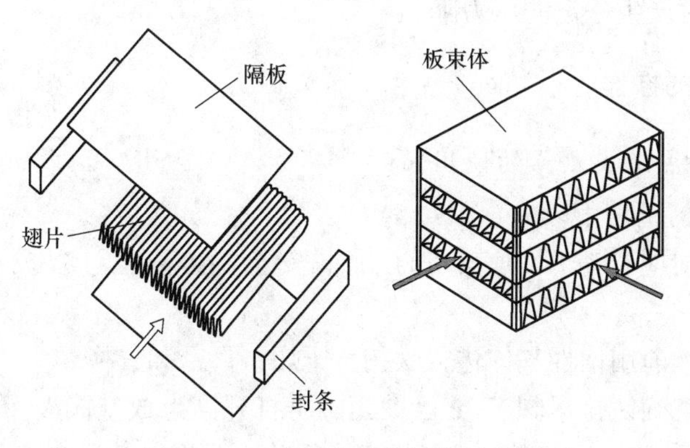

图 3-14　板翅式换热器结构示意图

3.4.3　换热器的传热原理

发生在换热器内的工艺过程是热量传递。热量总是从热流体传递到冷流体以达到均匀。在空冷器中，热量从换热管内流体传递到横穿管子流过的空气。在气体制冷器中，热量从热的气体传递到制冷剂。热量是能量的一种形式，因此，换热器是一个能量传递装置。

影响热量传递的因素有：

（1）传热温差。换热器内流体之一是热流体，另一个是冷流体。两个流体之间的温差是驱动或推动热量从热流体到冷流体的动力。如果两个流体温度相同，则温差为0℃，就不会产生热量传递。所以换热器内传递的热量与冷热流体之间的温差成正比。为了达到很好的换热效果，在换热器内部设计的折流挡板起到关键作用，是流体由缓慢流动变为湍流流动，实现最大的热交换。

（2）传热系数。在换热器内，热量首先通过热流体传递到换热器的壁上，然后通过壁或换热管，最后进入冷流体。从热流体至冷流体的热量传递速率取决于流体的性质。换热器的传热系数为热流体和冷流体每度温差单位时间内通过 $1m^2$ 换热器面积传递的热量，单位是 $W/(m^2 \cdot ℃)$。传热系数不仅和材料有关，还和具体的过程有关。

(3) 传热面积。影响传热量的最终因素是换热器面积。换热器传热面积是单元内换热管的总外表面积。

(4) 传热能力。换热器传递的热量称为它的传热能力，其公式为：

$$传热能力 = 温差(\Delta T) \times 传热系数 \times 传热面积$$

(5) 压力降。流体在管程和壳程内的流动应为湍流，使热流体和冷流体之间的温差达到最大。为了使流动达到湍流，必须保持相当高的流速，结果使每测流体流过换热器时产生一定的压力降。

3.4.4　换热器的操作

3.4.4.1　常用换热器的使用

常用换热器的使用步骤（图 3-15）：

(1) 投用前应检查压力表，温度计，安全阀，液位计以及有关阀门是否完好。

(2) 进流体前用惰性气体进行吹扫，干燥，气密和置换。

(3) 先检查确认排污阀 V-2 已关闭，再打开高点放空阀 V-1，然后慢慢打开冷流体入口阀 V-6，由 V-1 排气，完毕后关闭此阀，打开冷流体出口阀 V-5。

(4) 确认排污阀 V-4 已关闭，然后打开高点放空阀 V-3，再打开 V-10 走 V-8 的旁路引进热流体，速度要缓慢，排气完毕后关闭 V-3 和 V-8 旁通阀，打开 V-7 和 V-9，由 V-8 控制热流体量，升温速度控制在 30℃/h，如果热流体比

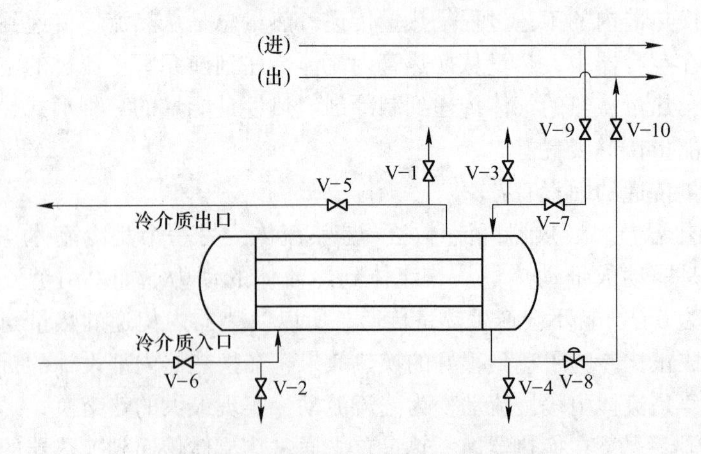

图 3-15　换热器冷热流体投用示意图

冷流体高 55℃以上，热流体的流量应逐渐增加，防止热量的突然冲击引起换热管震动和法兰处热胀冷缩而产生泄漏。

当换热器停用时，最接近环境温度的流体最后关闭。如果换热器停用期间存有流体，则流体出口管线上的阀门要保持开的状态，以便能够泄放在停用期间可能出现的压力。

3.4.4.2 空冷器的使用

空冷器按以下步骤启动：

(1) 打开风机，检查是否有震动或不正常的噪音。

(2) 将流体引入换热管。

(3) 调节百叶窗，使工艺流体出口温度控制在设计值。

日常检查内容包括：

(1) 观察空冷器进出口温度，是否正常。

(2) 调节百叶窗或其他风量控制装置，使工艺流体出口温度控制在设计值。

(3) 检查风机是否有噪音和震动。

(4) 检查换热管或管箱是否有泄漏。

(5) 检查换热管翅片是否损坏或阻塞。

(6) 检查风叶的转速、倾角和其他污垢的积累情况。

3.4.4.3 换热器的清洗

换热器的清洁是保持高传热系数的重要条件之一。在出现传热效果下降时有必要对换热器进行清洗，常用的清洗方式有：

(1) 化学清洗。这种方法是将一种化学溶液循环的通过换热器，使表面的污垢溶解、排出。此法不需要拆开换热器，简化了清洗过程，也减轻了清洗的劳动强度。

(2) 机械清理法。这种方法是用刷子或高压水人工清洗，此法虽简单直接，但对较坚硬、较厚的污垢不易清除，劳动强度大。

(3) 综合清洗法。即上述两种方法结合使用，达到完美清洗的效果。

3.5 加 热 炉

3.5.1 概述

一个具有用耐火材料包围的燃烧室，利用燃料燃烧产生的热量将物质（固体或流体）加热的设备叫作“炉子”。通常加热炉分为两种形式：直接受火式加热炉和间接受火式加热炉。直接受火式加热炉是被加热的流体流经炉膛内的炉管，燃料在管道外部燃烧，间接受火式加热炉是被加热的流体在炉管外侧。

工业上有各种各样的炉子，如冶金炉、热处理炉、窑炉、焚烧炉和蒸汽锅炉等。石油化工生产中常用的是直接受火式加热炉，也就是管式加热炉。它具有其他工业炉所没有的若干特点。

管式加热炉的特征包括：

（1）被加热物质在管内流动，故仅限于加热气体或液体。而且，这些气体或液体通常都是易燃易爆的烃类物质，同锅炉加热水或蒸汽相比，危险性大，操作条件要苛刻得多。

（2）加热方式为直接受火式。

（3）只烧液体或气体燃料。

（4）长周期连续运转，不间断操作。

管式加热炉最初是作为取代炼油“釜式蒸锅”的工艺设备而发明的，它的诞生在炼油工业的历史上是划时代的事件，使炼油工艺从古老的间歇式釜式蒸馏进入近代的“连续管式蒸馏”方式，从此开始逐步得到发展。所以管式加热炉也被叫作“管式釜”。

圆筒炉是管式加热炉的一种形式，又分为立式和卧式，如图 3-16 和图 3-17 所示。

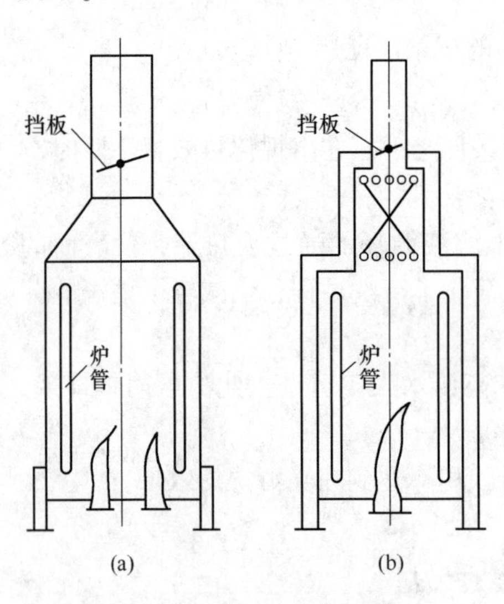

图 3-16　两种立式圆筒炉结构图
（a）没有对流段的炉型；（b）有对流段的炉型

图 3-17　卧式圆筒炉示意图

3.5.2　管式加热炉的结构

3.5.2.1　炉墙和钢结构

炉墙（也称炉衬）的作用是耐火和隔热。现代管式炉常用的炉衬有三种结构：耐火砖结构、衬里（浇注料）结构和耐火陶瓷纤维结构。管式加热炉钢结构是为满足工艺加热、生产操作和检修的需要，为支持炉管系统、衬里和零部件等重量所设置的外部钢架体系。

在无风、环境温度为27℃条件下设计的辐射段、对流段和热烟风管道外壁温度应不超过82℃，辐射段底部不得超过91℃。

3.5.2.2 通风系统

通风系统的任务是将空气导入燃烧器，并将废烟气导出炉子，它分为自然通风方式和强制通风方式两种。前者依靠烟囱本身的抽力，不消耗机械功。后者要使用风机，消耗机械功。

A 自然通风

在自然通风的情况下，烟囱本身高度所形成的抽力除要克服烟气流动过程中的总压降外，还要克服空气通过燃烧器的压降。对于负压操作炉子，烟囱的抽力还要保证炉膛内具有一定的负压。

烟囱是利用高温烟气与烟囱顶的大气之间的比重差来产生抽力的。抽力大小和烟气与外界空气温度之差，以及烟囱高度有关。烟气与外界空气温差越高，则烟囱的抽力就越大。为了保证烟囱有适当的抽力，烟囱的直径和高度需根据烟气量、烟气平均温度和烟气的流速等数值进行计算。

过去，绝大多数炉子因为内烟气侧阻力不大，基本上都采用自然通风方式，烟囱通常安在炉顶，烟囱高度只要足以克服烟气侧阻力就可以了。但是，近年来由于环境问题，要求提高烟囱高度，以降低地面上污染气体的浓度。不过，在某些地区，烟囱高度同时要受到航空方面的限制。

B 强制通风

管式炉的强制通风有3种方式：

（1）燃烧空气由通风机供给，炉内烟气流动的阻力由烟囱抽力克服。这种情况下，烟囱高度的计算除不考虑空气通过燃烧器的压降外，其余与自然通风完全相同。

（2）燃烧空气由通风机供给，炉内烟气流动的阻力主要由引风机的压头克服。这时烟囱的抽力不再是确定烟囱高度的主要因素，一般由其他因素确定烟囱高度之后，引风机的压头等于烟气总压降减去烟囱抽力。

（3）燃烧空气由炉内负压吸入，烟气压降主要由引风机克服。引风机的压头中应考虑空气通过燃烧器的压降。

3.5.2.3 烟道挡板及调节系统

在烟囱内加设挡板，调节挡板开度就可控制一定的抽力，保证炉膛内最合适的负压。一般要求炉膛内保持负压2~3mm水柱，在打开观火窗观察炉膛时，火焰不会外扑，确保操作安全。如采用强制送风，炉内负压不超过 5mm 水柱时，可以不装挡板。

老式的烟囱挡板多为单轴式，近年来多采用多轴式，多轴式挡板较单轴挡板灵活好用，不易损坏变形，便于操作。烟囱挡板有非密封型、密封型和高温密封型 3 种。

烟囱挡板调节系统由调节机构、滑轮，转轮及烟囱挡板等部件组成，由钢丝绳和链条传动。调节机构由手摇卷扬机、开关指示部件及链轮组成，装在地面上。滑轮安装在炉体和烟囱上，以固定钢丝绳及滑动用。转轮安装在烟囱挡板轴上，带动烟囱挡板开闭。烟囱挡板多装在烟囱下部。另一种烟囱挡板调节系统是烟囱挡板与气动执行机构相连接，通过仪表而自动调节和开关的，如图 3-18 所示。

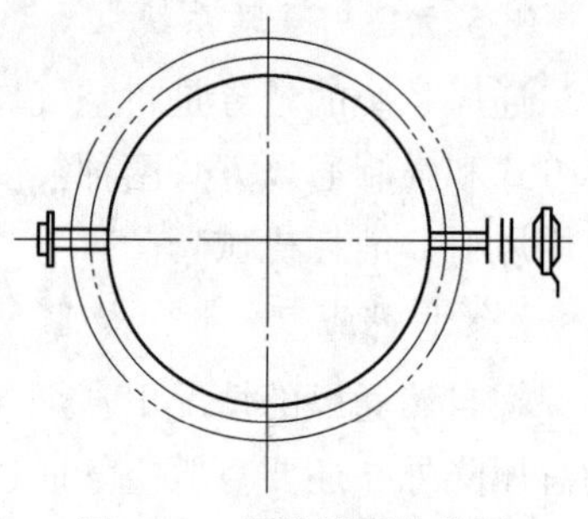

图 3-18　烟道挡板结构图

3.5.3 加热炉热效率

管式炉的燃料消耗在石油化工装置能耗中占有相当大的比例，即少则 20%~30%，多则 80%~90%。因此，提高管式炉的热效率，减少燃料消耗，对降低装置能耗具有十分重要的意义。

热效率是衡量管式炉先进性的一个重要指标。它关系着石油化工装置能耗的高低。20 世纪 70 年代以前，管式炉的热效率仅 60%~75%，现在大中型管式炉的热效率一般都在 85%~93%之间。小炉群则联合采用余热回收系统以提高热效率。提高加热炉热效率的手段较多，涉及的因素也较广泛。

加热炉的热量分布见图 3-19，其中有效部分就是介质吸收的热量，也就是热负荷。

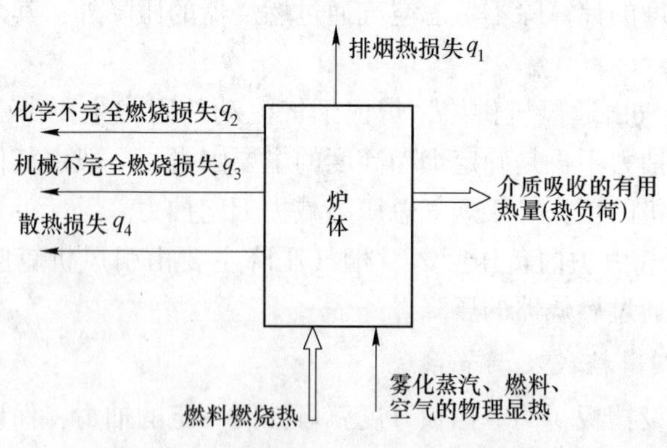

图 3-19　加热炉热量平衡示意图

热效率的计算：

$$\eta = 1 - q_1 - q_2 - q_3 - q_4$$

式中，q_1、q_2、q_3、q_4 分别为排烟损失、化学不完全燃烧热损失、机械不完全燃烧损失和散热损失。

3.5.3.1 提高热效率与节约燃料的关系

提高管式炉的热效率就意味着节省燃料，燃料节省的比率一般都比提高炉子的热效率高，而且原热效率越低，这个差值就越大。例如原热效率仅 50%的管式炉，如将其热效率提高 10%，则燃料可节省 16.6%；而原热效率为 80%的管式炉，热效率也提高 10%，燃料只节省 11%。

3.5.3.2 降低加热炉热负荷与热效率关系

减小加热炉的热负荷是通过装置换热系统优化，提高入炉油温和改进工艺流程等措施来实现。热负荷减小后的加热炉，即使热效率较低，仍可能比热负荷大，热效率高的加热炉所消耗的燃料还要少。而且加热炉热效率越高，相应地减少热负荷后原来炉子的热效率提高值将越大。

所以，当加热炉热效率比较高时，节能措施应以降低热负荷为主；反之，应以提高加热炉热效率为主。在减少炉子热负荷的基础上，进一步提高炉子的热效率是最理想和最有效的方法。

3.5.3.3 提高燃烧空气温度

燃料与空气的混合物只有被加热到着火温度时，才能在没有外热提供的条件下继续燃烧，即未经预热的燃烧空气与燃料混合后要先吸收足够的热量，后再着火放热。因此，利用烟气余热来预热燃烧空气，可以进一步提高加热炉的热效率。但是，燃烧空气的温度也不能提得太高，一般以预热至 300℃左右为宜。因为这个温度还要考虑到燃烧器的结构和材质问题。另外，空气温度太高，会引起（燃料为燃油的加热炉）油枪端部结焦或引起预混式瓦斯火嘴回火、也可能使因雾化不良，流淌至风道内的燃料油着火。

3.5.3.4 集中回收烟气余热

热负荷太小的加热炉，单独采用余热回收系统有困难或不够经济，可以将几个炉子的烟气集中回收余热，以提高热效率。这样做还有一个优点是集中的烟气可以通过一个高烟囱排出，从而减少对地面环境的污染。

3.5.3.5 合理选用过剩空气系数

过剩空气系数如果过小，会使燃料燃烧不完全，但如果过大，大量过剩空气又会将热量带走排入大气，使炉子热损失增多，热效率下降。过剩空气系数取之过大，还会引起燃烧温度下降，露点温度升高，加剧炉管氧化，从而产生极不利的影响。

3.5.3.6　改进燃烧器

除在设计中采取合理结构，促使燃料与空气的良好混合，减少过剩空气以外，操作过程中亦应在燃烧器处合理供风。如果供风量过多，会降低加热炉热效率；供风量过少，会导致化学不完全燃烧和机械不完全燃烧，造成热损失，同样也会使热效率下降。

空气从炉子其他不密封处或从未点燃的火嘴处漏入炉膛内，会造成排烟中的过剩空气量增加，而燃烧器处的供风量可能不足，这样就带来排烟中过剩系数大，而又存在不完全燃烧情况，导致加热炉热效率大幅度下降。

3.5.3.7　燃烧器采用强制供风

提高燃烧器的供风压头，空气就有足够的动能来强化扩散和混合过程，保证在尽可能低的过剩空气系数下实现完全燃烧。采用强制供风，还易于控制燃料与空气的比例，以及火焰的形状。

3.5.3.8　采用钉头管和翅片管

对管内介质为油或气的对流传热，由于管内外放热系数相差较大，可采用翅片管或钉头管来提高管外的放热系数，强化对流传热，降低对流室高度，提高热效率。

3.5.3.9　减小散热损失

加热炉炉壁的散热损失包括辐射散热和对流散热两部分。在有较长烟气通道的余热回收系统中，加热炉整个系统的总散热损失可能会达到4%。不过，降低炉壁温度，减小散热损失，最好利用便宜、隔热性能好的材料，不宜用过多增加壁厚和大量投资的办法来减小有限的散热损失。

3.5.3.10　低温露点腐蚀

随着节能要求的不断提高，要求加热炉的排烟温度越来越低，但不是越低越好，太低时会有水汽露点挂在烟囱壁上产生腐蚀现象。

3.5.4　加热炉工作原理

液体（气体）燃料在加热炉辐射室（炉膛）中燃烧，产生高温烟气并以它作为热载体，流向对流室，从烟囱排出。

待加热的物料首先进入加热炉对流室炉管，物料在炉管内流动，烟气中的这些热量首先以传热方式由炉管外表面传导到炉管内表面，同时也以对流方式传递给管内流动的物料。

物料由对流室炉管进入辐射室炉管，在辐射室内，燃烧器喷出的火焰主要以辐射方式将热量的一部分辐射到炉管外表面，另一部分辐射到敷设炉管的炉墙上，炉墙再次以辐射方式将热辐射到背火面一侧的炉管外表面上。这两部分辐射热共同作用，使炉管外表面升温并与管壁内表面形成了温差，热以传导方式流向管内壁，管内流动的物料又以对流方式不断从管内壁获得热量，实现了加热物料的工艺要求，其热量传递分布如图 3-20 所示。

加热炉加热能力的大小取决于火焰的强弱程度（炉膛温度）、炉管表面积和总传热系数的大小。火焰愈强，则炉膛温度愈高，炉膛与物料之间的温差越大，传热量越大；火焰与烟气接触的炉管面积越大，则传热量越多；炉管的导热性能越好，炉膛结构越合理，传热量也愈多。火焰的强弱可用控制火嘴的方法调节。但对一定结构的炉子来说，在正常操作条件下炉膛温度达到某一值后就不再上升。炉管表面的总传热系数对一台炉子来说是一定的，所以每台炉子的加热能力有一定的范围。在实际使用中，火焰燃烧不好和炉管结焦等都会影响加热炉的加热能力，所以要注意控制燃烧器使之完全燃烧，并要防止局部炉管温度过高而结焦。

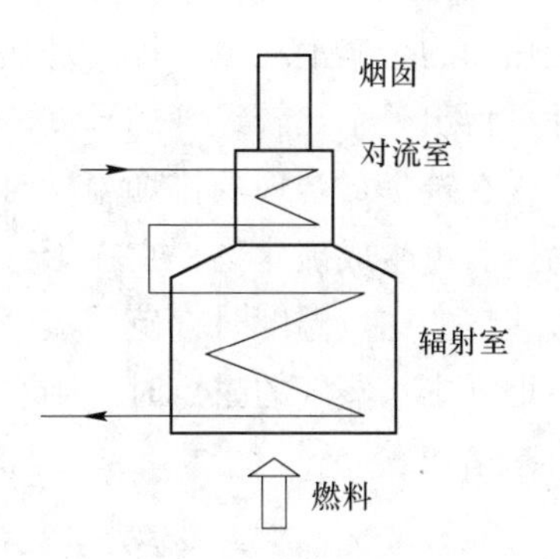

图 3-20　炉子内部热量传递分布图

3.5.5　加热炉的运行参数

3.5.5.1　炉膛温度

炉膛温度（挡墙温度）一般指烟气离开辐射室的温度，也就是烟气未进入对流室的温度或辐射室挡火墙前的温度，是加热炉运行的重要参数。

在炉膛内（辐射室）燃料燃烧产生的热量，是通过辐射和对流传给炉管的。传热量的大小与炉膛温度和管壁温度有关。物料从加热炉中获得的热量其中又以辐射传热为主。辐射换热与火焰的绝对温度的 4 次方成正比，因此，在高温区中，辐射受热面的吸热效果要比对流受热面的效果好，吸收同样数量的热量，辐射换热所需的受热面积即金属消耗量要比对流换热的少。设计时选取的炉膛温度值决定着加热炉辐射受热面及对流受热面之间的吸热量比例。炉膛温度高，辐射室传热量就大，所以炉膛温度能比较灵敏地反映炉出口温度。但是从运行角度考虑，炉膛温度过高，辐射室炉管热强度过大，有可能导致辐射管局部过热结焦同时进入对流室的烟气温度也过高，对流室炉管也易被烧坏，使排烟温度过高，加热炉热效率下降。所以炉膛温度是保证加热炉长期安全运行的指标。

3.5.5.2　排烟温度

排烟温度是烟气离开加热炉最后一组对流受热面进入烟囱的温度。排烟温度不应过高，否则热损失大。在操作时应控制排烟温度，在保证加热炉处于负压完全燃烧的情况下，应降低排烟温度。排烟温度的调节一般用控制进风量，即调整过剩空气系数的办法。降低排烟温度，可减少加热炉排烟热损失，提高热效率，从而节约燃料消耗量，降低加热炉运行成本。

但排烟温度过低，使对流受热面末段烟气与载热质的传热温差降低，增加了受热面的金属消耗量，提高加热炉的投资费用。因此，排烟温度的选择要经过设计，得出一个比较经济的温度。

在选择最合理的排烟温度时，还应考虑低温腐蚀的影响。由于燃料中的硫在燃烧后可生成硫化物，它在烟气中和水蒸气形成硫酸蒸气，当受热面壁温低于硫酸蒸气的露点温度时，硫酸蒸气就会冷凝下来，腐蚀壁面金属。如受热面壁温低于烟气中水蒸气的露点时，则水蒸气也会凝结在管壁上，加剧了腐蚀，并且容易引起堵灰。

3.5.5.3 炉膛热强度

即单位时间内、单位体积炉膛内燃料燃烧的总发热量（W/m^2）。炉膛尺寸一定后，多烧燃料必然提高炉膛热强度，相应地炉膛温度也会提高，炉子内炉管受热量也就增多，一般管式加热炉的炉膛热强度为8.14~11.63W/m^3（7~10$kcal/(m^3 \cdot h)$）。

3.5.5.4 炉管表面热强度

炉管单位表面积、单位时间内所传递的热量称为炉管的表面热强度。炉管表面热强度越高，在一定热负荷所需的炉管就越少，炉子可减小，投资降低，但炉管表面强度提高有一个限度。

3.5.5.5 管内流速

管内流速越小，传热系数越小，介质在炉内的停留时间越长，管内介质越易结焦，炉管越容易损坏，但流速过高又增大管内压力降，增加动力消耗，因此管内流速要适宜。

3.5.6 气体燃烧

以纯甲烷为燃料燃烧时产生的热量和需要的空气量。

甲烷是1个碳原子和4个氢原子组成的最简单烃类物质。当甲烷燃烧时，燃气与空气中的氧气发生化学反应，在反应发生时，燃烧1m^3甲烷释放出的热量为：37300kJ。

反应式如下：

CO_4	+	$2O_2$	$=\!=\!=$	CO_2	+	$2H_2O$
1体积的甲烷		2体积的氧气		1体积的二氧化碳		2体积的水（蒸汽）

甲烷燃烧时需要的氧气来自空气，而空气中的氧气只占20%，所以燃烧1体积的甲烷必须提供10个体积的空气（10个体积的空气提供2个体积的氧气），

如果提供的氧气小于10个体积，则甲烷不能完全燃烧。

当甲烷与空气完全燃烧释放出的热量必须有物体带出，在此反应式中燃烧产生的物体是二氧化碳和水。换句话说就是当物体处于大气温度下，反应时释放出来的热量能把反应产物加热到1925℃。这些热量最终传热给被加热物料。

按化学反应式，理想状态是10个体积的空气量正好满足1体积的甲烷充分燃烧，如果空气量不足，就有部分甲烷不燃烧随烟气排放掉，造成燃气浪费又导致燃烧温度降低。如果空气量富裕，气体完全燃烧，但部分燃烧热又用于加热过剩空气使被加热物体没有得到100%的热量，效率降低。例如，如果空气的体积为11，燃烧产物的温度只升到1775℃，另外的150℃被剩余空气随烟气带到大气中，约占总量的8%。

在实际生产过程中，空气还是处于过量状态，这样能保证燃气充分燃烧，释放出更多的热量，避免因空气不足，燃烧不充分而产生一氧化碳。

当燃气与空气在燃烧器中的混合体积比适当时，将产生蓝色火焰，其中也可能产生黄色或红色的条纹，通常称为松鼠尾巴。黄色或红色的条纹是由不完全燃烧引起的，不完全燃烧的原因可能是空气不足，也可能是燃料与空气在点燃之前混合不充分。

3.5.7 流量控制

3.5.7.1 燃料气控制

要保持炉管内部流体的温度恒定，供给燃烧器的燃料流量应该是变化的。一般由温度控制器和燃料调节阀组成燃料控制系统，当流体温度开始下降时，温度控制器将信号传给燃料调节阀使其开大，其结果是输入更多的热量，流体的温度开始升高。当流体温度开始上升超过设定值时，则反之。由于温度控制有滞后现象，所以会形成燃料流量和流体温度发生周期性的变化。通过调节温度调节器使其对温度变化相应较慢，从而使传递给燃料调节阀的压力信号变化较小，可将这种周期性变化的影响降至最小。

另一个影响燃料控制系统的因素是燃料压力。可通过调压阀来恒定燃气压力。

调节阀和流体温度调节器的理想调节方式是燃烧器的燃气流量最低时能维持所需要的流体温度，要想达到此要求，可调节温度调节器使燃烧器以基本恒定的速度进行燃烧，而此时燃料调节阀的开度为50%。

3.5.7.2 空气控制

对燃烧器空气流量进行调节有3个理由：

(1) 提供稳定火焰形态，使得在燃料流量变化时或大风吹过时火焰不会熄灭；

（2）将火焰设置在炉膛的中央，使火焰不与管壁接触而使炉管烧坏；

（3）为了节省燃料。

为了使火焰的形态成为长窄型，且又不接触管壁，可通过风门进行调节。一次风为火焰经过炉管前半程提供燃烧用空气，火焰后半程燃烧所用空气来自二次风。过量的一次风通常导致火焰脱离燃烧器，并使燃烧器发出呼啸声。一次风不足将出现不规则的黄色火苗。

当加热炉燃烧时，烟气被加热，引起膨胀，当其膨胀时，其密度下降，使空气从外部被吸入。吸入的空气将使燃烧的气体冷却，加热炉必须为被冷却的燃烧气燃烧更多的燃料，从而浪费能源。所以炉子本身的密封性对节能起到关键作用。

3.5.8 导热油炉

导热油炉也叫有机热载体炉，俗称导热油锅炉。它是以煤、油、气为燃料，以导热油为循环介质供热的新型热能设备，导热油炉指载热工质为高温导热油（也称热媒体、热载体）的新型热能转换设备，导热油炉的优势在于“高温低压”、运行平稳而被广泛运用。导热油炉是常规加热炉中的一种形式。

3.5.8.1 特点

导热油炉能在较低的运行压力下，获得较高的工作温度，具有低压、高温的技术特性。可实现稳定在各个等级负荷下，热效率均能保持在最佳水平。具有完备的运行控制和安全监测装置，操作方便、安全可靠、闭路循环、液相输送热能、热损失小、节能效果显著、运行成本低。

以煤、重油、轻油、可燃气体及其他可燃材料为燃料，热载体为导热油而非物料。利用循环油泵强制液相循环，将高温热载体送给用热设备后，低温热载体继而返回被重新加热，由此热载体形成一个闭路循环。

3.5.8.2 安全要点

导热油炉的主要危险是火灾。导热油一旦从导热油炉供热系统泄漏，由于自身温度很高，又接触火焰或接近火焰，就会被点燃或自燃，造成火灾。另外，导热油炉也会因导热油带水等原因，而发生爆炸事故。

防范导热油炉事故必须从设备和介质两方面同时着手，一是使设备具有足够的强度和严密性，不破不漏；二是使导热油在受热中不过热，不变质，正常流动与换热。

3.5.8.3 导热油

A 特点

导热油具有抗热裂化和化学氧化的性能，传热效率高，散热快，热稳定性很好。导热油作为工业油传热介质具有以下特点：在几乎常压的条件下，可以获得很高的操作温度。即可以大大降低高温加热系统的操作压力和安全要求，提高了系统和设备的可靠性。另外，可以在更宽的温度范围内满足不同温度加热、冷却的工艺需求，或在同一个系统中用同一种导热油同时实现高温加热和低温冷却的工艺要求。

B 主要性能

(1) 热稳定性是热传导液最重要的使用性能。热裂解产生小分子低沸物，易使系统产生气阻，使泵产生气蚀，同时还造成油品较高的蒸发损耗和环境污染，热聚合则产生大分子高沸物，其逐渐沉积于加热器和管路表面，形成的积炭将影响系统的传热效能及控温精度。

(2) 氧化安定性是热传导液另一项重要的使用性能。敞开系统或膨胀槽不采用氮气封闭的系统，油品与空气接触的界面会发生氧化反应。一般来说，在高于60℃的条件下，油品与空气接触即发生氧化，氧化产物逐渐形成胶质和沉渣，附着于加热器和管路表面而产生积炭。

C 分类

根据成分及制造工业过程，导热油可以分为合成型导热油和矿物型导热油。

D 在使用过程的防护

(1) 由于导热油在高温运行情况下易于发生氧化反应，造成导热油的劣化变质，所以要对高温膨胀槽进行充氮保护，确保热载体系统的封闭，避免导热油与空气接触，延长导热油的使用寿命。

(2) 严格控制热载体出口处导热油的温度不得超过最高使用温度，热载体的最高膜温应小于允许油膜温度，避免导热油的结焦。

(3) 防止热载体内由于混入水及其他杂质随着热载体的加热，溶解在其中的水分迅速汽化，导热管内的压力急剧上升而出现无法控制的局面，引发事故。

(4) 定期化验导热油指标：残碳、酸值、黏度、闪点、熔点等理化指标，发现指标异常，分析变化原因并排除。

4 转动设备

4.1 概　　述

4.1.1 泵的定义与应用

泵是用来输送液体并增加液体能量的一种机器。主要用来输送水、油、酸碱液、乳化液、悬乳液和液态金属等液体，也可输送液、气混合物及含悬浮固体物的液体。

石油化工生产中的原料，半成品和成品大多是液体，将原料制成产品时需要经过复杂的工艺过程，泵在这些过程中起到了输送液体和提供化学反应的压力流量的作用，此外，在很多装置中还用泵来调节温度。一旦泵出现故障，将直接影响整个工艺流程的稳定运行。因此，泵在生产过程中占有极为重要的地位，是保证石油化工连续、安全生产的重要设备之一。

4.1.2 泵的分类

泵的用途极广，不同的生产场合对泵的要求也各不相同，所以泵的种类繁多，对它们的分类方法也各不相同（见表4-1）。

表 4-1　泵的分类

<table>
<tr><th>总称</th><th>一级分类</th><th>二级分类</th><th>三级分类</th></tr>
<tr><td rowspan="10">泵</td><td rowspan="6">容积泵</td><td rowspan="3">往复泵</td><td>活塞泵</td></tr>
<tr><td>柱塞泵</td></tr>
<tr><td>隔膜泵</td></tr>
<tr><td rowspan="3">转子泵</td><td>齿轮泵</td></tr>
<tr><td>螺杆泵</td></tr>
<tr><td>滑板泵</td></tr>
<tr><td rowspan="4">叶片泵</td><td>离心泵</td><td></td></tr>
<tr><td>混流泵</td><td></td></tr>
<tr><td>轴流泵</td><td></td></tr>
<tr><td>旋涡泵</td><td></td></tr>
</table>

续表 4-1

总称	一级分类	二级分类	三级分类
泵	其他类型泵	流体动泵力泵	喷射泵
			水锤泵
			空气升液泵
			酸蛋泵
		电磁泵	

4.1.2.1　按工作原理分类

(1) 容积泵。容积泵是依靠泵内工作室容积大小周期性变化来输送液体，为间隙排液过程。此类泵又分为往复泵和转子泵。

(2) 叶片泵。叶片泵是依靠泵内作高速旋转的叶轮把能量传递给液体，从而实现液体输送的机械。此种类型的泵又可按叶轮结构不同分为离心泵、轴流泵、混流泵和旋涡泵等。

(3) 其他类型泵。除叶片泵和容积泵以外的特殊泵。这一类的泵主要有流体动力作用泵、电磁泵等。根据泵结构和动力源不同，每一类型中又有许多不同命名。

4.1.2.2　按泵的用途分类

(1) 供料泵。将液体原料从储罐或其他装置中吸出，加工后送到工艺流程中去的泵，又叫增压泵。

(2) 循环泵。在工艺流程中为循环液增加的泵。此种泵使循环液补充压力的同时又能使设备之间保持能量平衡。

(3) 成品泵。把装置中液体产品或半成品输送到罐或其他装置的泵。

(4) 高温和低温泵。输送300℃以上高温液体和5℃以下低温液体的泵。

(5) 特殊用途泵。如液压系统中的动力油泵、水泵等。

4.1.3　泵的特点与应用范围

离心泵主要用于大、中流量和中等压力的场合；往复泵主要用于小流量和高压力的场合；转子泵和旋涡泵则适用于小流量和高压力的场合。其中离心泵具有使用范围广、结构简单及运转可靠等优点，在石油化工中得到广泛的应用。容积泵只在特定场合下使用，其他类型泵使用则较少。

4.1.4　叶片泵工作原理

叶轮安装在泵壳内，并紧固在泵轴上，泵轴由电机直接带动。泵壳中央有液体吸入口，液体经底阀和吸入口进入泵内。泵壳上的液体排出口与排出管连接。

在泵启动前，泵壳内灌满被输送的液体；启动后，叶轮由轴带动高速转动，叶片间的液体也随着转动。在离心力的作用下，液体从叶轮中心被抛向外缘并获得能量，以高速离开叶轮外缘进入蜗形泵壳。在蜗壳中，液体由于流道的逐渐扩大而减速，又将部分动能转变为静压能，最后以较高的压力流入排出管道，送至需要场所。液体由叶轮中心流向外缘时，在叶轮中心形成了一定的负压，由于槽液面上方的压力大于泵入口处的压力，液体便被连续压入叶轮中。所以，只要叶轮不断地转动，液体便会不断地被吸入并排出。

4.1.5 性能参数

泵的参数主要有流量和扬程，此外还有轴功率、转速和必需汽蚀余量。流量是指单位时间内通过泵出口输出的液体量，一般采用体积流量；扬程是单位重量输送液体从泵入口至出口的能量增量，对于容积式泵，能量增量主要体现在压力能增加上，所以通常以压力增量代替扬程来表示。泵的效率不是一个独立性能参数，它可以由别的性能参数，例如流量、扬程和轴功率按公式计算求得。

泵的各个性能参数之间存在着一定的相互依赖变化关系，可以通过对泵进行试验，分别测得和算出参数值，并画成曲线来表示，这些曲线称为泵的特性曲线，如图 4-1 所示。

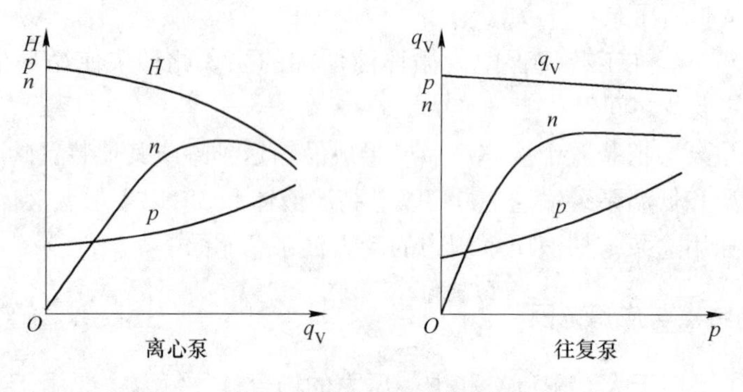

图 4-1 两类泵的特性曲线

泵的实际工作点由泵的曲线与泵的装置特性曲线的交点来确定。选择和使用泵，应使泵的工作点落在工作范围内，以保证运转经济性和安全。此外，同一台泵输送黏度不同的液体时，其特性曲线也会改变。通常，泵的特性曲线大多是指输送清洁冷水时的特性曲线。对于动力式泵，随着液体黏度增大，扬程和效率降低，轴功率增大，所以工业上有时将黏度大的液体加热使黏性变小，以提高输送效率。

4.2 离心泵基本原理

4.2.1 基本性能参数

离心泵的基本性能参数包括：流量、扬程、转速、功率、效率、允许吸上真空高度及允许汽蚀余量，这些表示该泵在一定条件下运转的性能指标。

4.2.1.1 流量

单位时间内泵所排出的液体量称为泵的流量。

流量分为体积流量和质量流量：

体积流量用 Q 表示，单位是 m^3/s 或 m^3/h。

质量流量用 G 表示，单位是 kg/s 或 t/h。

质量流量与体积流量之间的关系为（kg/s）：

$$G = \rho Q$$

式中，ρ 为输送温度下液体的密度，kg/m^3。

单位时间内流入叶轮内的液体体积量称为理论流量。

4.2.1.2 扬程

在实际生产中，单位质量的液体，从泵进口到泵出口的能量增值称为泵的扬程，用符号 H 表示，其单位为 m。

要注意的是，泵的扬程和液体的升扬高度等同起来，因为泵的扬程不仅要用来提高液体的位高，而且还要用来克服液体在输送过程中的流动阻力，以及提高输送液体的静压能和保证液体有一定的流速。

泵的扬程是指全扬程或总扬程，它包括吸上扬程和压出扬程。吸上扬程包括实际吸上扬程和吸上扬程损失，压出扬程包括实际压出扬程和压出扬程损失。

4.2.1.3 转速

离心泵的转速是指泵轴每分钟的转数，用符号 n 表示，单位为 r/min。

4.2.1.4 功率和效率

A 功率

功率是指单位时间内所做的功。常见的表示方法有：

有效功率。单位时间内泵对输出液体所做的功称为有效功率用 N_e 表示。

轴功率。单位时间内由原动机传递到泵主轴上的功率，用 N 表示。

B 效率

效率是衡量离心泵工作经济性的指标，用符号 η 表示。由于离心泵工作时，泵内存在各种损失，所以泵不可能将原动机输入的功率全部转变为液体的有效功率。η 值越大，则泵的经济性越好，即 $\eta = N_e / N$。

4.2.1.5 允许吸上真空高度及允许汽蚀余量

允许吸上真空高度及允许汽蚀余量也是离心泵很重要的性能参数，表示离心泵抗汽蚀性能的指标，单位与扬程相同。

4.2.2 离心泵的构造与工作原理

4.2.2.1 离心泵结构

离心泵主要由泵壳、叶轮、轴封装置、电机等组成。泵壳的特点是蜗壳状，其主要起导流及能量转换的作用，叶轮由轴带动通过旋转提供能量，如图 4-2 所示。

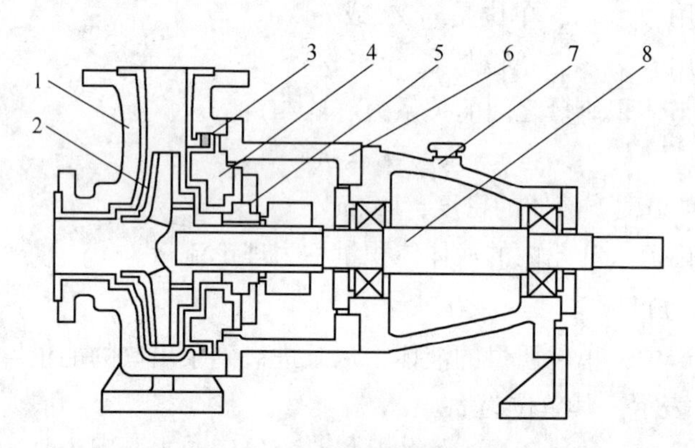

图 4-2 离心泵结构示意图

1—泵体；2—叶轮；3—密封圈；4—泵盖；5—机械密封；6—连接架；7—轴承座；8—泵轴

4.2.2.2 工作原理

离心泵在启动前要先进行灌泵，用液体把泵壳中的空气赶出，并填满泵壳，然后打开电源，电机带动叶轮旋转，叶轮带动液体旋转，液体以较大的速度被甩到叶轮边缘进入泵壳，在蜗壳中随流道截面积的逐渐扩大，液体的部分动能转变成静压能，液体以较大的压力被压出。与此同时，当叶轮中心的液体被甩出后，泵壳的吸入口就形成了一定的负压，受外面的大气压迫，液体进底阀经吸入管进入泵内，填补了液体排出后的空间。这样，只要叶轮旋转不停，液体就源源不断地被吸入与排出，如图 4-3 所示。

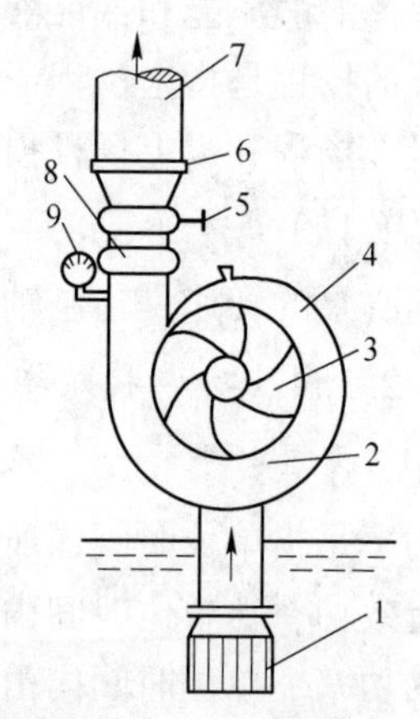

图 4-3 离心泵工作状态

1—底阀；2—压水室；3—叶轮；4—蜗壳；5—闸阀；6—法兰；7—压水管；8—止回阀；9—压力表

离心泵具有转速高、体积小、重量轻、效率高、流量大、结构简单、性能稳定、容易操作和维修的优点。缺点是启动前泵内要灌满液体，液体黏度对泵性能影响大，只能用于黏度近似于水的液体。

4.2.2.3　工作点与流量调节

A　离心泵的工作点

输送液体是靠泵和管路相互配合完成的。一台离心泵安装在一定的管路系统中工作，包括阀门开度也一定时，就有一定的流量与压头。

泵安装在特定的管路中，其特性曲线 $H-Q$ 与管路特性曲线 H_e-Q 的交点称为离心泵的工作点，如图 4-4 所示。即泵的工作点对应的泵压头和流量即是泵提供的，也是管路需要的。

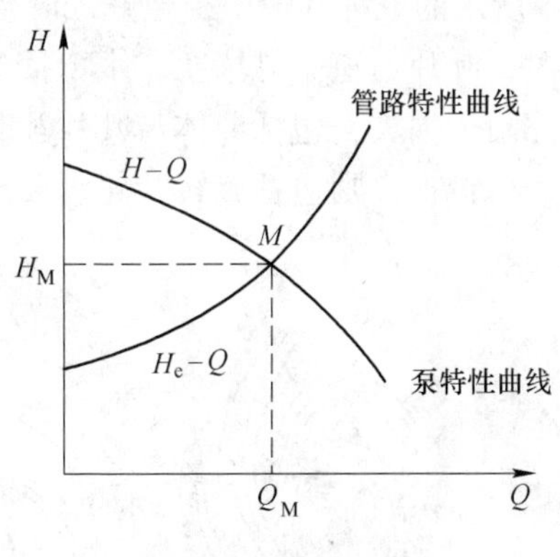

图 4-4　离心泵工作点

B　流量调节

泵在实际操作过程中需要经常调节流量。从泵的工作点可知，调节流量实质上就是改变离心泵的特性曲线或管路特性曲线，从而改变泵的工作点。

(1) 改变管路特性曲线最简单的方法就是调节出口阀开度。

(2) 改变泵特性曲线可以通过改变叶轮转数和切割叶轮直径来实现。

(3) 当两台泵串联时可以增加扬程，当两台泵并联时可以增加流量。

C　泵常见不良现象及处理

(1) 气缚现象：离心泵启动时，若泵内存有空气，由于空气密度很低，旋转后产生的离心力小，因而叶轮中心区所形成的低压不足以将罐内的液体吸入泵内，虽然泵启动了但无法输送液体。此种现象称为“气缚”，表示离心泵无自吸能力，所以必须在启动前壳内灌满液体。

(2) 汽蚀现象：当泵叶轮片入口附近的压力等于或小于液体的饱和蒸汽压时，液体将在该处汽化产生气泡，并随液体流向高压区，气泡在高压的作用下迅速液化或破裂，此时周围的液体以极高的速度、频率和压力冲向叶轮和泵壳，使叶轮和泵壳受到破坏，这种现象称为“汽蚀现象”。

防止发生汽蚀的措施包括：

(1) 减小几何吸上高度。

(2) 减小吸入损失，为此可增加管径、减小管路长度、弯头和附件等。

(3) 防止长时间在大流量下运行。

(4) 在同样转速和流量下，采用双吸泵，减小进口流速。

(5) 发生汽蚀时，调小流量等。

4.2.2.4 离心泵的效率

泵在运转过程中由于存在各种原因导致的机械能损失，使泵的有效压头和流量均较理论值低，而输入泵的功率较理论值高。

离心泵内的容积损失、水力损失和机械损失是构成泵效率的主要因素。容积损失是指叶轮出口侧高压液体因机械泄漏返回叶轮入口侧所造成的能量损失。在图4-5所示的三种叶轮中，敞开式叶轮的容积损失较大，但在送含固体颗粒的悬浮体时，叶片通道不易堵塞。水力损失是由于实际流体在泵内有限叶片作用下各种摩擦阻力损失，包括液体与叶片和壳体的冲击而形成漩涡，由此造成的机械能损失。机械损失则包括旋转叶轮盘面与液体间摩擦以及轴承机械摩擦所造成的能量损失。

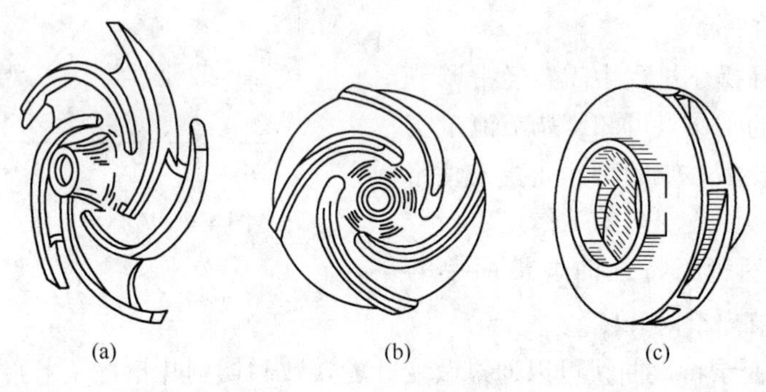

图4-5 叶轮的类型
(a) 敞开式；(b) 半蔽式；(c) 蔽式

4.2.3 其他常用离心泵

4.2.3.1 管道泵

管道泵的结构特点：管道泵是单吸单级或多级离心泵的一种，属立式结构，也称为立式泵。因其进出口在同一直线上，且进出口的口径相同，仿似一段管道，和轴中心线成直交，可安装在管道的任何位置故取名为管道泵（又名增压泵）。

A 管道泵的使用要点

(1) 试车工作：检查连接件是否松动；用手盘动联轴器使转子转数圈，看机组转动是否灵活，是否有响声和轻重不匀的感觉，以判断泵内是否有异物或轴是否弯曲，密封件安装正不正等；检查密封腔内的清洁润滑油是否加注1/2腔内空间（部分泵没有）；泵机组表面是否干净；机组转向空载测试。

（2）手动启动：灌泵（部分泵不需要），稍开出口阀，启动电机，压力上升并确认为泵组运转平稳时渐开出口阀至工况要求。

（3）运行检查：管道泵在工频正常运行时，应定时检查并记录其泵组电流表、电压表、进出口真空表（不是所有泵都有）、压力表和流量计等仪表读数，机组的振动、噪音、温升等是否正常，轴封处不应有明显的滑油泄漏。

（4）正常停车：关闭排出阀，使泵轻载，停转电机。

B 管道泵的紧急停车

（1）泵电机工作电流表指示异常（过分偏大或变得很小）；泵系统发出不正常的响声。

（2）泵进口出口压力表指示异常，泵体震动较大并发出异声，性能严重下降。

（3）泵电机产生异味、轴封处漏油料、轴承温度超过规定温度等。

4.2.3.2 屏蔽泵

普通离心泵的驱动是通过联轴器将泵的叶轮轴与电动轴相连接，使叶轮与电动机一起旋转而工作，而屏蔽泵是一种无密封泵，泵和驱动电机都被密封在一个充满介质输送的压力容器内，此压力容器只有静密封，并由一个电线组来提供旋转磁场并驱动转子。这种结构取消了传统离心泵具有的旋转轴密封装置，故能做到完全无泄漏。

A 屏蔽泵的特点

（1）电机与泵一体化结构，全部采用静密封，使电泵完全无泄漏。

（2）全封闭、无泄漏结构可输送有毒有害液体物质。

（3）采用屏蔽式水冷电机和取消了冷却风扇使该泵低噪声或静音运行，适用于对环境噪声要求高的场合。

（4）采用输送介质润滑的石墨滑动轴承，使运行噪声更低且无须人工润滑加油，降低了维护成本；近几年轴承材质又增加有碳化硅 SiC，超硬等，使用寿命优于石墨轴承。

（5）立式结构可像阀门一样安装于管路上，安装方便快捷，且维修时只需将电机与叶轮抽出即可，无须拆除管路。

（6）可以配合减震器或减震垫安装运行，使电泵在运行时噪声更低。

B 屏蔽泵的应紧急停车

（1）当屏蔽泵入口断液时。

（2）当 TRG 表指示针在红区时。

（3）当屏蔽泵内有异常响声时。

（4）当屏蔽泵剧烈振动时。

（5）当屏蔽泵冷却水套温度过高或断液时。

（6）当电动机过热时。

4.2.3.3 高速泵

（1）高速泵，又称为高速部分流泵，属于离心泵的一种。高速泵的基本工作原理与普通离心泵类似，所不同的是利用增速箱（一级增速或二级增速）的增速作用使工作叶轮获得数倍于普通离心泵叶轮的工作转速，它利用提高叶轮转速，加大叶轮外沿的流体线速度，达到高扬程的目的，消除了大部分多级泵的缺点。适用于小流量高扬程场合。

（2）高速泵的特点：

1）单级扬程高达1900m，在低比转速（n_s）80以下能特别发挥高性能，而且没有口环，所以不会产生由于口环磨损而引起性能下降的现象。

2）采用完全开式直线辐射状叶轮结构，在高速运转时也不会产生轴向载荷。

3）由于泵内最小侧隙在1mm左右，因此对于黏度在0.5Pa·s(500cP）以下、固体颗粒小于0.1mm的各种液体均能保证泵能正常运行。

4）采用独特的叶轮流入口，在高转速下具有卓越的吸入性能。

5）使用了在高速运转情况下，能满足各种使用条件，并能经受长期连续运转的各种密封结构和优异的机械密封。

6）具有扬程中断特性，所以在排出阀开放运转时，不会发生电动机过载的危险。

7）结构紧凑，重量轻，较小的安装面积和基础工程。

8）完全密闭，完全自动给油，室外型整体结构，能设置在任何场所。

4.3 其他类型的泵

4.3.1 往复泵

4.3.1.1 作用原理

曲柄连杆机构带动的往复泵，它主要由泵缸、活塞和活门组成。活塞在外力推动下做往复运动，由此改变泵缸内的容积和压强，交替地打开和关闭吸入、压出活门，达到输送液体的目的。由此可见，往复泵是通过活塞的往复运动直接以压强能的形式向液体提供能量。

4.3.1.2 往复泵的类型

往复泵按动力来源分类可分为：电动和汽动。

往复泵按作用方式分类可分为：

（1）单缸单动往复泵，活塞往复一次只吸液一次和排液一次，如图4-6所示。

(2) 单缸双动往复泵，活塞两边都在工作，每个行程均在吸液和排液，如图 4-7 所示。

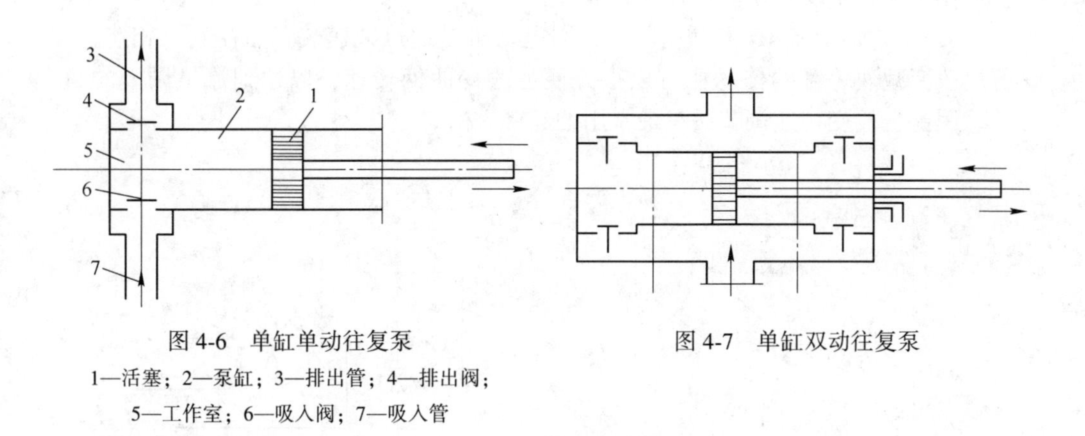

图 4-6 单缸单动往复泵

1—活塞；2—泵缸；3—排出管；4—排出阀；
5—工作室；6—吸入阀；7—吸入管

图 4-7 单缸双动往复泵

4.3.1.3 流量调节

往复泵的流量原则上应等于单位时间内活塞在泵缸中扫过的体积，它与往复频率、活塞面积和行程及泵缸数有关。活塞的往复运动若由等速旋转的曲柄机构变换而得，则其速度变化服从正弦曲线规律。在一个周期内，泵的流量也必经历相同的变化，如图 4-8 所示。

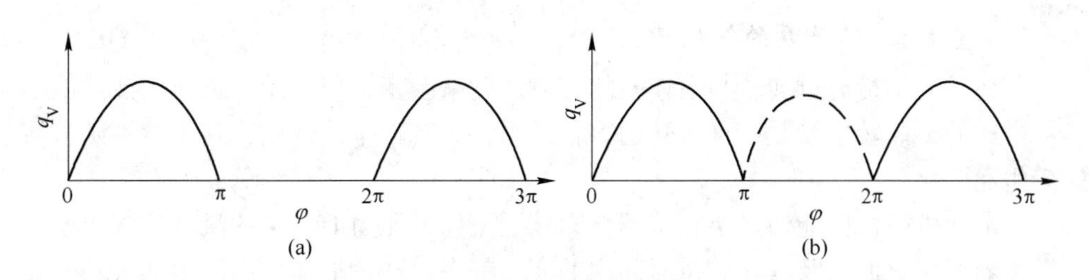

图 4-8 往复泵的流量曲线

(a) 单缸单动；(b) 单缸双动

往复泵的理论流量是由活塞扫过的体积所决定，而与管路特性无关，如图 4-9 所示。而往复泵提供的压头则只决定于管路的情况。这种特性称为正位移特性，具有此特性的泵叫作正位移泵。

离心泵可用出口阀门来调节流量，但对往复泵则不能采取这样的调节方法。因为往复泵属于正位移泵，流量与管路特性无关，安装调节阀非但不能改变流量，而且还会造成危害，一旦出口阀完全关闭，泵缸内的压强将急剧上升，导致机件破损或电机烧毁。而调节流量可采用的方法有：

(1) 旁路调节：因往复泵的流量一定，通过阀门调节旁路流量，使一部分压出流体返回吸入管路，便可以达到调节主管路流量（图 4-10）的目的。此法只适用于变化幅度较小的经常性调节。

(2) 改变曲柄转速和活塞行程：因电动机是通过减速装置与往复泵相连接，所以改变减速装置的传动比可以很方便地改变曲柄转速，以达到流量调节的目的。因此，改变转速调节法是最常用的经济方法。

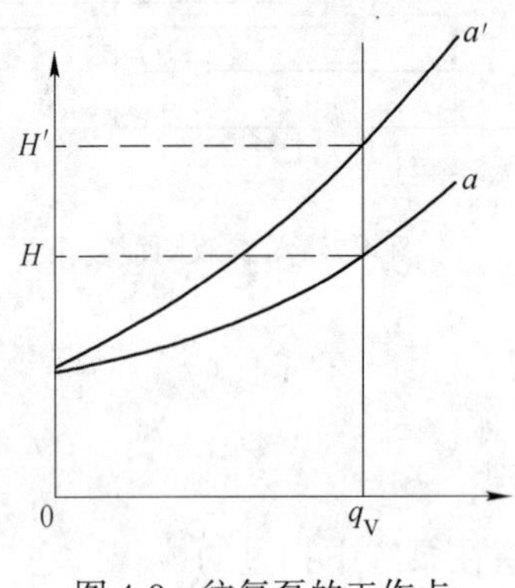

图 4-9　往复泵的工作点

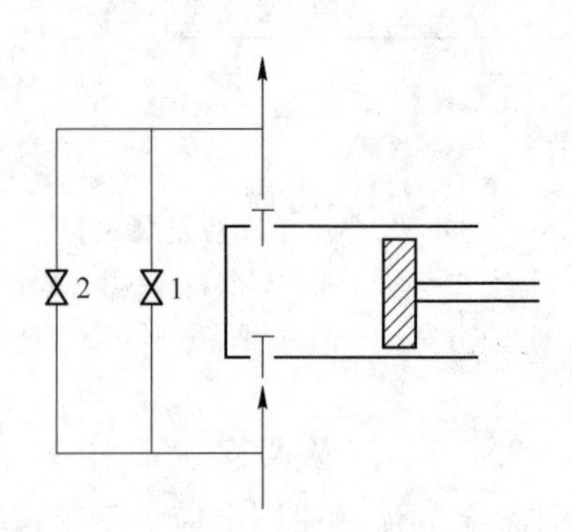

图 4-10　旁通调节流量示意图
1—旁通阀；2—安全阀

4.3.2　转子泵

4.3.2.1　转子泵的结构特点

转子泵是指通过转子与泵体间的相对运动来改变工作容积，进而使液体的能量增加的泵。转子泵是一种旋转的容积式泵，具有正排量性质，其流量不随背压变化而变化。

电动机的机械能通过泵直接转化为输送流体的压力能，泵的流量只取决于工作腔容积变化值以及其在单位时间内的变化频率，理论上与排出压力无关；转子泵在工作过程中实际上是通过一对同步旋转的转子。转子由箱体内的一对同步齿轮进行传动，转子在主副轴的带动下，进行同步反方向旋转。使泵的容积发生变化，从而构成较高的真空度和排放压力。特别适合卫生级介质和腐蚀性、高黏度介质的输送。

转子泵的主要类型有齿轮泵、螺杆泵、凸轮泵、滑板泵等。

转子泵的主要特点有：

(1) 转子的流线结构以及转子室中无死点和非金属件，避免了对被输送物质造成污染。

(2) 特别适用于在输送过程中容易起泡沫以及输送高黏度、高浓度及任何含颗粒的介质，经其输送的物料保持原有的品质部变，不起任何理化反应。

（3）采用外装动、静环式机械密封，可直接水冲洗，耐高压，不易磨损，无泄漏。

（4）体积小，流量大，扬程压力高，适用长距离与高阻力定量输送。

（5）泵的叶轮与传动齿轮分开，且在泵腔内各零配件之间保证一定的间隙，相互不接触，无磨损，低噪声，可靠性好，使用寿命长，节能降耗。

（6）结构紧凑，维护方便，几乎无易损件，运行的成本低。

4.3.2.2 工作原理

转子泵依靠两个同步反向转动的转子（齿数为2~4）在旋转过程中于进口处产生吸力（真空度），从而吸入所要输送的物料。两转子将转子室分隔成几个小空间，并按1→2→3→4→5的次序运转（图4-11）。运转至位置1时，物料进入腔内；到位置2和3时，物料继续进入；到位置4时，物料进入排出状态；到位置5时，物料排出泵体。如此循环往复，介质（物料）即被源源不断输送出去。

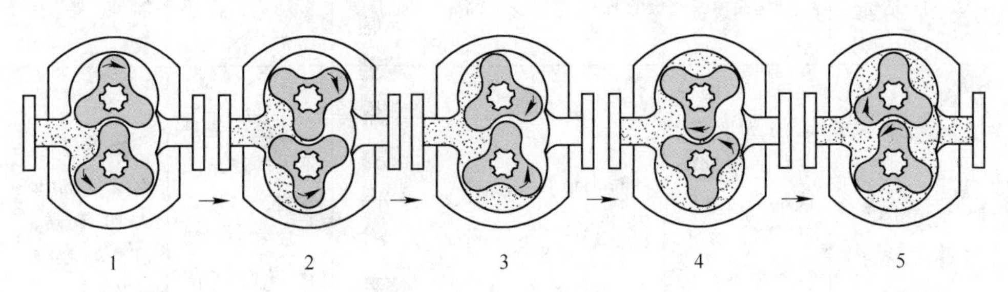

图4-11 转子泵工作原理示意图

4.3.3 各类泵的比较与选用

各类泵的性能如表4-2所示。

表4-2 各类泵性能的比较

泵的类型		非正位移泵			正位移泵	
		离心泵	轴流泵	旋涡泵	往复泵	旋转泵
流量	均匀性	均匀	均匀	均匀	不均匀	尚可
	恒定性	随管路特性而变			恒定	恒定
	范围广	易达大流量	大流量	小流量	较小流量	小流量
压头大小		不易达到高压头	压头低	压头较高	高压头	较高压头

续表 4-2

<table>
<tr><th colspan="2" rowspan="2">泵的类型</th><th colspan="3">非正位移泵</th><th colspan="2">正位移泵</th></tr>
<tr><th>离心泵</th><th>轴流泵</th><th>旋涡泵</th><th>往复泵</th><th>旋转泵</th></tr>
<tr><td colspan="2">功率</td><td>稍低，越偏离额定值越小</td><td>稍低，高效区窄</td><td>低</td><td>高</td><td>较高</td></tr>
<tr><td rowspan="4">操作</td><td>流量调节</td><td>小幅度调节用出口阀，大泵大幅度调节可调节转速</td><td>小幅度调节用旁通阀，有些泵可以调节叶片角度</td><td>用旁通阀调节</td><td>小幅度调节用旁通阀，大幅度调节可调转速、行程</td><td>用旁通阀调节</td></tr>
<tr><td>自吸作用</td><td>一般没有</td><td>没有</td><td>部分型号有自吸能力</td><td>有</td><td>有</td></tr>
<tr><td>启动</td><td>出口阀关闭</td><td>出口阀全开</td><td>出口阀全开</td><td>出口阀全开</td><td>出口阀全开</td></tr>
<tr><td>维修</td><td>简便</td><td>简便</td><td>简便</td><td>麻烦</td><td>较简便</td></tr>
<tr><td colspan="2">结构与造价</td><td colspan="2">结构简单，造价低廉</td><td>结构紧凑，简单，加工要求稍高</td><td>结构复杂，振动大，体积庞大，造价高</td><td>结构紧凑，加工要求较高</td></tr>
<tr><td colspan="2">适用范围</td><td>流量和压头适用范围广，尤其适用于较低压头，大流量。除高黏度物料不太合适外，可输送各种物料</td><td>特别适宜于大流量、低压头</td><td>高压头小流量的清洁液体</td><td>适宜于流量不大的高压头输送，输送悬浮液要采用特殊结构的隔膜泵</td><td>适宜于小流量较高压头的输送，对高黏度液体较适合</td></tr>
</table>

离心泵由于其适用性广，价格低廉是化工生产中应用最广泛的泵，它依靠高速回转的叶轮完成输送任务，故易于达到大流量，但较难产生高压头。往复泵是靠往复运动的活塞挤压排送液体，因而易于获得高压头而难以获得大流量，流量较大的往复泵体积庞大，价格昂贵。转子泵也是靠挤压作用产生压头，但输液腔一般很小，故只适用于流量小而压头较高的场合，对于高黏度料液比较适宜。

4.4 气体输送机械

气体输送机械的结构和原理与液体输送机械大体相同。但气体具有可压缩性和比液体小得多的密度，从而使气体输送具有某些不同于液体输送的特点。

对一定的质量流量，气体由于密度很小，其体积流量很大，因此气体输送管路中的流速要比液体输送管路的流速大得多。液体在管路中的经济流速为

1~3m/s，而气体为15~25m/s，约为液体的10倍。这样，若利用各自最经济流速输送同样质量的流量，进相同管长后气体的阻力约为液体阻力损失的10倍。也就是说，气体输送管路对输送机械所提出的压头要求比液体管路要高得多。

气体因具有可压缩性，故在输送机械内部气体压强发生变化的同时，体积和温度也将随之发生变化。这些变化对气体输送机械的结构、形状有很大影响。因此，气体输送机械除按其结构和作用原理进行分类外，还根据它所能产生的进、出口压强差或压强比进行分类，如分为：

（1）通风机：出口压强（表压）不大于15kPa，压缩比为1~1.15；

（2）鼓风机：出口压强（表压）不大于15kPa~0.3MPa，压缩比小于4；

（3）压缩机：出口压强（表压）不大于0.3MPa以上，压缩比大于4；

（4）真空泵：用于减压，出口压强（表压）不大于0.1MPa，其压缩比由真空度决定。

4.4.1 通风机

通风机的性能参数主要有流量、压力、功率、效率和转速。另外，噪声和振动的大小也是通风机的主要技术指标。

流量也称风量，以单位时间内流经通风机的气体体积表示。

压力也称风压，是指气体在通风机内压力升高值，有静压、动压和全压之分。全压等于通风机出口截面与进口截面上气流全压之差；静压等于通风机出口截面与进口截面上气流静压之差；动压是指通风机出口截面上气流平均速度的动压。在同一截面上，气流的全压等于静压与动压之和。

工业上常用的通风机有离心式和轴流式两类。

（1）离心式通风机（图4-12）：气流轴向进入风机的叶轮后主要沿径向流动。工作原理与离心泵完全相同，其构造与离心泵也大同小异。根据所产生的风压大小，离心式通风机又分为低压、中压和高压。

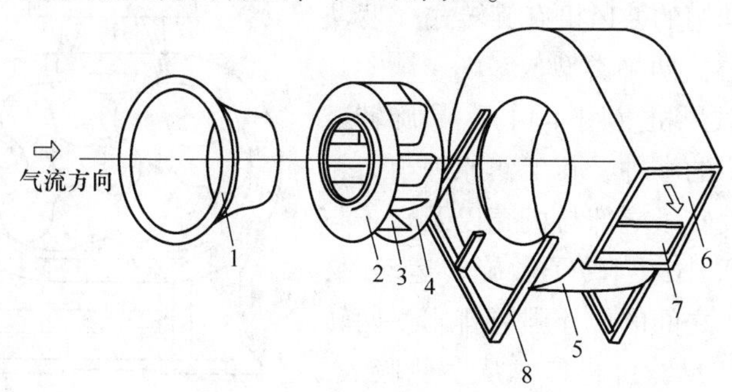

图4-12 离心式通风机

1—吸气口；2—叶轮前盘；3—叶片；4—叶轮后盘；5—机壳；6—排气口；7—截流板（风舌）；8—支架

为适应输送量大和压头高的要求，通风机的叶轮直径一般比较大。

(2) 轴流式通风机（图 4-13）：气流轴向进入风机的叶轮，近似地在圆柱形表面上沿轴线方向流动。结构与轴流泵类似，轴流式通风机排送量大，但产生的风压甚小，一般只用来通风换气，而不是用于输送气体。

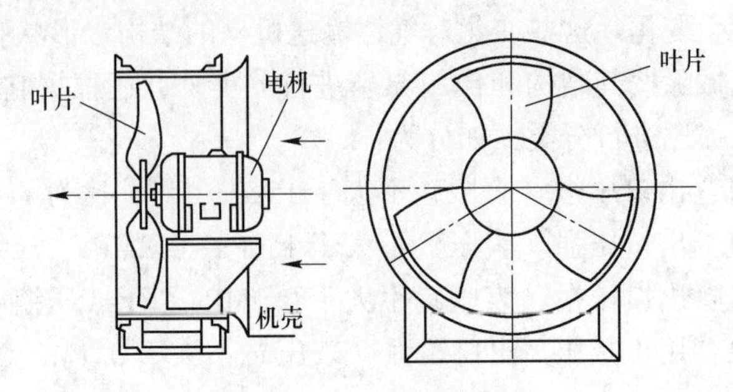

图 4-13 轴流式风机和叶片

通风机要进行日常保养，正确的维护、保养，是风机安全可靠运行，提高风机使用寿命的重要保证。因此，在使用风机时，必须引起充分的重视。

1）叶轮保养：在叶轮运转初期及所有定期检查的时候，只要一有机会，都必须检查叶轮是否出现裂纹、磨损、积尘等缺陷。只要有可能，都必须使叶轮保持清洁状态，并定期人工清洗刷去上面的积尘和锈皮等，因为随着运行时间的加长，这些灰尘由于不可能均匀地附着在叶轮上，而造成叶轮平衡破坏，以至引起转子振动。

2）轴承保养：经常检查轴承润滑情况，如果箱体出现漏油，应及时消除。轴承的润滑油正常使用时，视运行条件定期进行更换润滑油。并注意运行是否有震动和异常声响产生。

4.4.2 鼓风机

在工厂中常用的鼓风机有旋转式（罗茨鼓风机）和离心式两种类型。

(1) 罗茨鼓风机（图 4-14）：是旋转鼓风机中应用最广的一种，其工作原理与齿轮泵极为相似。因转子端部与机壳以及转子与转子之间间隙很小，当转子做旋转运动时，可将机壳与转子之间的气体强行排出，两转子的旋转方向相反，可将气体从一侧吸入，另一侧排出。罗茨鼓风机的出口应安装稳压气柜与安全阀，流量用旁通调节。出口阀不可完全关闭，其工作温度应小于 85℃。

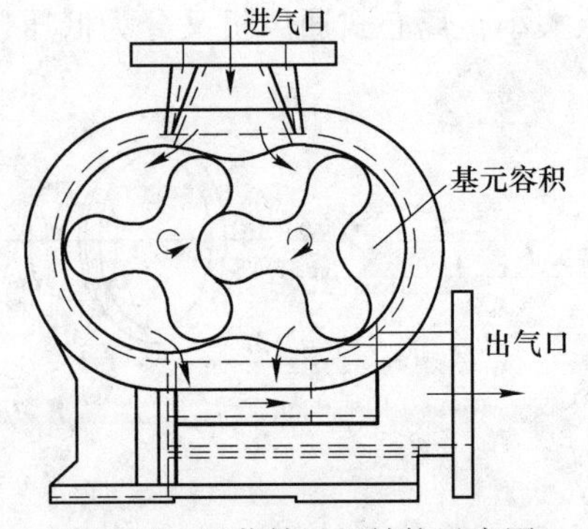

图 4-14 罗茨鼓风机结构示意图

（2）离心式鼓风机（图 4-15）：又称透平鼓风机，其工作原理与离心通风机相同，但由于单级通风机不可能产生很高风压（一般不超过 50kPa），故压头较高的离心鼓风机都是多级的。其结构和多级离心泵类似。

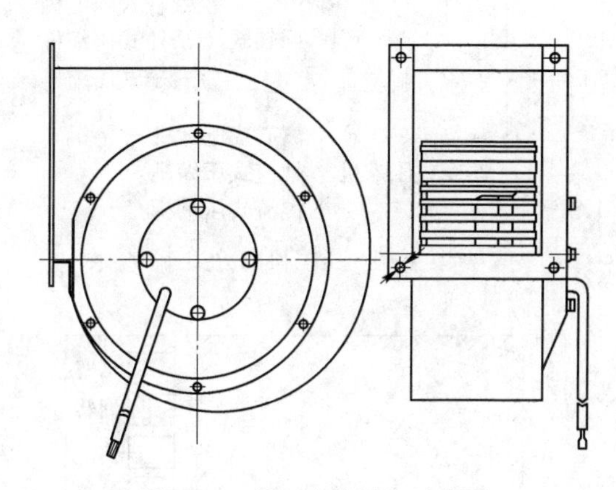

图 4-15　离心式鼓风机示意图

鼓风机的特点包括：

（1）鼓风机由于叶轮在机体内运转无摩擦，不需要润滑，使排出的气体不含油。

（2）鼓风机属容积运转式鼓风机。使用时，随着压力的变化，流量变动甚小，但流量随着转速而变化。因此，压力的选择范围很宽，流量的选择可通过选择转速而达到需要。

（3）鼓风机的转速较高，转子与转子、转子与机体之间的间隙小，从而泄露少，容积效率较高。

（4）鼓风机的结构决定其机械摩擦损耗非常小。运行安全，使用寿命长是鼓风机产品的一大特色。

（5）鼓风机的转子，均经过静、动平衡校验。运转平稳、振动极小。

单级高速离心风机的工作原理是：原动机通过轴驱动叶轮高速旋转，气流由进口流向高速旋转的叶轮后由轴向运动变成径向流动并被加速，然后进入扩压腔，改变流动方向而减速，这种减速作用将高速旋转的气流中具有的动能转化为压能（势能），使风机出口保持稳定压力。

4.4.3　压缩机

压缩机是一种将低压气体提升为高压气体的从动的流体机械，化工生产中所用的压缩机主要有往复式和离心式两大类。具体分类如图 4-16 所示。

各类压缩机由于其性能与工作原理和所产生的效果不一样，所以其使用范围也有不同，如图 4-17 所示。

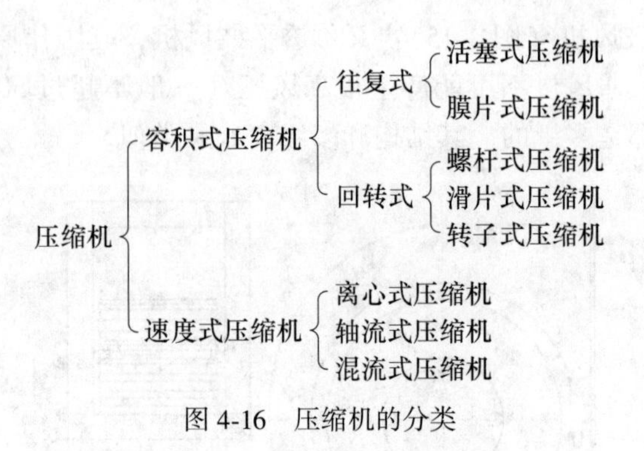

图 4-16 压缩机的分类

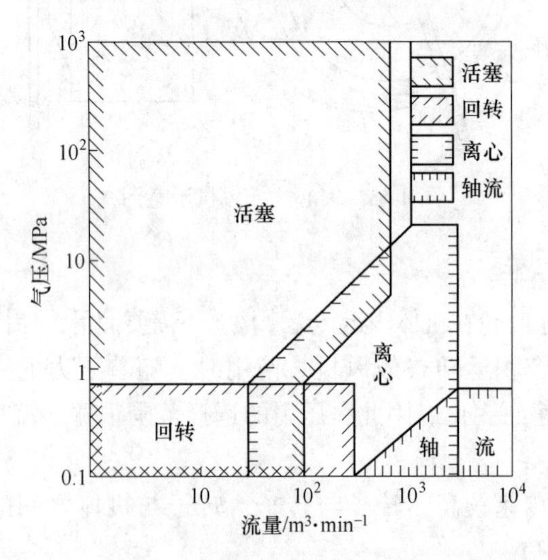

图 4-17 目前各类压缩机的应用范围

4.4.3.1 离心式压缩机

离心式压缩机是速度式压缩机的一种，是利用高速旋转的转子将其机械能传给气体，并使气体机械能中的部分动能转化为静压能来提高气体的压力。

(1) 离心压缩机是叶轮对气体做功使气体的压力和速度升高，完成气体的运输，气体沿径向流过叶轮的压缩机，又称透平式压缩机，主要用来压缩气体，主要由转子和定子两部分组成：转子包括叶轮和轴，叶轮上有叶片、平衡盘和一部分轴封；定子的主体是气缸，还有扩压器、弯道、回流器、进气管、排气管等装置。

(2) 离心式压缩机的工作原理（图 4-18）是：当叶轮高速旋转时，气体随着旋转，在离心力作用下，气体被甩到后面的扩压器中去，而在叶轮处形成真空地带，这时外界的新鲜气体进入叶轮。叶轮不断旋转，气体不断地吸入并甩出，从而保持了气体的连续流动。

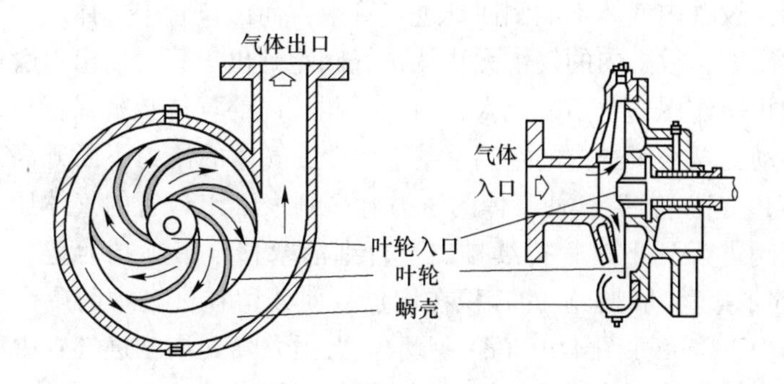

图 4-18　离心式压缩机中气体的流动图

(3) 与活塞式压缩机相比离心式压缩机有以下优点：

1) 生产能力大，供气量均匀，结构紧凑，占地面积小；

2) 结构简单，易损件少，便于维修，运行可靠，连续运行时间长；

3) 转子和定子之间，除轴承和轴端密封外，没有接触摩擦部分，在气缸内不需要加注润滑油，消除了气体带油的缺点。

离心式压缩机缺点有：

1) 离心式压缩机的效率一般比活塞式压缩机的效率低；

2) 离心式压缩机只有在设计工况下工作时才能获得最高效率，离开设计工况点进行操作时效率会下降，更为突出的是，当流量减少到一定程度时压缩机会产生“喘振”现象；

3) 离心式压缩机不容易在高压比的同时得到小流量，离心式压缩机的单级压力比很少超过 3，而活塞式压缩机中每级的压力比可能达到 2~4 以上。

4.4.3.2　往复式压缩机

往复式压缩机是容积式压缩机的一种。容积式压缩机是指气体直接受到压缩，从而使气体容积缩小，压力提高的机器。

(1) 往复式压缩机是由曲轴带动连杆，连杆带动活塞，活塞做前后运动。活塞运动使气缸内的容积发生变化，当活塞向后运动的时候，汽缸容积增大，进气阀打开，排气阀关闭，空气被吸进来，完成进气过程；当活塞向前运动的时候，气缸容积减小，出气阀打开，进气阀关闭，完成压缩过程。通常活塞上的活塞环来密封气缸和活塞之间的间隙，气缸内有润滑油润滑活塞环。靠一个或几个作往复运动的活塞来改变压缩腔内部容积的称为容积式压缩机。

(2) 往复式压缩机的工作过程为：将压缩气体的工作过程分成膨胀、吸入、压缩和排气 4 个过程。单吸式压缩机的气缸（参见图 4-19）：当活塞如图 4-19 (a) 所示向上移动时，缸的容积逐渐缩小开始了压缩气体的过程。由于吸入气阀有止逆作用，故缸内气体不能倒回到进口管中，而出口管中气体压力又高于气缸内部的气体压力，故缸内的气体无法从排气阀跑到出口管。而出口管中的气体则因为气阀的止逆作用，也不能流入缸内。因此缸内的气体数量保持恒定。因活塞继续向上移动，缩小了缸内的空间（容积），使气体的压力不断升高。随着活塞上移至图 4-19（b）位置，使气体的压力升高到大于出口管的气体压力，缸内气体冲开排气阀进入到出口管持续排出，直到活塞移至最顶端为止。当活塞如图 4-19（c）向下边移动时，缸的容积在增加，使残留在气缸中的剩余气体体积不断膨胀，压力下降。如图 4-19（d）所示，当压力降到小于进气管中的气体压力时，进气管中的气体便冲开吸入气阀进入气缸。随着活塞向下移动，气体持续进入缸内，直到活塞移至最末端为止。之后，活塞再次向上移动，重复上述动作。

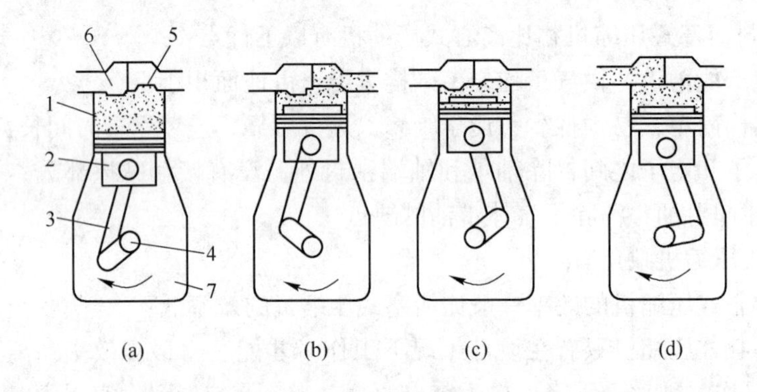

图 4-19　往复式压缩机示意图及工作原理

（a）压缩；（b）排气；（c）膨胀；（d）吸气

1—气缸；2—活塞；3—连杆；4—曲轴；5—排气阀；6—吸气阀；7—曲轴箱

活塞在缸内不断的往复运动，使气缸往复循环的吸入和排出气体。活塞的每一次往复成为一个工作循环，活塞每一个往或复所经过的距离叫作冲程，往复式压缩机气体流程如图 4-20 所示。

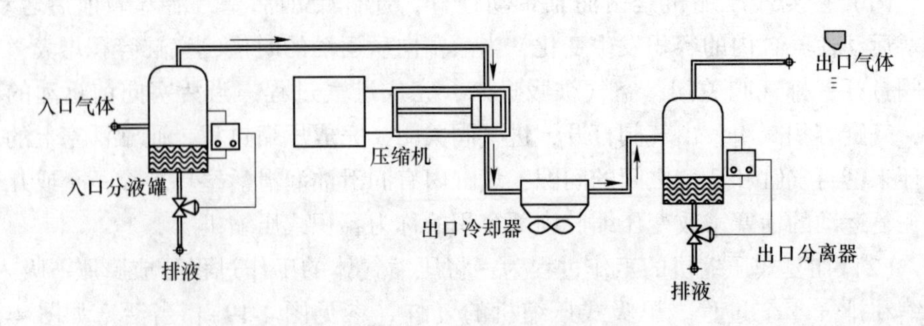

图 4-20　往复式压缩机气体流程图

（3）同离心式压缩机比较往复式压缩机主要优点有：

1）不论流量大小，都能达到所需要的压力，一般单级终压可达到0.3～0.5MPa多级压缩终压可达到100MPa；

2）效率高，其等温效率一般为55%～70%，这是由它的工作原理决定的；

3）气量调节时排气压力几乎不改变。

往复式压缩机主要缺点：

1）转速低，排气量较大的机器显得笨重；

2）复杂，易损件多，日常维修量大；

3）动平衡差，运转时有振动；

4）排气不连续，气流不均匀。

4.4.3.3　螺杆压缩机

螺杆压缩机分为单螺杆式压缩机和双螺杆式压缩机（图4-21），双螺杆压缩机由两个转子组成，而单螺杆压缩机由一个转子和两个星轮组成。螺杆式压缩机常见的产品有螺杆式空气压缩机，俗称螺杆空压机、螺杆式制冷压缩机及螺杆式工艺压缩机。

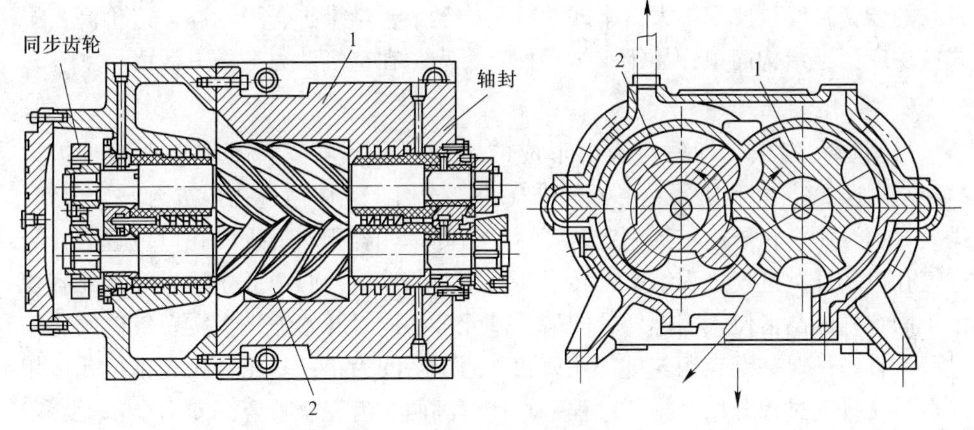

图4-21　双螺杆压缩机示意图

1—阴转子；2—阳转子

A　螺杆压缩机主要优缺点

1）可靠性高，零部件少，没有易损件，因而运转可靠、寿命长，一般螺杆机主机头设计寿命达数十年。

2）操作维护方便，自动化程度高，可实现无人值守运转。

3）动力平衡性好，没有不平衡惯性力，机器可平稳地高速工作，实现无基础运转。

4）适应性强，具有强制输气的特点，容积流量几乎不受排气压力的影响，在宽广的工况范围内能保持较高的效率，在压缩机结构不做任何改动的情况下，适用于多种工况。

5）多相混输，转子齿面间实际上留有间隙，因而能耐液体冲击，可压送含液体的气体，含粉尘气体，易聚合气体等。

6）滑阀流量调节，不需要打回流，可以有效降低能耗。

7）造价高。

8）由于受到转子刚度和轴承寿命等方面的限制，螺杆机只适用于低、中、高压范围，其排气压力一般不超过10MPa。

B 内部结构

螺杆压缩机由一对平行、互相啮合的阴、阳螺杆构成，是回转压缩机中应用最广泛的一种。螺杆压缩机分单螺杆和双螺杆（图4-21）两种。螺杆压缩机又可分为干式和湿式两种，所谓干式即工作腔中不喷液，压缩气体不会被污染，湿式是指工作腔中喷入润滑油或其他液体借以冷却被压缩气体，改善密封，并可润滑阴、阳转子和轴承，实现自身传动，再通过高精度的过滤器将压缩空气中的油或其他液体杂质除去以得到较高品质的压缩气体。干式一般用于对气体质量要求极高的场合且气量要求不大，干式螺杆结构复杂，难维护，噪音高，造价高；湿式应用广泛，结构简单，易于维护，稳定可靠，在空气动力工程中常用。

C 工作过程

齿间基元容积（即每对齿所形成的工作容积）随着转子旋转而逐步扩大(参见图4-22)，并和机器左下方的进气孔口连通，气体通过孔口进入基元容积，进气过程开始；转子旋转到一定角度后，齿间基元容积超过进气孔口位置后，与进气孔口断开，进气过程结束；转子转到某一角度后，两个孤立的齿间基元容积由于阳螺杆的凸齿侵入阴螺杆的凹齿，基元容积同时开始缩小，实现气体的压缩过程。直到一对基元容积与排气孔口相连通的瞬间为止；基元容积和排气孔口相连通后，排气过程开始，排气过程一直持续到两个齿完全啮合，即两个基元容积因两个转子完全啮合而等于零时。

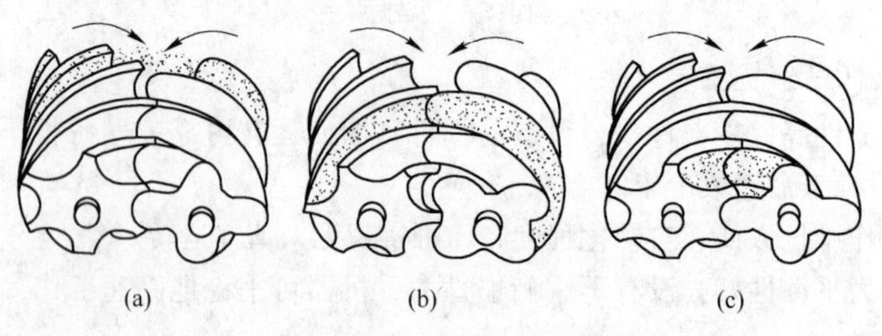

图4-22 基元容积的变化过程
（a）吸气；（b）压缩；（c）排气

D 安全运行

（1）常规操作：在正常操作中，对于这种类型压缩机仅需要经常注意的是润滑油的温度，可用自动阀门控制检查滤油器的压降，并在必要时更换滤油的元件以及检查油位高低。

（2）安全保护：喷油螺杆压缩机是一种牢固而简单的机器，它所有的工作参数都具有较大的安全储备能力。压缩机系统一般都配置有保护装置，当出现油压、压缩机的排气压力和压缩机的排气温度方面的异常时都能保证压缩机的安全。

5 自动化控制

5.1 基 础 知 识

5.1.1 基本概念

自动控制是指用专用的仪表和装置组成控制系统，代替人的手工操作，去调节被控参数，使之维持在给定的数值上或按给定的规律变化，从而满足装置的要求。自动控制采用的方法是先测出调节参数相对给定值的偏差，然后根据此偏差，经控制系统的调节消除干扰的影响，使调节参数再回到给定值（或控制在允许的范围内）。

5.1.2 自动控制系统的组成

自动控制系统的组成一般包括控制器、被控对象、执行机构和变送器 4 个环节组成，其框图如图 5-1 所示。

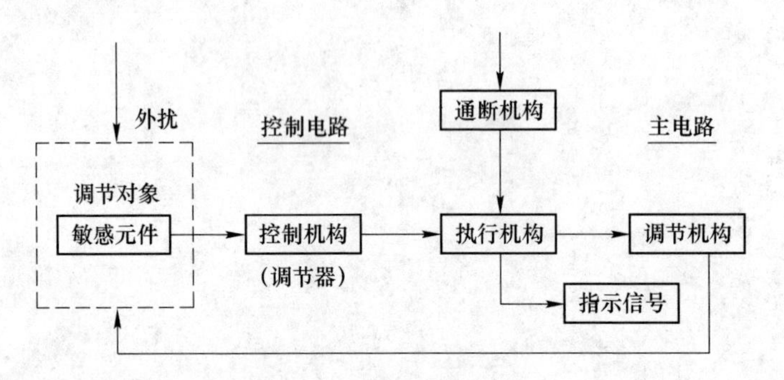

图 5-1 自动控制系统框图

由于外界的干扰，调节对象的参数会发生变化，经敏感（检查）元件测量并送给控制机构，调节器根据调节参数对给定值的偏差，指令执行机构驱使调节机构动作，去调节对象的负荷，使调节参数回到给定值。

控制器是现场自动化设备的核心控制部分，现场所有设备的执行和反馈、所有参数的采集和下达全部依赖于控制器的指令。

被控对象一般指在生产现场控制的设备或工艺过程等。

执行机构主要是系统中的阀门执行器。

变送器是将现场设备传感器的非电量信号转换为0~10V或4~20mA电信号的一种转换设备，例如：将温度、压力、流量、液位等这些非电量信号转换为电信号。

5.1.3 常用术语

自动化控制常用术语包括：

（1）调节参数（也叫被调参数）。需要维持数值不变或在允许范围内波动的参数，叫调节参数，化工生产中常用的参数就是温度、压力、流量和液位等。

（2）给定值。根据需要给调节参数预先设定的不变值或波动范围，叫作给定值。

（3）偏差。调节参数的实际值与给定值之间出现的差值，叫作偏差。

（4）扰动。能引起调节参数产生偏差的因素，叫作扰动或干扰。

（5）调节对象。需要维持调节参数的数值不超过给定的变化范围，叫作调节对象。

（6）敏感元件。测量和反应被调节参数值的部件，叫作敏感元件。

（7）调节器。接收敏感元件检测到的信号并命令执行机构动作的二次仪表或装置，统称为调节器。

（8）执行机构。接收控制机构（调节器）的指令并驱使调节机构动作的设备，叫作执行机构。

（9）调节机构。直接影响和调节被调参数的机构，叫作调节机构。

5.1.4 仪表及自动化系统的分类

仪表按其功能可分为4种：测量变送仪表、控制仪表、显示报警仪表、执行器。以它们为核心组成不同类型的自动化系统，在此基础上根据不同场合与要求把它们再有机地结合起来，形成一个生产过程的自动化。这些自动控制系统有：

（1）自动检测系统。因为化工生产过程是连续的，且又在密封的容器和管道内不断发生物理和化学变化，为了掌控生产状态，就必须对生产中的各种工艺参数进行自动检测并记录。

（2）自动信号联锁保护系统。生产过程中，由于一些偶然因素会导致工艺变量超出允许的变化范围，严重时会造成设备和人身伤害。为了确保安全，必须在事故发生前系统自动报警，必要时连锁系统立即采取措施包括紧急停车，以防事故的发生或扩大。该系统是生产过程中的一种安全装置。

（3）自动操作系统。是根据预先规定好的步骤，自动地对生产设备进行某种周期性的操作。

（4）自动控制系统。为了保证生产秩序的正常进行和产品质量的稳定，就需要用一些自动控制装置，对生产中的工艺参数进行控制，使它们在受到外界干扰而偏离工艺设定值时，能尽快地恢复到工艺参数的允许范围内。

一个简单的自动化生产过程可描述为：测量仪表对生产过程中的工艺参数进行测量，测量结果分别送显示仪表进行显示和控制仪表进行控制，控制后的信号送执行机构来改变工艺参数，使工艺参数保持在规定的变化范围内，这就完成了对生产过程的控制，各自动化仪表在工业生产过程中的关系如图 5-2 所示。

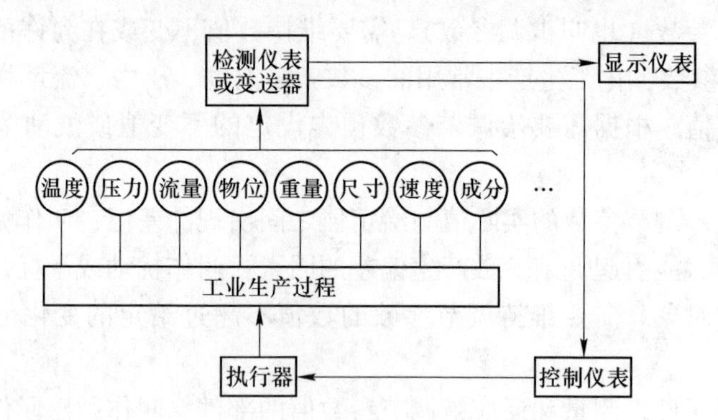

图 5-2　各类自动化仪表之间的关系

5.2　调节对象和调节器的特性

5.2.1　调节对象的特性

调节对象是自动调节系统的服务对象。它的特性如何，直接影响到自动调节的效果。

5.2.1.1　调节对象的负荷

当调节过程处于稳定状态时，在单位时间内流入或流出调节对象的能量，叫作调节对象的负荷。

由于外扰的作用，会引起调节对象负荷的变化，从而破坏了原来的平衡状态，进而引起调节参数的变化，于是调节过程便开始，以改变对象的输入或输出能量，使能量达到新的平衡，令调节参数回到给定值。可见调节对象负荷的变化情况，直接牵涉到对自动调节系统的要求。如果对象的负荷变化速度相当急剧，那么就要求自动调节系统具有较高的灵敏度，能够在调节参数偏差很小时就启动调节动作，以便迅速恢复平衡。反之，则对自动调节系统灵敏度的要求就不一定那样高。

5.2.1.2 对象的传递系数

对象的负荷每变化一个单位时，引起调节参数相应的变化量，称为传递系数，以K表示。传递系数K值小，当扰动破坏平衡状态时，调节参数离开给定值的偏差小，自动调节系统就容易保持平衡，反之，传递系数大，调节参数离开给定值的偏差大，调节对象不易保持平衡。

5.2.1.3 对象的时间常数（也叫反应时间）

它表示当调节对象的负荷发生最大变化时，调节参数保持初始的变化速度，使其值改变到规定数值所用的时间，以T表示。反应时间的倒数叫对象的灵敏度，它的意思是当调节对象的负荷产生最大变化时，调节参数的变化速度。它表示了当调节对象的负荷发生变化时，引起调节参数变化速度的快慢。

5.2.1.4 对象的滞后（也叫延迟）

当对象的负荷变化时，调节参数并不能立即随着变化，而是延迟一个时间后才开始变化，这段时间称为滞后时间，以τ表示（图5-3）。

调节对象的滞后，对于调节过程产生不利影响，它将降低调节系统的稳定性，增大调节参数的偏差，拖长调节时间。

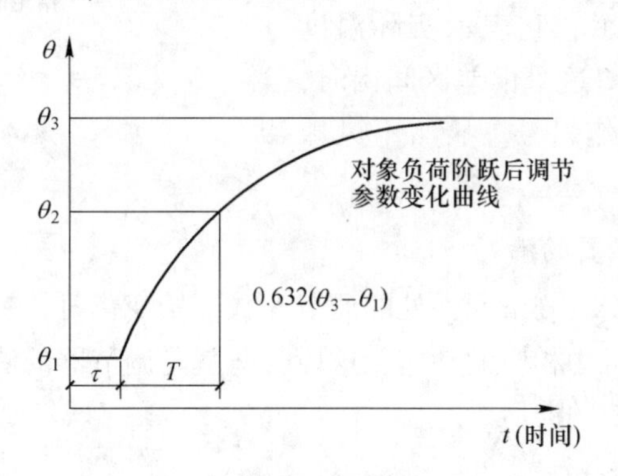

图5-3 调节对象的参数变化曲线

综上所述，比较理想的调节对象是负荷变化要小，传递系数要小些，滞后时间短些。

5.2.2 调节器的特性

调节器在自动调节系统中的地位如同人的大脑一样，它负责接收信号并发出动作命令，它应具备一些主要特性如下所述。

5.2.2.1 调节范围

这里指的是调节器的工作范围，即调节器所能调节参数的范围，能够在某值到某值的范围内工作，一般即表盘刻度值的范围。

5.2.2.2 精度等级

它表示仪表自身所产生的基本误差等级，是指仪表在正常工作条件下可能发生的最大绝对误差 Δx（仪表读数与被测量的实际值之差），与仪表额定值 X_H（表盘最大刻度值即满标值）之比的百分比。可以用两种表示方法，一种是用百分数表示，另一种是以百分数中的数字表示，即把1%称为1级表，0.5%称为0.5级表等。显然数字越小表示仪表误差越小。

由于仪表误差 Δx 出现的位置不定，所以测量数字愈小误差愈大。因此为充分利用仪表的准确度，提高测量精度，选仪表时应尽量采用小量程的仪表，或使仪表经常测量范围在其全量程的1/2以上。

5.2.2.3 不灵敏区（呆滞区）

不能引起调节动作的调节参数对给定值的偏差区间，如图5-4所示。一般都是以对满刻度的百分数表示，比如刻度为0～50℃的调节器，其不灵敏区为0.5%，那么该调节器不灵敏区的温度值为50×0.5%＝0.25℃，它表示实际温度在给定值附近0.25℃这个偏差区间内时，调节器没有输出动作讯号。显然不灵敏区愈小仪表愈灵敏。

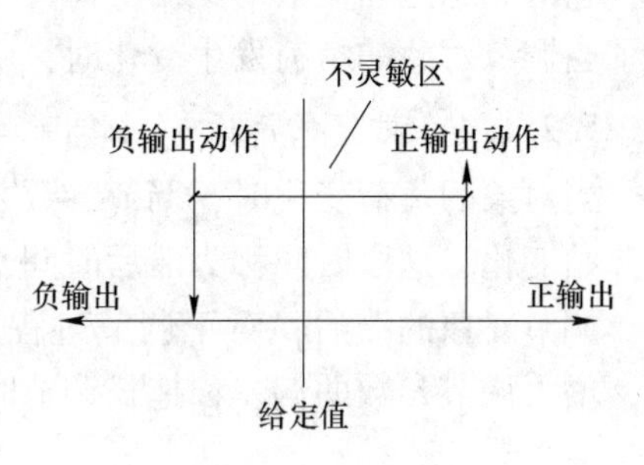

图5-4 仪表不灵敏区

5.2.2.4 调节器的滞后

当调节对象中安装测量元件处的调节参数开始变化时，一般要经过一段时间后调节器才使调节机构相应的动作，这段时间就是调节器的滞后。调节器的滞后将引起自动控制系统的滞后。

5.2.2.5 反馈

为了保证自动调节系统的稳定性，把调节机构（或调节器的输出量）的某些量返回来对调节器起作用，就叫作反馈。如果调节参数对给定值产生偏差时，反馈作用使偏差信号减弱，叫作负反馈，反之，如果反馈作用使偏差信号增大，叫作正反馈。正反馈可以增大调节器的放大倍数，负反馈用来提高自动调节系统（或调节器）的稳定性。调节器一般都采用负反馈来调节调节器的品质，以提高调节的稳定性。

5.2.3 对自动调节系统的要求

在自动调节系统中，当扰动使调节对象的平衡状态被破坏时，就要求调节作用使调节对象过渡到新的平衡状态。从一个旧的平衡状态转入一个新的平衡状态所经历的过程，叫作过渡过程，如图5-5所示。这段时间内。当时间在 t_0 以前，调节参数等于给定值，调节对象处于平衡状态。在 t_0 末时刻突然受扰动，平衡被破坏，调节参数 x 开始升高，逐渐达到最大值 x_d，由于调节器的调节作用，x 开始反向给定值，但是调节参数不能一下子就平息下来，经过两次反复后，最后达到新的平衡状态。这时调节参数与给定值之差为 Δ。

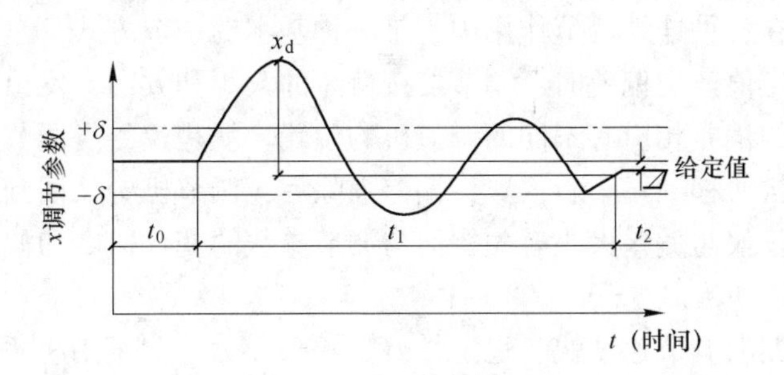

图5-5 调节过程示意图

所以，对过渡过程的基本要求是能在较短的时间内，使调节参数达到新的平衡。

此外，还有以下调节质量指标：

（1）静差：自动调节系统消除扰动，从原来的平衡状态过渡到新的平衡状态时，调节参数的新稳定值对原来给定值之间的偏差，叫作静差（如图中的 Δ）。静差当然愈小愈好。它的大小由调节器决定，如比例调节器有静差，而PID调节器就不存在静差。

（2）动态偏差：过渡过程中，调节参数对新的稳定值的最大偏差值，叫作动态偏差，如图中的 x_d 所示。动态偏差常是第一次出现的超调。当然动态偏差也是愈小愈好。

（3）调节时间：调节系统从原来的平衡状态过渡到另一个新的平衡状态所经历的时间，叫作调节时间。显然调节时间短好。

以上3项指标根据不同要求而定。

5.3 调节器的分类

由于工业参数种类繁多，所以调节器的种类也很多。常见的有两位式调节器、比例调节器和比例积分微分调节器等。

5.3.1 两位式调节器

两位式调节器的动作特点是，当调节参数产生偏差时，它输出信号只能让执行机构通或断，从而带动调节机构全开或全关，调节参数经常在上下两个极限之间波动。所以它一般常用于允许调节参数有一定波动、反应时间长、滞后时间短，负荷变动不频繁的调节对象。

5.3.2 比例调节器

比例调节在各种连续调节作用中，是一种基本的调节方式。它的特点是，当调节参数与给定值产生偏差时，调节器按偏差的大小和方向，发出与偏差成比例的信号，不同的偏差相应有不同的调节机构位置。就是说，当调节参数偏离给定值时，调节机构便移到一个新位置，偏差消除后，调节机构又回到原始位置。调节机构的动作仅仅与偏差大小有关，而与调节参数的变化速度和偏差存在的时间没有关系。

比例调节器的调节速度快、稳定性好，一般不发生“振荡过程”，调节参数能稳定下来。但它调节终了，调节参数不能回到原来的给定值上，而存在一个剩余偏差，称为静差。这是因为这种调节器的偏差值与调节机构的位置成比例关系，当对象负荷发生变化时，调节机构必须改变相应的位置来调节负荷的流入量或流出量，使之达到新的平衡状态，而调节器的给定值，可以看作只是调节对象在某个给定负荷下的给定值，当对象的负荷在新的平衡状态下时，这时的调节参数并不一定是给定值（除非这时的负荷平衡状态正好是调节参数为给定值时的平衡状态），所以它们二者便存在一个差值。

“比例带”是比例调节器的主要特性。它的意思是使调节机构从全关（全开）到全开（全关）所需产生调节参数变化的百分数，以 P 表示。或者说，如果把调节器的全量程（从起始值到满标值）作为100%时，使调节机构产生全程动作（从全开到全关，或从全关到全开）所需要调节参数变化的百分数。

调节器的比例带一般都是可调的。比例带的宽窄（大小），表示调节机构动作的快慢，比例带愈窄，对调节参数变化的反应愈灵敏，调节器动作愈灵敏，静差也小，但系统的稳定性变坏，如当 $P<1\%$ 时，实际就是一个两位式调节器。反之，比例带愈宽，对调节参数变化的反应灵敏度减低，静差增大。

5.3.3 比例积分微分调节器（PID 调节器）

比例积分微分调节器是比例、积分、微分三种调节的组合体。

比例调节的特点，就是调节机构的位置与调节参数的偏差值保持比例关系，调节稳定后存在静差。

积分调节的特点是，调节机构的移动速度与调节参数的偏差成比例，偏差越大，调节机构的移动就越快。同时它的动作是累积的，偏差存在越久，它的移动量就越大。只要有偏差存在，调节机构就继续移动，直到偏差消除为止。这时调节机构可以在保持系统平衡的任何位置上。所以，积分作用不但与偏差值的大小有关，而且与偏差存在的时间有关。调节信号是偏差信号按时间的叠加（积分），因此称为积分作用。

“积分时间”（以 T_I 表示）是积分调节的主要特性。含义是：当调节参数最初产生最大的偏差，而积分调节设备以不变的最初的恢复速度，使调节参数重新恢复到给定值所需的时间。积分时间短表示积分作用强度大，可以在较短时间内使调节过程趋于稳定，尽快消除偏差。反之，积分时间长，使调节过程稳定需要的时间长，消除偏差慢。

积分调节的优点是不存在静差，可以在负荷变化时维持调节参数在给定值上。但稳定性差，在调节过程中容易使调节参数产生波动，动偏差较大。

微分调节的特点是：调节机构的位置与调节参数的变化速度成比例，即它只受偏差变化的影响。当偏差值不变化时（即调节参数稳定在某值时），不管偏差值的大小和存在的时间都不引起微分作用。所以微分作用是阻止调节参数的一切变化。当调节参数在较大扰动下发生突然而又剧烈的变化时，微分调节会立即产生一个较大的校正动作，这样似乎有一种预先调节的作用。

微分作用的大小以“微分时间”（以 T_D 表示）来衡量。它的含义是：在调节参数产生等速变化的情况下，比例调节作用使调节机构移动某一距离所需要的时间，与比例微分组合调节使调节机构移动同样距离所需时间之差，叫作“微分时间”。也就是说，经过时间 T_D 之后，由比例作用产生的调节信号才和比例微分联合作用产生的调节信号相等。可见比例微分调节比纯比例调节提前 T_D 时间发出调节信号。微分时间大，表示其作用强烈。反之，微分时间小，表示微分作用弱。微分作用可以缩短过渡过程和减小动差。但因为它不能消除偏差，所以微分作用不能单独使用，而是同比例积分等组成联合动作的调节器。

用上述不同调节规律的元件，即可组成各种调节器。比如比例积分调节器（PI 调节器）、比例积分微分调节器（PID 调节器）等。PID 调节器是用积分调节消除静差，用微分调节来缩短过渡过程和减小动差，是动作比较完整的调节器。

由于调节器的调节规律不同，因此必须与所服务调节对象的特性相适应，这样才会得到好的调节效果。

5.3.4 调节器的参数整定

当系统投入自动控制后，需要对其参数进行整定。其目的就是当工艺参数受到外界干扰时，控制器能较快速度地把参数的振动幅度逐渐收窄，趋于允许范围内（表 5-1），并接近或达到设定值。

表 5-1 各类控制系统中调节器参数的经验数据表

被控变量	特点	比例度 $\delta/\%$	积分时间 T_I/min	微分时间 T_D/min
压力	对象的容量滞后一般，不算大，一般不加微分	30~70	0.4~3	—
温度	对象容量滞后较大，即参数收到干扰后变化迟缓，δ 应小，T_I 要长，一般需要加微分	20~60	3~10	0.5~3
液位	对象时间常数范围较大，要求不高时，δ 可在一定范围内选择，一般不用微分	20~80	—	—
流量	对象时间常数小，参数有波动，δ 要大，T_I 要短，不用微分	40~100	0.3~1	—

5.4 简单调节控制系统

5.4.1 控制系统设计的要点

根据设计目标决定需要测量的参数，如产品数量、产品质量、安全、可操作性、经济性等。对于某个测量参数，可能有多个可任意调节的输入变量，须选择其中一个或多个变量作为控制变量，即确定控制方案。

5.4.2 压力控制

对于绝大部分处理气相系统的单元设备，如果其他工艺参数的变化有可能引起压力变化者均需要设置压力调节系统。现以精馏塔为例。

精馏塔的压力变化是由于塔内气相物料不平衡所引起的，进入精馏塔的气体有进料中的气相部分和再沸器产生的蒸气，出口气体有冷凝成液相的蒸气和气相出料。当进口气体量大于出口气体量时，压力就上升，反之则下降。因此要寻找能迅速有效地保持气相物料平衡的方法，使压力稳定。

基本调节方法：

(1) 当有大量不凝气体的情况时，直接打开安装在塔顶回流罐排放管线上的调节阀，控制排气量来稳定压力，参见图 5-6。

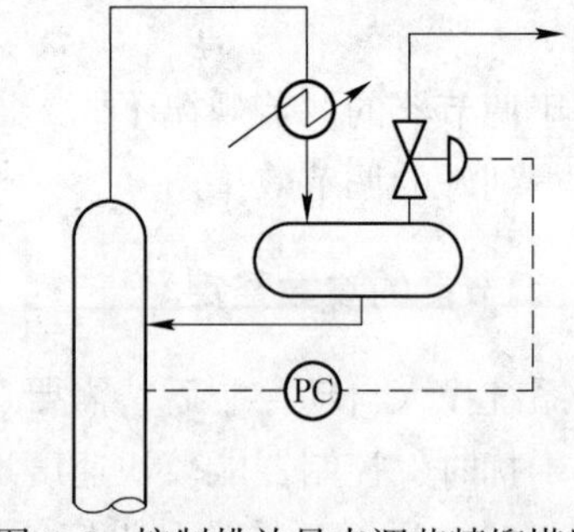

图 5-6 控制排放量来调节精馏塔压力

（2）当有少量不凝气体的情况时，可以采取改变塔顶蒸气冷凝量的办法来调节压力。具体方法有三种：

1）调节冷凝剂的流量，使冷凝机吸收的热量变化，从而改变冷凝蒸气量，如图 5-7(a) 所示；

2）当冷凝剂流量不允许调节时需采用三通调节阀，使一部分冷凝剂旁通，不进入冷凝器，如图 5-7(b) 所示；

3）改变冷凝器的面积，调节蒸气冷凝量，从而使压力保持在要求范围内。如图 5-7(c) 当塔顶压力上升时，关小调节阀，使塔顶和回流罐的压差增大，让冷凝器的液面下降，气体冷凝面积增加，从而使蒸气冷凝量增加而塔顶压力下降。当阀门开大时，冷凝器液面上升，蒸气冷凝量减少，使塔压升高。

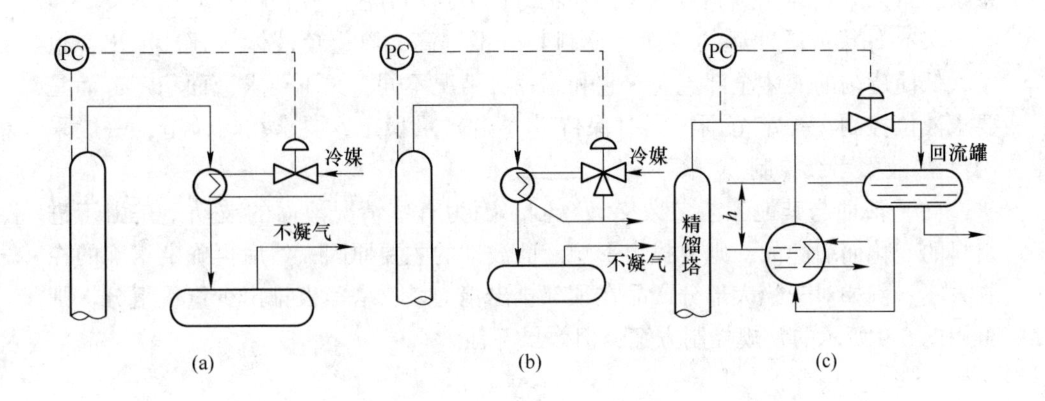

图 5-7　调节蒸气冷凝量的三种方法
(a) 调节冷媒流量；(b) 冷媒旁通；(c) 热旁通法

5.4.3　液位控制

既有气液两相的界面控制（即液位或液面控制），也有液液之间的界面控制。这里只分析气液的液面控制。

气液两相的界面控制通常有 3 种控制方案：

（1）用溢流保持液面稳定，如图 5-8(a) 所示。

（2）用出料控制液面稳定，大量的中间容器和塔都采用这种方案，如图 5-8(b) 所示。

（3）用进料控制液面稳定，这种方案适用于出料量要求稳定，而进料量可以改变的情况如缓冲罐，如图 5-8(c) 所示。

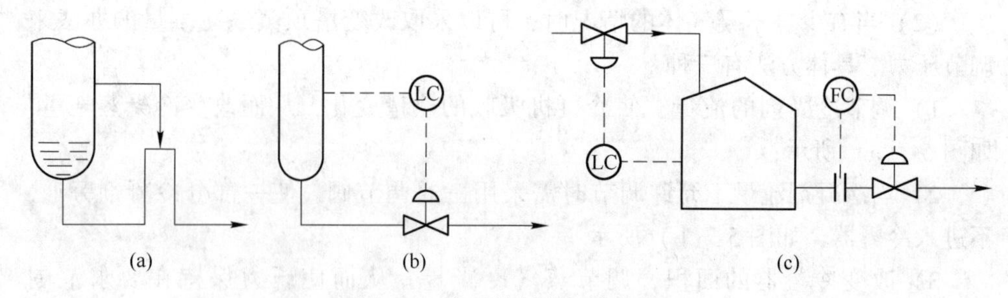

图 5-8 液面控制的 3 种方法
(a) 溢流控制液面；(b) 出料控制液面；(c) 进料控制液面

液面调节方式的选用：

(1) 液面要求严格稳定，而对进口或出口的液体流量的稳定性要求不高的系统，可以采用纯比例调节或比例加积分调节器的方法，使液面波动较小。

(2) 储罐或缓冲罐的液面，控制其既不过高，以避免液体从顶部溢出，也不太低使罐内的液体全部流完。它和第一种情况不同，并不要求液面稳定，而是要求液位控制在一定范围内同时保持进（出）量稳定，要求均匀调节，一般采用流量-液面串级控制。

(3) 液面与其他工艺参数交叉控制。因为有些情况液面的波动不是由于进出料的变化而引起的，则要找出影响液面波动的主要原因，然后再确定正确的控制方案。例如对于绝大部分产品在顶部排出精馏塔，塔釜仅排出少量重组分，则可用图 5-9 所示的常规控制方案，但效果不佳。

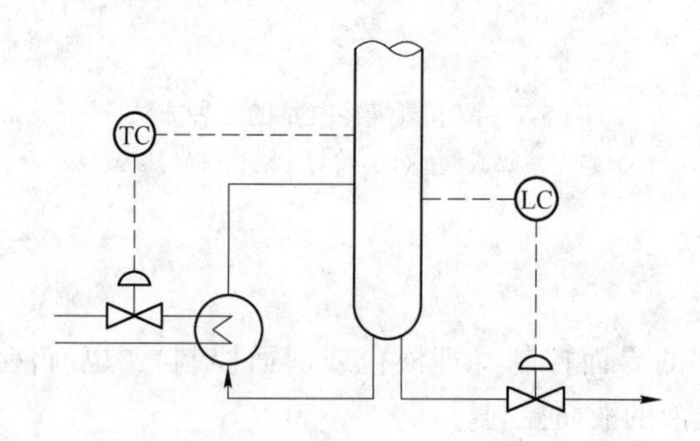

图 5-9 塔釜液面常规控制

5.4.4 温度控制

5.4.4.1 热交换器温度控制

实际上是传热量 Q 的控制，因为根据热量公式，Q 是传热面积 F、传热温差

Δt和传热系数 K 的 3 项乘积，在正常流量和温度范围内 K 变化很小，所以主要是通过调节传热面积和传热温差来控制温度。

（1）无相变换热器。其物料出口温度一般用改变冷（热）介质流量的方法来调节。当冷（热）介质的流量不能调节时用三通改变热交换器的流量或改变物料本身的流量，如图 5-10 所示。

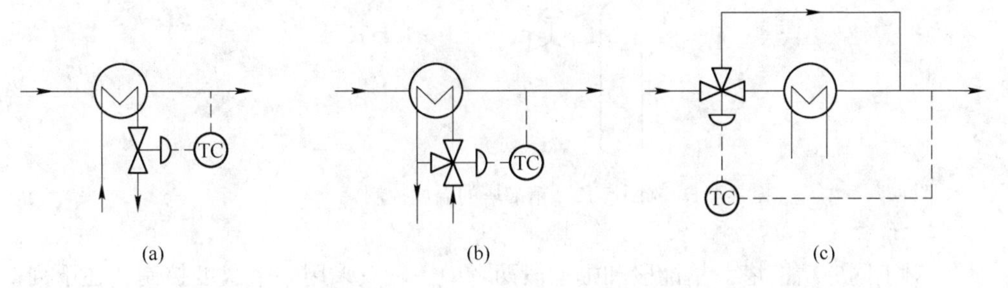

图 5-10　无相变换热器的 3 种温度控制

（a）控制冷（热）媒流量；（b）冷（热）媒流量旁通；（c）改变物料流量

（2）有相变换热器（图 5-11）。对于纯组分，相变发生变化时若压力不变其温度也是恒定的，即传热温差不变。因此，只能用改变传热面积的办法来调节物料温度。若冷（热）介质的压力能调节，则可用改变其压力，即冷凝温度的办法来调节物料温度。

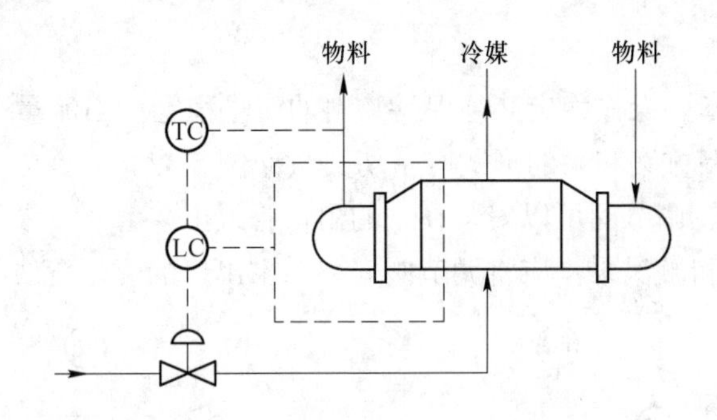

图 5-11　有相变换热器的温度控制

5.4.4.2　精馏塔的温度控制

精馏塔的目的是生产出符合设计要求的产品，由于用组分来控制塔的操作即复杂又不现实，就利用组分与温度相对应的关系，用温度控制替代质量控制，因为当精馏塔内的气液相处于相平衡状态时，所显示的温度就间接的表示产品的质量。

一般情况，产品均从塔顶溜出，因此塔上部（即精馏段）的温度控制用回流调节来实现。提馏段的温度用塔釜上的热源流量来调节（图 5-12）。

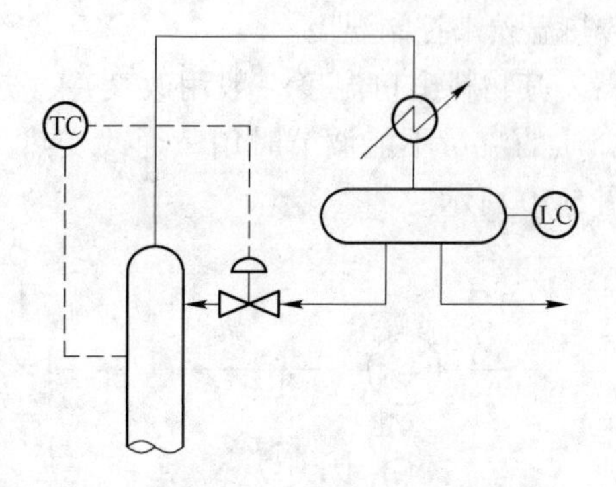

图 5-12　精馏塔的温度控制

对于同一精馏塔，精馏段和提馏段两者中一般只采用一个温度控制，在下列这些情况宜采用提馏段温度控制：

（1）塔底产品的纯度要求比塔顶产品的高；

（2）精馏段上的温度变化不能很好地反映组成的变化或不灵敏；

（3）进料为液相，进料温度或组成的波动对提馏段的影响较精馏段更显著、迅速；

（4）精馏段回流量的大小要影响到塔底产品中的轻组分时。

5.4.5　流量控制

一个单元设备要操作稳定必须保持物料的流量稳定。当流量调节阀安装在泵出口时，流量控制方案和泵的形式有密切关系（图 5-13）。

（1）离心泵：调节阀可以安装在泵的出口管线上。

（2）齿轮泵和漩涡泵：应将调节阀安装在泵出口的旁通管线上。

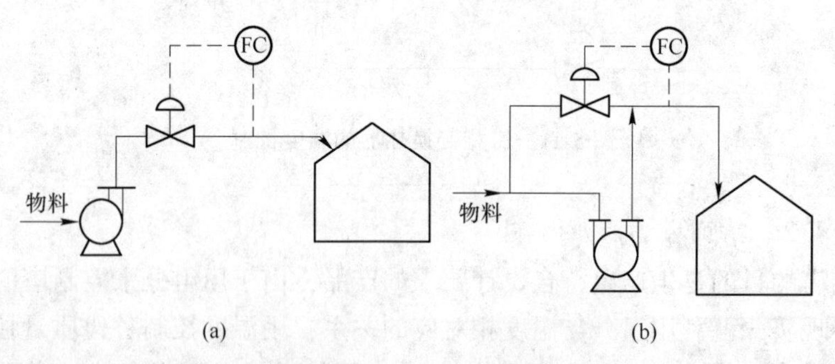

图 5-13　泵出口流量调节
（a）离心泵；（b）齿轮泵或旋涡泵

5.4.6 典型设备的工艺流程控制图和干扰因素

5.4.6.1 精馏塔的全塔工艺控制图

精馏过程的主要设备有精馏塔、再沸器、冷凝器、回流罐和输送设备等，为了保证生产的正常进行和分离的纯度，在精馏过程中需要稳定塔顶的压力、塔和罐的液面等。如图 5-14 所示为精馏塔带控制点的工艺流程图。

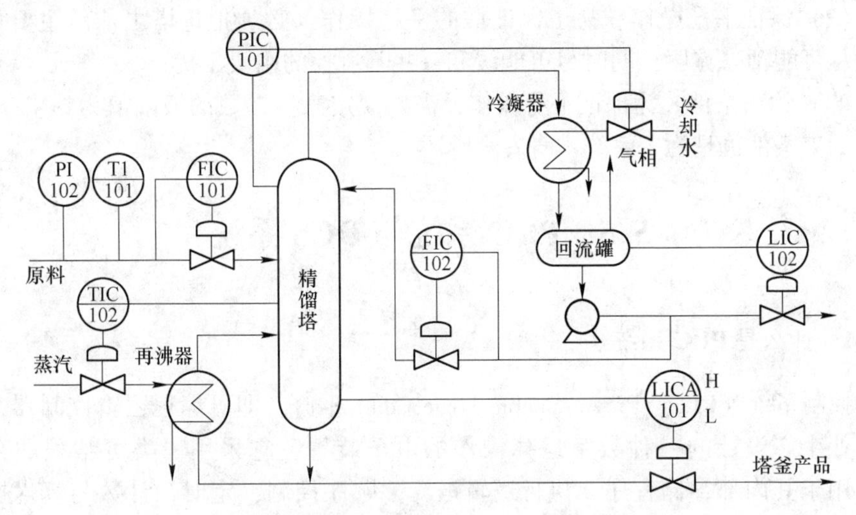

图 5-14 常见精馏塔带控制点的工艺流程图

PIC-101 为塔顶压力控制和显示，通过调节回流罐气相排放量来控制塔内压力的稳定。

PI-102 为进料压力显示。

LIC-101 为塔釜液面控制和显示，并设有高低位报警，通过调节塔釜的产品抽出来维持液面的稳定。LIC-2 为回流罐的液面显示控制。

FIC-101 为进料流量控制和显示。

TI-101 为进料温度显示。

TIC-102 为精馏塔灵敏板温度控制，通过调节再沸器加热蒸汽的流量来控制。

5.4.6.2 精馏塔操作干扰因素

在精馏塔的操作过程中，影响其质量指标的主要干扰包括：

（1）进料流量波动的影响；

（2）进料组分变化的影响；

（3）进料温度及进料热焓变化的影响；

（4）再沸器加热剂本身热量变化的影响；

（5）冷凝剂在冷凝器内除去热量变化的影响；

（6）环境温度变化的影响。

上述6个干扰因素中，进料量和进料组分的波动是精馏塔的主要干扰，且常常是不可控。

5.4.6.3　对自动控制的要求

（1）保证质量。一个正常操作的精馏塔，一般应当使塔顶或塔底产品中的一个达到规定的质量要求，另一个产品的质量应保证在规定的范围内。

（2）保证平稳操作。为了保证塔的平稳操作，必须把进塔之前的主要可控干扰尽可能预先克服，同时尽可能缓和一些不可控的主要干扰。

（3）约束条件。为保证平稳操作，需要规定某些参数的极限值为约束条件，这些约束条件也是为了系统本身安全。

5.5　PLC 系统与 DCS 系统

5.5.1　什么是 PLC 系统

控制系统（PLC，Programmable Logic Controller），即可编程逻辑控制器，专为工业生产设计的一种数字运算操作的电子装置，它采用一类可编程的存储器，用于其内部存储程序，执行逻辑运算，顺序控制，定时，计数与算术操作等面向用户的指令，并通过数字或模拟式输入/输出控制各种类型的机械或生产过程。

PLC 的特点包括：（1）高可靠性、抗干扰能力强；（2）功能完善、使用和维护方便；（3）适应性强；（4）编程直观、简单；（5）环境要求低。

PLC 的主要功能有：逻辑控制、定时控制、计数控制、步进控制、PID 控制、数据控制、远程 I/O 功能、通讯和联网及其他一些特殊功能的模块等（图5-15）。

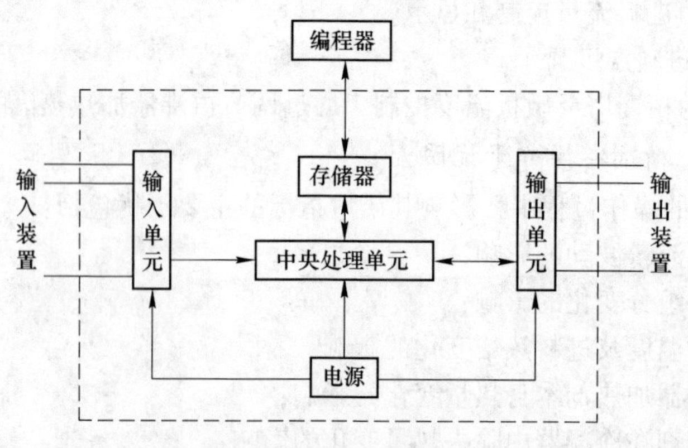

图 5-15　可编程控制器的基本结构

5.5.2 应用范围

根据使用情况大致可归纳为如下几类。

(1) 开关量的逻辑控制：这是 PLC 控制器最基本、最广泛的应用领域，它取代传统的继电器电路，实现逻辑控制、顺序控制，既可用于单台设备的控制，也可用于多机群控及自动化流水线。

(2) 模拟量控制：在工业生产过程当中，有许多连续变化的量，如温度、压力、流量、液位和速度等都是模拟量。为了便于可编程控制器处理，必须实现模拟量（analog）和数字量（digital）之间的 A/D 转换以及 D/A 转换。

(3) 运动控制：PLC 控制器可以用于圆周运动或直线运动的控制。

(4) 过程控制：过程控制是指对温度、压力、流量等模拟量的闭环控制。作为工业控制计算机，PLC 控制器能编制各种各样的控制算法程序，完成闭环控制。PLC 调节是一般闭环控制系统中用得较多的调节方法。

(5) 数据处理：现代 PLC 控制器具有数学运算（含矩阵运算、函数运算、逻辑运算）、数据传送、数据转换、排序、查表、位操作等功能，可以完成数据的采集、分析及处理。这些数据可以与存储在存储器中的参考值比较，完成一定的控制操作，也可以利用通信功能传送到别的智能装置。

(6) 通信及联网：可实现 PLC 控制器通信（PLC 控制器间的通信）及 PLC 控制器与其他智能设备间的通信。

5.5.3 工作原理

当 PLC 控制器投入运行后，其工作过程一般分为 3 个阶段，即输入采样、用户程序执行和输出刷新。完成上述 3 个阶段称作一个扫描周期。在整个运行期间，PLC 控制器的 CPU 以一定的扫描速度重复执行上述 3 个阶段（图 5-16）。

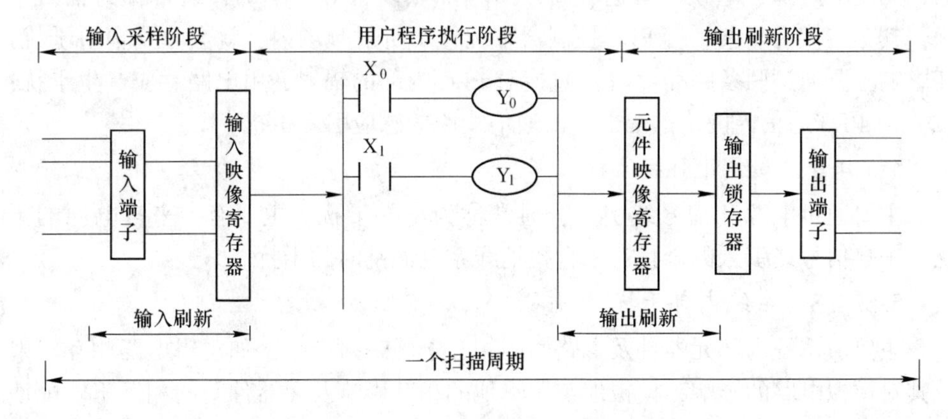

图 5-16 可编程控制器的工作原理

A 输入采样阶段

在输入采样阶段，PLC 控制器以扫描方式依次地读入所有输入状态和数据，并将它们存入 I/O 映象区中的相应单元内。输入采样结束后，转入用户程序执行和输出刷新阶段。在这两个阶段中，即使输入状态和数据发生变化，I/O 映象区中的相应单元的状态和数据也不会改变。因此，如果输入是脉冲信号，则该脉冲信号的宽度必须大于一个扫描周期，才能保证在任何情况下，该输入均能被读入。

B 程序执行阶段

在程序执行过程中，只有输入点在 I/O 映象区内的状态和数据不会发生变化，而其他输出点和软设备在 I/O 映象区或系统 RAM 存储区内的状态和数据都有可能发生变化，而且排在上面的梯形图，其程序执行结果会对排在下面的凡是用到这些线圈或数据的梯形图起作用；相反，排在下面的梯形图，其被刷新的逻辑线圈的状态或数据只能到下一个扫描周期才能对排在其上面的程序起作用。

C 输出刷新阶段

当扫描程序结束后，PLC 控制器就进入输出刷新阶段。在此期间，CPU 按照 I/O 映象区内对应的状态和数据刷新所有的输出锁存电路，再经输出电路驱动相应的外设。这时，才是 PLC 控制器的真正输出。同样的若干条梯形图，其排列次序不同，执行的结果也不同。

一般来说，PLC 控制器的扫描周期包括自诊断、通讯等，即一个扫描周期等于自诊断、通讯、输入采样、用户程序执行、输出刷新等所有时间的总和。

5.5.4 对 PLC 的干扰

5.5.4.1 空间辐射干扰

空间的辐射电磁场（EMI）主要是由电力网络、电气设备的暂态过程、雷电、无线电广播、电视、雷达、高频感应加热设备等产生的，通常称为辐射干扰，其分布极为复杂。若 PLC 控制器系统置于所射频场内，就会收到辐射干扰，其影响主要通过两条路径：（1）直接对 PLC 内部的辐射，由电路感应产生干扰；（2）对 PLC 通信内网络的辐射，由通信线路的感应引入干扰。

5.5.4.2 系统外引线干扰

主要通过电源和信号线引入，通常称为传导干扰。主要有：来自电源的干扰；来自信号线引入的干扰；来自接地线系统混乱时的干扰。

5.5.4.3 系统内部干扰

主要由系统内部元器件及电路间的相互电磁辐射产生，如逻辑电路相互辐射及其对模拟电路的影响，模拟地与逻辑地的相互影响及元器件间的相互不匹配使用等。

5.5.5 什么是 DCS 系统

DCS（Distributed Control System）的含义为集散控制系统。集散控制系统以多台微处理机分散应用于过程控制，通过通信网络、显示器等设备又实现高度集中的操作、显示和报警管理。

DCS 的特点包括：

（1）功能齐全。DCS 可以完成从简单控制到复杂的多变量模型优化控制；可进行连续控制，也可进行批量控制、顺序控制及逻辑控制。可以实现监视、控制、报警、打印、历史数据查询等全部操作要求。

（2）监视操作方便。DCS 系统通过显示屏和键盘操作可以对被控对象的变量值及变化趋势、报警情况、软硬件运行状况等进行集中监视。

（3）系统扩展灵活。

（4）信息和数据共享。

（5）系统可靠性高。

（6）安装维护方便。

5.5.6 DCS 系统的组成

基本组成通常包括现场监控站、操作员站、工程师站、上位机和通信网络等部分，如图 5-17 所示。

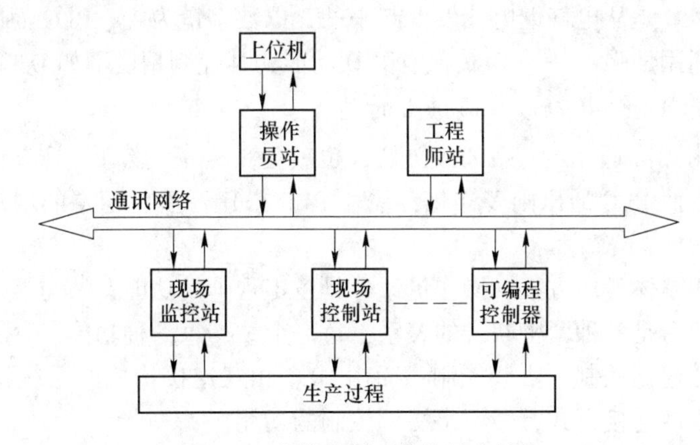

图 5-17 集散控制系统的基本结构

5.5.6.1 现场监视站

现场监视站直接与生产过程相连接，实现对过程变量进行数据采集。它完成数据采集和预处理，并对实时数据进一步加工，为操作人员提供数据，实现对过程变量和状态的监视，或为控制回路提供数据，同时产生控制信号驱动现场的执行机构，完成对现场参数的调节。

5.5.6.2 操作员站

是操作人员进行过程监视、过程控制的主要操作设备。它提供良好的人机交互界面，用于实现集中显示、集中操作和集中管理的功能。

5.5.6.3 工程师站

主要用于对DCS系统进行离线的组态工作和在线的系统监督、控制和维护。

5.5.6.4 上位机

通过网络收集系统中各单元的数据信息，根据建立的数学模型和优化控制指标进行后台计算并对全系统的信息管理和控制的功能。

5.5.6.5 通讯网络

通讯网络是集散控制系统的中枢，通过网络实现各个硬件之间的数据传递，从而实现整个系统协调一致地工作，进行数据和信息共享，达到控制生产过程运行稳定的目的。

5.5.7 DCS和PLC区别和应用

5.5.7.1 DCS侧重整体控制系统，而PLC侧重局部逻辑控制

这是因为DCS是从模拟量仪表发展起来的，以模拟量为主。DCS偏重过程控制可实现PID、前馈、串级、多级、选择性控制等复杂控制，强调连续过程控制的精度；PLC是从电气继电器发展起来的，以数字量为主，PLC面向一般工业控制领域，通用性强。一般PLC仅有PID功能，其控制精度不如DCS高。

5.5.7.2 DCS和PLC在通讯上的差异

DCS采用国际通用的TCP/IP协议，也就是Internet接口，具有很好的通用性和扩展性；而PLC通讯则多样化，往往PLC搭建好后想随意的增加和减少都比较困难。

DCS采用整体考虑方案，操作员站也具备工程师站功能，站与站之间在运行方案程序下装后是一种紧密联合的关系，每一个站、每一种功能、每一种被控装置间都是相互连锁控制，协调控制；而由PLC相互连接构成的系统，在PLC与PLC之间时松散连接方式，做不出协调控制的功能。

5.5.7.3 DCS和PLC可靠性方面的差异

DCS为双冗余，可实现无扰切换，DCS的I/O模块都带有CPU，可实现对采集及输出信号品质判断与标量变换，模块故障时可带电拔插和随机更换；PLC大多数无冗余，而双路PLC成本就会较高，PLC的模块是简单电气转换单元，无智能芯片，模块故障后相应单元全部瘫痪（目前PLC已能实现冗余、热备和带电拔插，已经能完成DCS绝大部分功能）。

5.5.7.4 DCS 和 PLC 在点数上的差异

DCS 点数很多，一般 500 点以上；PLC 点数较少，一般在 100 左右，500 点以上基本不采用全部由 PLC 连接而成的控制系统，PLC 系统造价也会很高。在 DCS 更新控制方案，工程师在工程师站上将编译后的控制方案执行下装命令，程序下装过程由系统自动完成，不影响原控制方案运行。PLC 更改控制方案，首先需要明确是哪一个 PLC，用编译器进行程序编译后传给对应 PLC，调试时间长成本高，不利于日后的维修。

6 工艺流程图画法与认识

6.1 化工工艺流程图标准

化工工艺流程图是用图示的方法把化工生产的工艺流程和所需的设备、管道、阀门、管件、管道附件及仪表控制点表示出来的一种图样，是设备布置和管道布置设计的依据，也是施工、操作、运行及检修的指南，是化工工艺设计的主要内容。

绘制化工工艺流程图是化工制图的内容之一，因此，国家《机械制图》标准对化工制图的约束，在绘制化工工艺流程图同样有效。但由于化工工艺流程图的特殊性，原化工部对化工工艺流程图制定了一套行业标准。标准对图样幅面、标题栏等做了说明，并规定了设备图形、线型、阀门管件图线、图例等的表达方式，设备、管线、仪表等的标注形式等。

6.1.1 图样幅面

在化工工艺流程图的绘制过程中，对图样幅面、字体、比例、标题栏等相关要求仍遵照《机械制图　国纸幅面和格式》（GB/T 14689—2008），只是对某些特殊的地方进行了一些补充和说明。化工工艺流程图的图样幅面仍采用国家标准对图样幅面的规定，一般化工工艺流程图采用标准中 A1 规格的图样幅面，横幅绘制。对流程简单的可以采用 A2 规格的图样幅面，如表 6-1 所示。

表 6-1　图样幅面尺寸　（mm）

<table>
<tr><td>幅面代号</td><td>A0</td><td>A1</td><td>A2</td><td>A3</td><td>A4</td><td>A5</td></tr>
<tr><td>B×L</td><td>841×1189</td><td>594×841</td><td>420×594</td><td>297×420</td><td>210×297</td><td>148×210</td></tr>
<tr><td>a</td><td colspan="6">25</td></tr>
<tr><td>c</td><td colspan="3">10</td><td colspan="3">5</td></tr>
<tr><td>e</td><td colspan="2">20</td><td colspan="4">10</td></tr>
</table>

对生产流程过长，在绘制流程图时可以采用标准幅面加长的格式。每次加长为图样宽度的 1/4 倍，也可以采用分段分张的流程图格式。在流程图中，设备（机器）一般只取相对比例，如表 6-2 所示。允许实际尺寸过大的设备（机器）比例适当缩小，实际尺寸过小的设备（机器）比例适当放大。要注明各设备间的相对高度。化工工艺流程图的标题栏与机械制图中的标题栏有所不同，原化工部标准对工艺流程图的标题栏规定如图 6-1 所示。

表 6-2 绘图比例

种　类	比　例
放大比例	4∶1（4×10^n∶1）　2.5∶1（2.5×10^n∶1）
缩小比例	1∶1.5（1∶1.5×10^n）　1∶2.5（1∶2.5×10^n）　1∶3（1∶3×10^n）　1∶4（1∶4×10^n）　1∶6（1∶6×10^n）

<table>
<tr><td colspan="5">(单位名称)</td><td colspan="2">(工程名称)</td></tr>
<tr><td>职责</td><td>签字</td><td>日期</td><td colspan="2" rowspan="5">(图名)</td><td>设计项目</td><td></td></tr>
<tr><td>设计</td><td></td><td></td><td>设计阶段</td><td></td></tr>
<tr><td>绘图</td><td></td><td></td><td colspan="2" rowspan="3">(图号)</td></tr>
<tr><td>校核</td><td></td><td></td></tr>
<tr><td>审核</td><td></td><td></td></tr>
<tr><td colspan="3">年限</td><td>比例</td><td></td><td>第　张</td><td>共　张</td></tr>
</table>

图 6-1 标题栏

6.1.2 设备的表示方法和标注

6.1.2.1 设备表示方法

化工设备与机器的图形表示方法原化工部 HG 20519.34—1992 标准中已做了规定。表 6-3 摘录了标准中的部分图例。在标准中未规定的设备、机器图形可以根据其实际外形和内部结构特征绘制，只取相对大小，不按照实物比例绘制。化工工艺流程图中各设备、机器的位置应便于管道连接和标注，其相互间物料关系密切者的相对高低位置要与设备实际布置相吻合。对于需隔热的设备和机器要在其相应部位画出一段隔热层图例，必要时标注出其隔热等级；管道有伴热的也要在相应的部位画出一段伴热管，必要时可标注出伴热类型和介质代号。地下或半地下的设备、机器在化工工艺流程图上要表示出一段相关的地面。设备、机器的支撑和底座可不表示，化工工艺流程图上的设备及机械图例如表 6-3 所示。

表 6-3　化工工艺流程图上的设备、机械图例

设备类别	分类号	图　例
塔	T	填料塔　板式塔　喷淋塔
反应器	R	固定床反应器　列管式反应器　流化床反应器　聚合釜
换热器	E	换热器　固定管板式　U形管式　浮头式　釜式　套管式　蒸发器　冷却器　空冷器
鼓风机 压缩机	C	鼓风机　卧式　立式　旋转式压缩机　单级往复压缩机　四级往复压缩机
泵	P	离心泵　水环真空泵 纳氏泵　齿轮泵 旋转泵　活塞泵 比例泵　液下泵

续表 6-3

设备类别	分类号	图　例
容器	V	卧式槽　立式槽　除沫分离器　旋风分离器　静电除尘器　锥顶罐　湿式气柜　球罐
工业炉	F	箱式炉　圆筒炉

6.1.2.2　设备的标注

设备一般在两个位置标注：（1）在设备的上方或下方进行标注，要求排列整齐，并尽可能正对设备。标注形式如分式，在位号的上方（分子）标注设备位号，在位号的下方（分母）标注设备名称；（2）在设备内或其近旁进行标注，仅标注设备位号，不标注设备名称。设备位号由设备分类代号、车间或工段号、设备序号和相同设备序号组成，如图 6-2 所示。对于同一设备，在不同设计阶段必须是同一位号。原化工部标准 HG 20519.35—1992 对设备有规定。

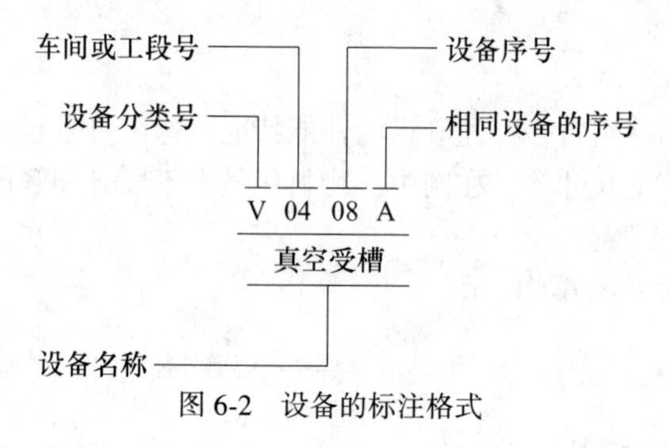

图 6-2　设备的标注格式

6.1.3　管道的表示方法和标注

6.1.3.1　管道的表示方法

在化工工艺流程图中是用线段表示管道的，常称为管线。在原化工部 HG 20592.28—1992 和 HG 20519.32—1992 标准中对管道的图例、线型及线宽做出了规定，图例如表6-4所示。在每根管线上都要以箭头表示其物料流向。图中管线与其他图纸有关时，一般应将其端点绘制在图的左方或右方，并在左方或者右方的管线上用空心箭头标出物料的流向（入或出），空心箭头内注明其连接图纸的图号或序号，在其附近注明来或去的设备位号或管道号。空心箭头画法如图6-2所示。在化工工艺流程图中管线的绘制应成正交模式，即管线画成水平或直线，管线相交和拐弯均画成直角。在管线交叉时，应该将一根管线断开，如图6-3所示。另外应该尽量避免管线穿过设备。

表6-4　管道的图例、线型和线宽

名　称	图　例	线宽/mm
主要物料管道	————————	$b=0.8\sim1.2$
主要物料埋地管道	– – – – – – – –	b
辅助物料及公用系统管道	————————	$(1/2\sim2/3)b$
辅助物料及公用系统埋地管道	—— —— —— ——	$(1/2\sim2/3)b$
仪表管道	— — — — —	$(1/3)b$
原有管道	——··——··——	b

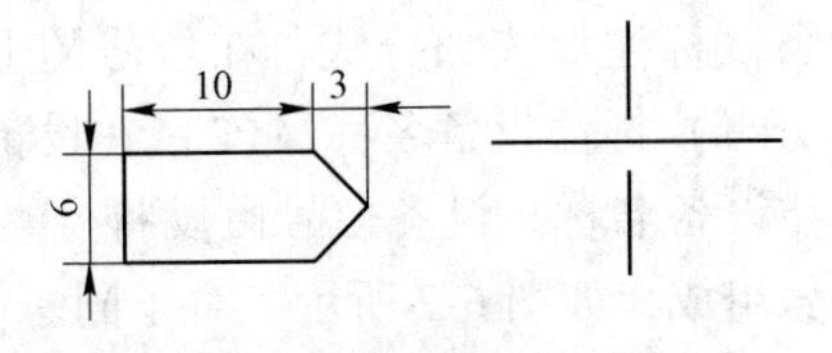

图6-3　空心箭头交叉管线标记

6.1.3.2　管线标注

管线标注是用一组符号标注管道的性能特征。这组符号包括物料代号、工段号、管段序号和管道尺寸等。在图中，物料代号、工段号和管段序号这三个单元称为管道号（或管段号）。

管线标注格式如图6-4所示。

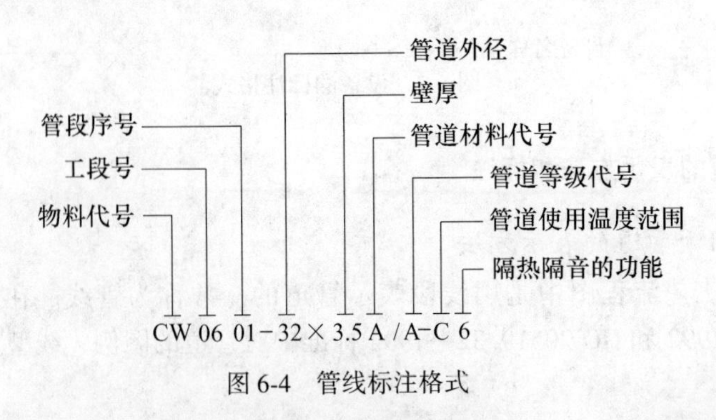

图6-4　管线标注格式

图 6-4 中物料代号所对应的物料名称见表 6-5（按原化工部 HG 20519.36—1992 标准中规定的物料代号）。

表 6-5 物料名称及代号

代号	物料名称	代号	物料名称	代号	物料名称
A	空气	FO	燃料油	PA	工艺空气
AM	氨	FS	熔盐	PG	工艺气体
BD	排污	GO	填料油	PL	工艺液体
BF	锅炉给水	H	氢	PW	工艺水
BR	盐水	HM	载热体	R	冷冻剂
CA	压缩空气	HS	高压蒸汽	RO	原料油
CS	化学污水	HW	循环冷却水回水	RW	原水
CW	循环冷却水上水	IA	仪表空气	SC	蒸汽冷凝水
CWR	冷冻盐水回水	IG	惰性气体	SL	泥浆
CWS	冷冻盐水上水	LO	润滑油	SO	密封油
DM	脱盐水	LS	低压蒸汽	SW	软水
DR	排液、排水	MS	中压蒸汽	TS	伴热蒸汽
DW	饮用水	NG	天然气	VE	真空排放气
F	火炬排放气	N	氮	VT	放空气
FG	燃料气	O	氧		

管道外径和壁厚构成管道尺寸，管道尺寸以 mm 为单位，只标注数字，不标注单位。在管道尺寸后应标注管道材料代号。

管道材料代号如表 6-6 所示。

表 6-6 管道材料代号

材料类别	铸铁	碳钢	普通低合金钢	合金钢	不锈钢	有色金属
代号	A	B	C	D	E	F

管道等级代号和隔热隔音代号可分别参见原化工部 HG 20519.36—1992 和 HG 20519.38—1992 标准。表 6-7 和表 6-8 给出的温度使用范围和隔热隔音代号等单元可省略，此时只在管道尺寸后标注管道材料代号。每根管线（即由管道一端管口至另一端管口之间的管道）都应进行标注。对横向管线，一般标注在管线的上方；对竖向的管线一般标注在管道的左侧，也可以用指引线引出标注。

表 6-7 管道使用温度范围代号

代号	温度范围/℃	管材	代号	温度范围/℃	管材
A	-100~2	碳钢和铁合金管	G	-100~2	不锈钢管
B	>2~20	碳钢和铁合金管	H	>2~20	不锈钢管
C	21~70	碳钢和铁合金管	J	21~93	不锈钢管
D	71~93	碳钢和铁合金管	K	94~650	不锈钢管
E	94~400	碳钢和铁合金管	L	>650	不锈钢管
F	401~650	碳钢和铁合金管			

表 6-8 隔热、隔音功能类型代号

类型代号	用途	备注	类型代号	用途	备注
1	热量控制	采用保温材料	6	隔音（低于 21℃）	采用保冷材料
2	保温	采用保温材料	7	防止表面冷凝（低于 15℃）	采用保冷材料
3	人身防护	采用保温材料	8	保冷（高于 2℃）	采用保冷材料
4	防火	采用保温材料	9	保冷（低于 2℃）	采用保冷材料
5	隔音（21℃和更高）	采用保温材料	A~U	加热保温	见表 6-9

表 6-9 加热保温

蒸汽	电	水	加热类型	蒸汽	电	水	加热类型
A	—	—	单线伴热（带隔热用石棉布及隔离片）	E	—	U	三线伴热
B	K	—	单线伴热（带隔热用石棉布）	F	—	—	四线伴热
C	J	Q	单线伴热	G	M	S	单线螺旋形伴热
D	L	R	平行或往复双线伴热	H	—	T	夹套

6.1.4 阀门、管件和管道附件的表示方法

在化工工艺流程图中，一般用细实线按规定的图形符号全部绘制出管道上的阀门、管件和管道附件（但不包括管道之间的连接件，如弯头、三通、法兰等)，但为安装和检修等原因所加的法兰、螺纹连接件等仍要画出。原化工部 HG 20919.32~33—1992 标准给出了阀门、管件和管道附件的图形符号。其中阀门图形符号一般长为 6mm，宽为 3mm，或长为 8mm，宽为 4mm。常用阀门、管件和管道附件的图形符号如表 6-10 所示。

表 6-10 常用阀门、管件和管道附件的图形符号

名 称	图形符号	名 称	图形符号
隔膜阀		三通截止阀	
三通球阀		三通旋塞阀	
四通截止阀		四通球阀	
四通旋塞阀		角式截止阀	
角式球阀		角式弹簧安全阀	
角式重锤安全阀		减压阀	
疏水阀		同心异径管	
圆形盲板正常开		圆形盲板正常关	
8 字盲板正常开		8 字盲板正常关	
旋启式止回阀		碟阀	
阻火器		视镜	
喷射管		文氏管	
锥型过滤器		T 型过滤器	
法兰连接		螺纹管帽	
软管连接		管帽	
管端盲板		管端法兰	
消声器		安全淋浴器	
放空管		漏斗	

6.1.5 仪表、控制点的表示方法

在化工工艺流程图上要绘出和标注全部与工艺相关的检测仪表、调节控制系统、分析取样点和取样阀等。这些仪表控制点用细实线在相应管线上的大致安装

位置用规定的符号画出。该符号包括仪表图形符号和字母代号，它们组合起来表示工业仪表所处理的被测变量和功能。仪表的图形符号为直径 10mm 的细实线圆圈，圆圈中标注仪表位号。仪表位号由两部分组成：一部分为字母组合代号，字母组合代号的第一个字母表示被测变量，后继字母表示仪表的功能；另一部分为工段序号，工段序号由工序号和顺序号组成，一般用 3~5 位阿拉伯数字表示。字母组合代号填写在仪表圆圈的上半圆中；工段序号填写在下半圆中。

仪表安装位置图形符号如表 6-11 所示。

表 6-11　仪表安装位置图形符号

安装位置	图形符号	安装位置	图形符号
就地安装仪表		就地安装仪表（嵌在管道中）	
集中仪表盘面安装仪表		集中仪表盘后面安装仪表	
就地仪表盘面安装仪表		就地仪表盘后面安装仪表	

原化工部 HG 20519—1992 标准给出了被测变量及仪表功能代号，表 6-12 列出常用被测变量以及仪表功能组合代号。

表 6-12　常用被测变量以及仪表功能组合代号

被测变量 / 仪表功能	温度	温差	压力或真空	压差	流量	流量比率	分析	密度	位置	速率或频率	黏度
指示	TI	TdI	PI	PdI	FI	FfI	AI	DI	ZI	SI	VI
指示、控制	TIC	TdIC	PIC	PdIC	FIC	FfIC	AIC	DIC	ZIC	SIC	VIC
指示、报警	TIA	TdIA	PIA	PdIA	FIA	FfIA	AIA	DIA	ZIA	SIA	VIA
指示、开关	TIS	TdIS	PIS	PdIS	FIS	FfIS	AIS	DIS	ZIS	SIS	VIS
记录	TR	TdR	PR	PdR	FR	FfR	AR	DR	ZR	SR	VR
记录、控制	TRC	TdRC	PRC	PdRC	FRC	FfRC	ARC	DRC	ZRC	SRC	VRC
记录、报警	TRA	TdRA	PRA	PdRA	FBA	FfRA	ABA	DRA	ZRA	SRA	VRA
记录开关	TRS	TdRS	PRS	PdRS	FRS	FfRS	ARS	DRS	ZRS	SRS	VRS
控制	TC	TdC	PC	PdC	FC	FfC	AC	DC	ZC	SC	VC
控制、变送	TCT	TdCT	PCT	PdCT	FCT	FfCT	ACT	DCT	ZCT	SCT	VCT
报警	TA	TdA	PA	PdA	FA	FfA	AA	DA	ZA	SA	VA
开关	TS	TdS	PS	PdS	FS	FfS	AS	DS	ZS	SS	VS
批示灯	TL	TdL	PL	PdL	FL	FfL	AL	DL	ZL	SL	VL

控制点（测量点）是仪表圆圈的连接引线与过程设备或管道符号的连接点。仪表通过连接点和引线获得设备或管道内的物流参数。

6.2 工艺流程图的分类

化工工艺流程图是按工艺过程顺序将设备和工艺流程管线由左至右展示在同一平面上的示意图。一般含有如下内容：

（1）设备的简单图形；

（2）管道、阀门、管件、仪表控制点等图形符号；

（3）设备位号及名称、管道编号、物料走向、仪表控制点代号、图例说明和标题栏等。

根据工艺设计的不同阶段，化工工艺流程图可分为工艺方案流程图（简称方案流程图），物料流程图和施工工程图。这几种流程图要求不同，其内容和表达的重点也不同，但它们之间有着密不可分的联系。

6.2.1 方案流程图

方案流程图又称流程示意图或流程简图，是用来表达物料从原料到成品或半成品的工艺过程，表达整个工厂或车间生产流程以及所使用的设备和机器的图样。它既可用于设计开始时工艺方案的讨论，也可作为下一步设计物料流程图和施工流程图的基础。如图 6-5 所示为物料残液蒸馏处理系统的方案流程图。

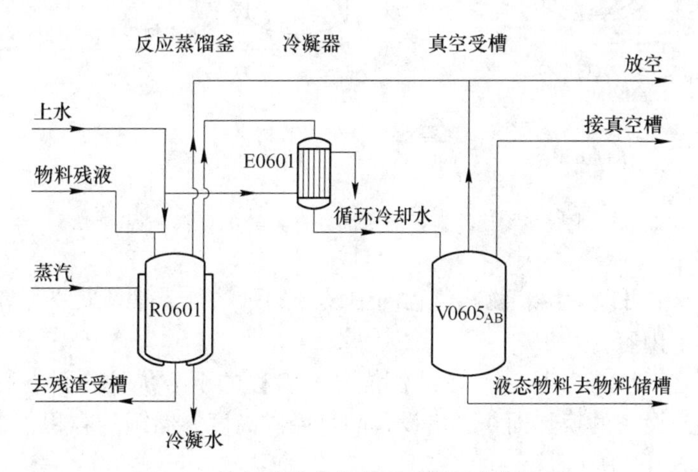

图 6-5 物料残液蒸馏处理系统的方案流程

方案流程图主要包括两方面内容：

(1) 设备：用细实线表示生产过程中所使用的机器、设备示意图；用文字、字母、数字标注设备的名称和位号。

(2) 工艺流程图：用粗实线表达物料由原料到半成品的工艺流程路线；用文字注明各管道路线的名称；用箭头注明物料的流向。

6.2.2　物料流程图

物料流程图是在方案流程图的基础上，进行物料衡算和热量衡算，用图形与表格相结合的形式反映衡算结果的图样。物料流程图为审查提供资料，为实际生产操作提供参考，又是进一步设计的依据。图 6-6 为某物料残液蒸馏处理系统的物料流程图。

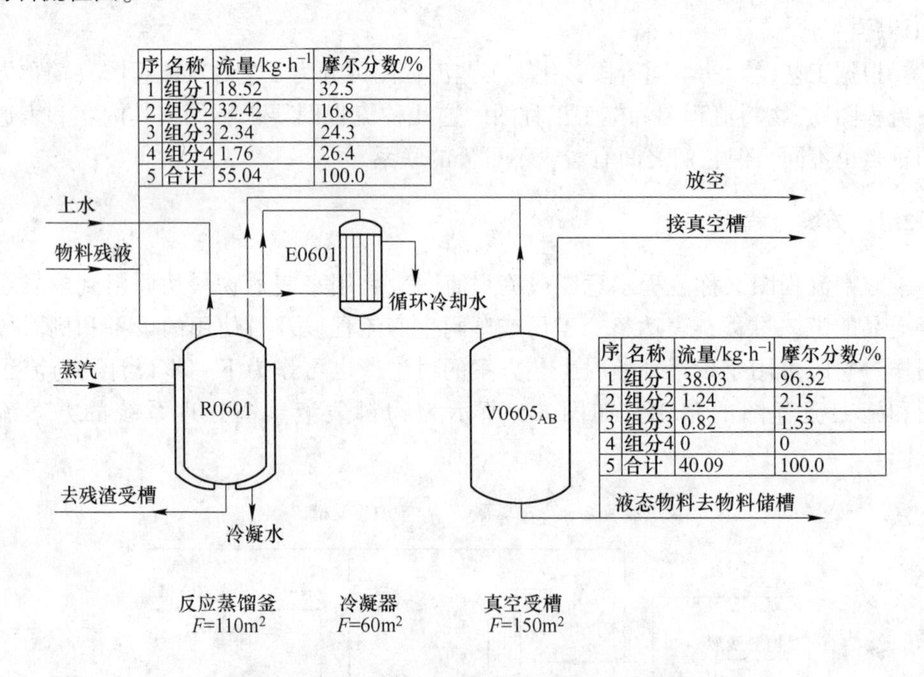

序	名称	流量/kg·h^{-1}	摩尔分数/%
1	组分1	18.52	32.5
2	组分2	32.42	16.8
3	组分3	2.34	24.3
4	组分4	1.76	26.4
5	合计	55.04	100.0

序	名称	流量/kg·h^{-1}	摩尔分数/%
1	组分1	38.03	96.32
2	组分2	1.24	2.15
3	组分3	0.82	1.53
4	组分4	0	0
5	合计	40.09	100.0

图 6-6　某物料残液蒸馏处理系统的物料流程

从图 6-6 中可以看出，物料流程图中设备的画法与方案流程图基本一致，只是增加了以下内容：

(1) 设备特性参数标注：在设备位号及名称的下方加注了设备特性数据或参数，如换热设备的换热面积，塔设备的直径、高度，储罐的容积，机器的型号等，格式如图 6-7 所示。

(2) 物料组成标注：在流程的起始处和使物料发生变化的设备后，用表格形式注明物料变化前后其组分的名称、流量、摩尔分数等参数及各项的总和。表格线和指引线都用细实线绘制。在实际书写项目时依据具体情况而定。

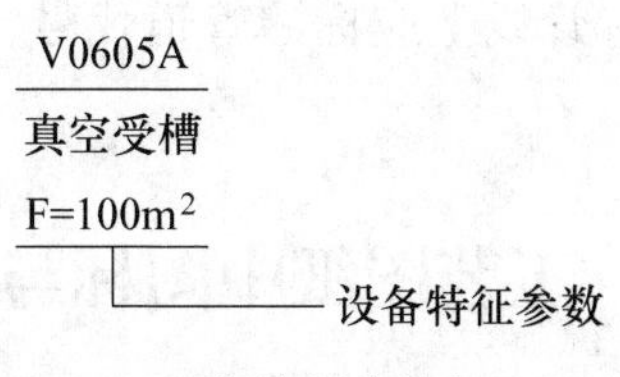

图 6-7 设备特性参数标注格式

（3）图框、标题栏：按图样幅面格式要求，应画出图框和标题栏并填写内容。

6.2.3 施工流程图

施工流程图又称工艺管道及仪表流程图，或带控制点的工艺流程图。一般以工艺装置的主项（工段或工序）为单元绘制，也可以装置（车间）为单元绘制。

图 6-8 所示为某物料残液蒸馏处理系统的施工流程图。从图中可以看出，施工流程图中设备的画法及标注与工艺流程路线的画法及方案流程图中基本一致，图框、标题栏与物料流程图一致。除此之外，还需要包含下面几项内容：

（1）接口管：在各种设备示意图上均标注接管口。

（2）阀门、控制点：在管线上应标出阀门等管件，在设备或管线上应标出仪表控制点及仪表图形和功能说明。

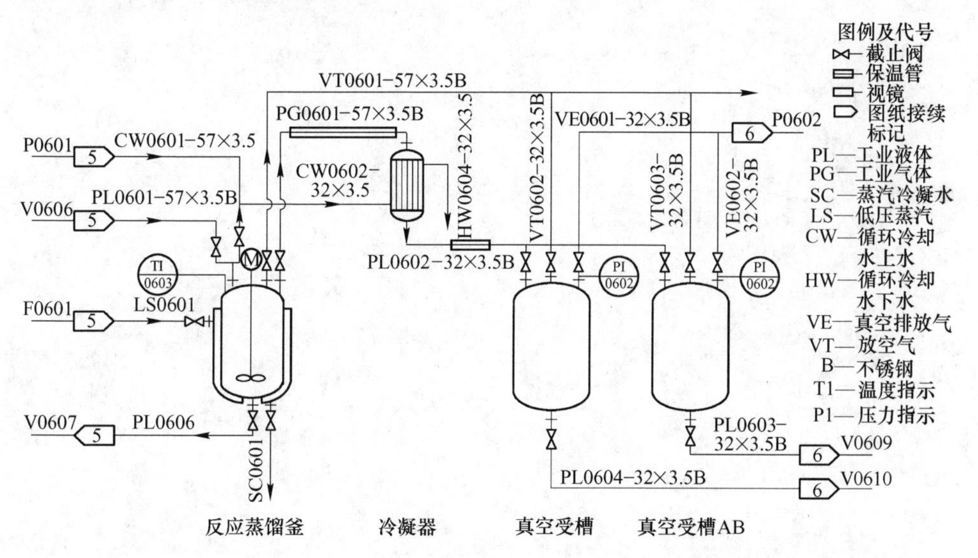

图 6-8 某物料残液蒸馏处理系统的施工流程

（3）管线标注：在所有管线上应标注管道代号，对特殊的管道还应画出相应的图形符号。

6.3 工艺图纸中图标与图例

工艺图纸中图标与图例请参见本书附录，即：

附录1 机泵类（部分）；

附录2 换热器类（部分）；

附录3 常用设备类（部分）；

附录4 阀门类（部分）；

附录5 管道和连接线（部分）；

附录6 仪表类（部分）。

7　生产装置投运（试车）

7.1　试车准备工作

7.1.1　管道系统压力试验条件

7.1.1.1　管道系统压力试验前检查

（1）安全阀已加盲板、爆破板已拆除并加盲板。

（2）膨胀节已加约束装置。

（3）弹簧支、吊架已锁定。

（4）当以水为介质进行试验时，已确认或核算了有关结构的承受能力。

（5）压力表已校验合格。

（6）除压力表外，其他已安装的仪表该隔离的隔离，该临时拆除的拆除，并保管好，连接接口封堵好。

（7）与设备连接处的管线加装盲板或脱开。

7.1.1.2　管道系统压力试验应遵守下列规定

（1）以空气和工艺介质进行压力试验，必须经生产、安全部门认可。

（2）试验前确认试验系统已与无关系统进行了有效隔绝。

（3）进行水压试验时，以洁净淡水作为试验介质，当系统中连接有奥氏不锈钢设备时水中氢离子含量不得超过0.0025%。

（4）试验温度必须高于材料的脆性转化温度。

（5）在寒冷季节进行试验时，要有防冻措施。

（6）钢质管道液压试验压力为设计压力的1.5倍；当设计温度高于试验温度时，试验压力应按两种温度下许用应力的比例折算，但不得超过材料的屈服强度。当以气体进行试强时，试强压力为设计压力的1.15倍。

（7）当试验系统中设备的试验压力低于管道的试验压力且设备的试验压力不低于管道设计压力的115%时，管道系统可以按设备的试验压力进行试验。

（8）当试验系统连有仅能承受压差的设备时，在升、降压过程中必须确保压差不超过规定值。

（9）试验时，应缓慢升压。当以液体进行试验时，应在试验压力下稳压

10min，然后降至设计压力查漏。当以气体进行试验时，应先以低于 0.17MPa（表压）的压力进行预试验，然后升压至设计压力的 50%，其后逐步升至试验压力并稳压 10min，然后降至设计压力查漏。

（10）试验结束后，应排尽水、气，并做好复位工作。

7.1.2 设备、管道系统泄漏性试验

7.1.2.1 泄漏试验前的准备工作

（1）输送有毒介质、可燃介质以及其他按设计规定必须进行泄漏性试验的介质时，必须进行泄漏性试验。

（2）泄漏性试验宜在管道清洗或吹扫合格后进行。

（3）当以空气进行压力试验时，可以结合泄漏性试验一并进行，但在管道清洗或吹扫合格后，需进行最终泄漏性试验，其检查重点为管道复位处。

7.1.2.2 泄漏试验应遵守下列规定

（1）试验压力不高于设计压力。

（2）试验介质一般为空气。

（3）真空系统泄漏性试验压力为 0.01MPa（a）。

（4）以设计文件指定的方法进行检查。

7.1.3 水冲洗

水冲洗应遵守下列规定：

（1）压力试验合格，系统中的机械、仪表、阀门等已采取了保护措施，临时管道安装完毕，冲洗泵可正常运行，冲洗泵的入口安装了滤网后，才能进行水冲洗。

（2）冲洗工作如在严寒季节进行，必须有防冻、防滑措施。

（3）冲水及排水时，管道系统应和大气相通。

（4）在上道工序的管道和机械冲洗合格前，冲洗水不得进入下道工序的机械。

（5）冲洗水应排入指定地点。

（6）在冲洗后应确认全部排水、排气管道畅通。

（7）生产系统中有禁忌水的单元要隔离开，防止水汽进入。

7.1.4 空气吹扫

空气吹扫应遵守下列规定：

（1）直径大于 600mm 的管道宜以人工进行清扫。

（2）系统压力试验合格，对系统中的机械、仪表、阀门等已采取了有效的

保护措施。

（3）盲板位置已确认，气源有保证；当吹扫忌油管道时，空气中不得含油。

（4）吹扫后的复位工作应进行严格的检查。

（5）吹扫要有遮挡、警示、防止停留、防噪等措施。

7.1.5 系统置换

投运准备还包括系统置换工作。

7.1.5.1 置换程序

在试车系统通入可燃性气体前，必须以情性气体置换空气，再以可燃性气体量换惰性气体。在停车检修前必须以惰性气体置换系统中的可燃性气体，再以空气置换情性气体，注意有毒有害固、液体的置换处理。

7.1.5.2 系统置换条件

（1）已在置换流程图标明放空点、分析点和盲板位置。

（2）取样分析人员已就位，分析仪、药品已备齐。

（3）惰性气体可以满足置换工作的需要。

7.1.5.3 应遵守的规定

（1）惰性气体中氧含量不得高于安全标注。

（2）确认盲板的数量、质量及安装部位合格。

（3）置换时应注意系统中死角，需要时可采取反复升压、卸压的方法以稀释置换气体。

（4）当管道系统连接气柜时，应将气柜反复起落三次以置换尽环形水封中的气体。

（5）置换工作应按先主管，后支管的顺序依次连续进行。

（6）分析人员取样时应注意风向及放空管道的高度和方向，严防中毒。

（7）分析数据以连续三次合格为准，并经生产、技术、安全负责人员签字确认。

（8）置换完毕，惰性气体管线与系统采取有效措施隔离。

7.1.5.4 合格标准

（1）以情性气置换可燃性气体时，置换后气体中可燃性气体成分不得高于0.5%。

（2）以可燃性气体置换惰性气体时，置换后的气体中氧含量不得超过0.5%。

（3）以惰性气体置换空气时，置换后的气体中氧含量不得高于1%，如置换后直接输入可燃、易爆的介质，则要求置换后的氧含量不得高于0.5%。

（4）以空气置换惰性气时，置换后的气体中氧含量不得低于20%。

7.1.6 塔、器内件的填充

7.1.6.1 塔、器内件充填条件

（1）塔、器系统压力试验合格。

（2）塔、器等内部洁净，无杂物，防腐处理后的设备内部有毒可燃物质浓度符合要求。

（3）具有衬里的塔、器，其衬里检查合格。

（4）人孔、放空管均已打开，塔、器内通风良好。

（5）填料已清洗干净。

（6）充填用具已齐备。

（7）经分析检测具备进入条件，并已办理进入受限空间作业证。

7.1.6.2 应遵守的规定

（1）进入塔器的人员不得携带与填充工作无关的物件。

（2）进入塔器的人员应按规定着装并佩带防护用具，指派专人监护。

（3）不合格的内件和混有杂物的填料不得安装。

（4）安装塔板时，安装人员应站在梁上。

（5）分布器、塔板及其附件等安装和填料的排列皆应按设计文件的规定严格执行，由专业技术人员复核并记录存档。

（6）塔、器封闭前，应将随身携带的工具、多余物件全部清理干净，封闭后应进行置换和泄漏性试验。

7.1.7 催化剂、分子筛等的充填

7.1.7.1 催化剂、分子筛充填条件

（1）催化剂的品种、规格、数量符合设计要求，且保管状态良好。

（2）反应器及有关系统压力试验合格。

（3）具有耐热衬里的反应器经烘炉合格。

（4）反应器内部清洁、干燥。

（5）充填用具及各项设施皆已齐备。

（6）经分析检测具备进入条件，并已办理进入受限空间作业证。

7.1.7.2 应遵守的规定

（1）进入反应器的人员不得携带与充填工作无关的物件。

（2）充填催化剂时，必须指定专人监护。

（3）充填人员必须按规定着装、佩带防护面具。

（4）不合格的催化剂（粉碎、破碎等）不得装入器内。

（5）充填时，催化剂的自由落度不得超过0.5m。

（6）充填人员不得直接站在催化剂上。

（7）充填工作应严格按照充填方案的规定进行。

（8）应对并联的反应器检查压力降，确保气流分布均匀。

（9）对于预还原催化剂在充填后以惰性气体进行保护，并派专人监测催化剂的温度变化。

（10）反应器复位后应进行泄漏性试验。

7.1.8　热交换器的再检查

在投运前还应对热交换器进行再检查。

（1）热交换器运抵现场必须重新进行泄漏性试验，当有规定时还应进行抽芯检查。

（2）试验用水或化学药品应满足试验需要。

（3）试验时应在管间（壳程）注水、充压、重点检查涨口或焊回处，控制在正常范围内。

（4）如管内发现泄漏，应进行抽芯检查。

（5）如按规定需以氨或其他介质进行检查时，应按特殊规定执行。

（6）检查后，应排净积水并以空气吹干。

7.2　精馏操作通用规范

7.2.1　精馏塔的开车

开车（投运）是生产中十分重要的环节，目标是缩短开车（投运）时间，节省费用，避免可能发生的事故，尽快取得合格产品。

开车（投运）的一般程序包括：

（1）制定出合理的开车（投运）程序、时间表和必需的预防措施；准备好必要的原材料和水电气供应，配备好人员编制，并完成相应的培训工作等；

（2）此时，塔的结构必须符合设计要求，塔中整洁，无固体杂物，无堵塞，并清除一切不应存在的物质，例如塔中含氧量和水分含量必须符合规定；机泵和仪表调试正常；安全措施已调整好；

（3）对塔进行加压和减压，达到正常操作压力；

（4）对塔进行加热和冷却，使其接近操作温度；

（5）向塔中加入原料；

（6）开启塔顶冷凝器、再沸器、各种加热器的热源以及各种冷却器的冷源；

（7）对塔的操作条件和参数逐步调整，使塔的负荷，产品质量逐步又尽快地达到正常操作值，转入正常操作。

由于各精馏塔处理的物系性质，操作条件和整个生产装置中所起的作用等千差万别，具体的操作程序很可能有差异。重要的是必须重视具体塔的特点，审慎地确定开车（投运）程序。

塔正常操作时，气体穿过塔板上的孔道上升，液体则错流经过板面，越过溢流堰进入降液管到下一层塔板。在刚开车（投运）时，蒸汽则倾向于通过降液管和塔板上的蒸汽孔道上升，液体趋向于经塔上孔道泄漏，而不是横流过塔板进入降液管。只有当气液两相流体适当在降液管中建立起液封时，才逐渐变成正常流动状态。

7.2.2 精馏塔的停车

停车也是生产中十分重要的环节，当装置运转一定周期后，设备和仪表会发生各种各样的问题，继续维持生产在安全受控、操作稳定性和产品质量等方面可能已受到影响，还蕴含着发生意外的潜在危险，就须停车进行检修，要实现装置完全停车，尽快转入检修阶段，必须做好停车准备工作，制定合理的停车程序，预防各种可能出现的问题。

停车的一般程序包括：

（1）指定一个降负荷计划，逐步降低塔的负荷，相应地减少加热器和冷却剂用量，直至完全停止。如果塔中有直接蒸汽，为避免塔板漏液，尽可能多出些合格产品，降量时可适当增加些直接蒸汽的量。

（2）停止加料。

（3）排放塔中存液。

（4）实施塔的降压或升压，降温或升温。

（5）用惰性气清扫或冲洗等，使塔接近常温或常压，准备打开入孔通大气，为检修做好准备。

具体需做哪些准备工作，必须由塔的具体情况而定，因地制宜。

7.2.3 精馏塔全回流操作

全回流操作在精馏塔开车（投运）中常被采用，在塔短期停料时，往往也用全回流操作来保持塔的良好操作状况，全回流操作还是脱除塔中水分的一种方法。全回流开车（投运）一般既简单又有效，因为塔不受上游设备操作干扰，有比较充裕的时间对塔的操作进行调整，全回流条件下塔内部容易建立起浓度分布，达到产品组成的规定值，并能节省料液用量和减少不合格产品量。全回流操作时可用料液，也可用塔合格的或不合格的产品，这样塔内部建立的状况与正常操作时的情况较接近，一旦正式加料运转，容易调整得到合格产品。

全回流操作不太适合下面两种状况：

（1）物料在较长时期内全回流操作中，在塔釜较高温度区内可能发生不希望的反应；

（2）物料中含有微量危险物质，它们在正常操作中不会引出麻烦，但在长期全回流操作中这些有害物质随时间的延长可在塔中逐渐达到很高的浓度，又偶遇馏出物管线的阀门渗漏时，易发生事故。

8 天然气加工流程介绍

在燃料质量指标中有一个燃料发热量，它分为高位发热量和低位发热量。

高位发热量是指 1kg 燃料完全燃烧时放出的全部热量，包括烟气中水蒸气已凝结成水所放出的汽化潜热。

从燃料的高位发热量中扣除烟气中水蒸气的汽化潜热时，称燃料的低位发热量。显然，高位发热量在数值上大于低位发热量，差值为水蒸气的汽化潜热。

以天然气为例，其高位发热量约为 $9500kcal/m^3$，低位发热量约为 $8600kcal/m^3$，相差约 $900kcal/m^3$，占低位发热量的约 11%（1kcal = 4186.75J）。

《天然气》（GB 17820—2012）中对产品的质量标准为高位发热量一类不小于 $36.0MJ/m^3$。

如前所述，天然气分为湿气和干气两种，湿气是没有经过处理加工的天然气，原料中含有丰富的轻烃，该天然气的发热量很高，明显超过国家标准，不适合直接当作燃料使用，而且对企业的经济效益也不利。所以必须对湿气进行轻烃回收，使企业的利益最大化，也使天然气的质量指标符合国家标准。

后续章节将对湿气进行轻烃回收的工艺流程做介绍。

8.1 基本情况

以某企业的生产工艺作为介绍对象介绍天然气的加工流程。

8.1.1 原料天然气

进气压力：设计压力 4500kPa。

组分有：H_2O、CO_2、N_2、C_1、C_2、C_3、iC_4、nC_4、C_5、C_6、C_7、C_8、…。

湿气热值：高位值，大于 $41868kJ/m^3$（$10000kcal/m^3$）；

低位值，$38519kJ/m^3$（$9200kcal/m^3$）。

8.1.2 产品

产品种类：干气、丙烷、丁烷、液化气（通过改变工艺流程灵活调整产品的品种）、戊烷、稳定轻烃。

产品规格（部分）：

(1) 干气热值：设计值，$37.69×10^6J/m^3$ 左右。

生产值，高位值：38100kJ/m^3（9100kcal/m^3）左右；

低位值：34332kJ/m^3（8200kcal/m^3）左右。

（2）稳定轻烃（GB 9053—2013）：

1 号轻烃饱和蒸气压：74～200kPa；

90%蒸发温度：不高于 135℃；

终馏点：不高于 190℃。

8.1.3　工艺流程简图

原料天然气进入捕集器经过短暂的停留后，分两股物料进入工艺流程。液相部分进稳定单元简单去除轻组分，与气相的液相部分混合进入后续精馏流程，生产出各单组分产品。气相部分经脱水后通过膨胀制冷分离出甲烷和乙烷，如图 8-1 所示。

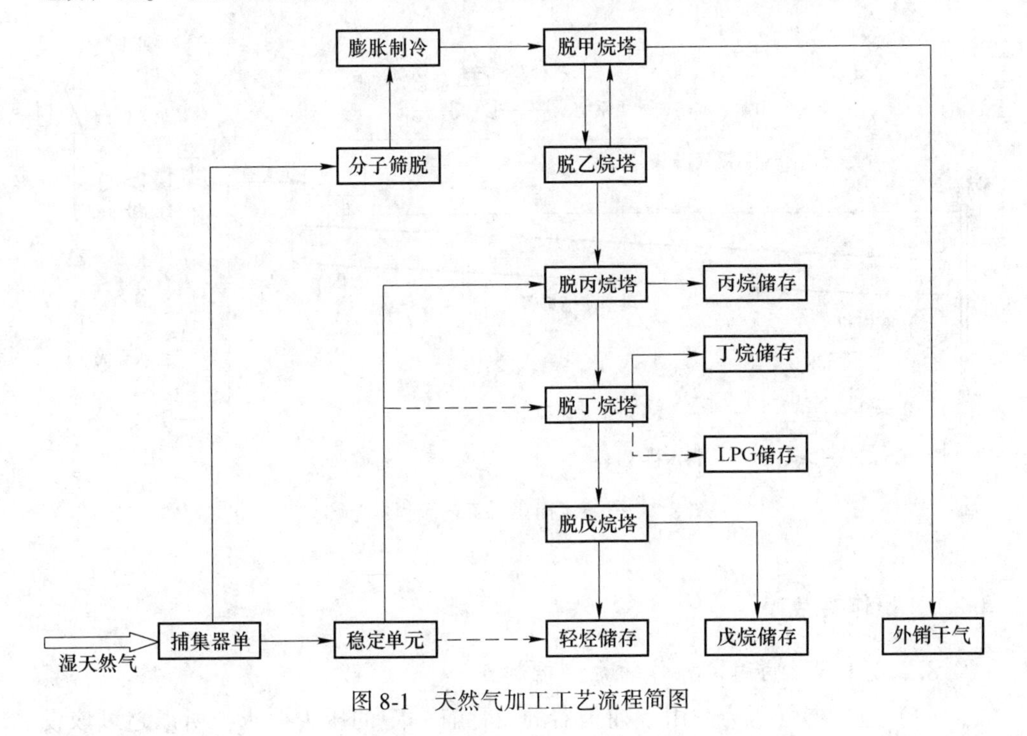

图 8-1　天然气加工工艺流程简图

8.2　收球筒和段塞流捕集区

8.2.1　捕集器的作用

厂外来的湿气首先进入段塞捕集器进行短暂的气液分离及微量水的沉淀，同时捕集器还储存由通球清管过程中所驱赶过来的大量烃液及杂质，所以捕集器是一个三相的分离器及排污罐。气相自捕集器顶部引出，经原料气过滤器过滤后去分子筛脱水单元，捕集器底部液相进入凝液稳定塔处理。为了方便液体和微量水自然沉降，捕集器设计为倾斜安装。

8.2.2 工艺流程

待加工的天然气经总紧急关断阀和总压力调节阀（通球时走旁路）进入段塞流捕集器内（参见图8-2），在捕集器内部进行天然气、轻烃、水的三相初步分离。天然气从捕集器顶部引出进入主工艺流程。其中有一小股作为工厂的燃料气去燃料气储存罐，它是燃料系统中燃料来源之一。

轻烃（也称为凝液）自捕集器底部引出，进入凝液稳定塔，脱除轻组分、降低饱和蒸气压。

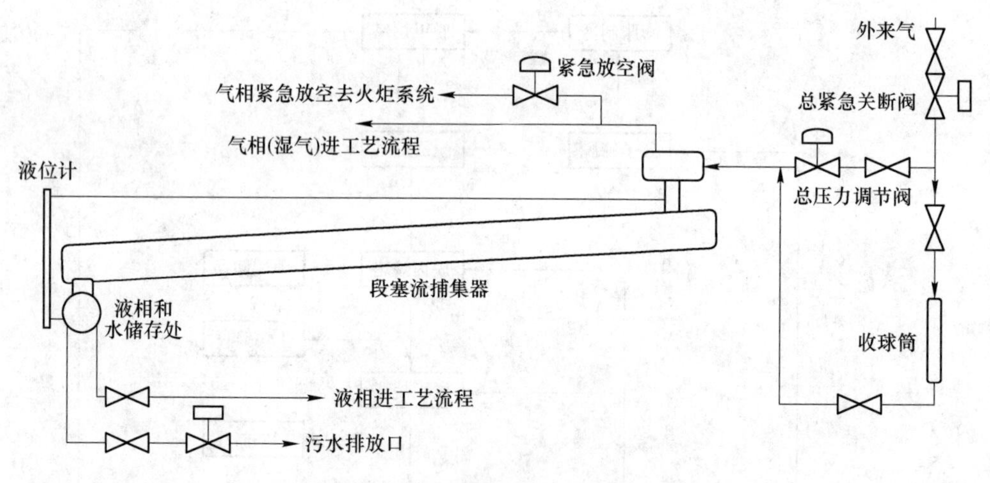

图8-2 段塞流捕集器工艺流程示意图

8.2.3 操作要点

8.2.3.1 影响稳定操作的主要控制点

(1) 进厂湿气压力。由于捕集器的设计有一定的压力要求，所以超过该设计压力值将有引起工艺管线、设备超压爆裂危险，故需限定进厂的湿气压力。

当进气压力超过设定值时，进气的紧急开关阀会自动关断，通过压力控制阀调节进入捕集器的湿气压力，使之不超过其某个工艺值。当捕集器顶部天然气出口压力大于安全保护压力时，放空压力控制阀自动开启，放空至火炬，当捕集器出口气压力达到超过安全阀起跳压力时安全阀起跳，放空至火炬。

(2) 捕集器内的天然气-轻烃界面。捕集器内的气-烃界面由液位变送器及轻烃排出管线上的流量控制阀自动控制，从而控制捕集器内的气-烃界面高度。

(3) 捕集器内的轻烃-水界面。捕集器内的烃-水界面由液位变送器及排水管线上的液位控制阀，控制阀门的开启度，从而控制捕集器的烃-水界面高度。

8.2.3.2 主要设备操作

(1) 段塞流捕集器操作参数：$p=4500\mathrm{kPa}$；$T=15℃$。

(2) 段塞流捕集器设计参数：$p=6895\mathrm{kPa}$；$T=-10\sim38℃$。

8.2.4 自动检测及控制

自动检测及控制包括：

(1) 进气压力低低报警：进气管线安装一个压力检测开关，由 DCS 系统检测并显示，检测压力降到低低报警设定值时在 DCS 系统上显示报警。

(2) 进气压力检测：来气管线安装一台压力变送器，用于管线压力检测，DCS 系统检测并显示该压力值，并设高低压超限报警。

(3) 进气紧急切断控制：来气管线入口设一紧急切断阀，正常操作状况下，阀处于开启状态，当管线压力超过规定时，压力开关与紧急关断系统联动关闭该阀，切断来气，保护系统设备避免事故。

(4) 温度检测：段塞流捕集器入口设一台温度变送器，用于检测外来气温度，并设高低温超限报警。

(5) 放空压力控制：气相出口至火炬管线设一个压力调节阀，用于压力放空调节。

(6) 压力超高报警检测：气相出口设一个压力开关，当气出口压力高于规定值时，DCS 系统报警显示，并联锁生产装置关断。

(7) 烃-水界面低低的报警：段塞流捕集器底部储水段设一个低水液位开关，用于水液位低低报警、检测，当水液位低至该开关位置时，开关闭合，信号送至 DCS 系统报警，同时紧急关断阀切断水流出。

(8) 烃-水界面高高的报警：段塞流捕集器储水段设一个高水液位开关，用于水液位高高报警、检测，当水液位上升至该液位开关时，开关闭合，报警信号送至 DCS 系统进行报警，同时关闭液相去稳定塔的紧急关断阀，切断冷凝液排出。

(9) 烃-气液面高高的报警：段塞流捕集器设一个烃-气界面高高检测开关，用于烃-气界面高高报警。当烃-气界面高于规定值时，该开关闭合，产生一个高高报警信号送至 DCS 系统报警，同时关闭紧急切断阀防止轻烃进入气相流程。

8.2.5 操作注意点

操作过程应注意如下要点：

(1) 经常检查捕集器水、烃液位计，保证显示正常。

(2) 在通过调节阀排放水时，应避免将烃或天然气排出，以免不测。

(3) 平时捕集器的水、烃液位应控制在合理位置。

(4) 捕集器压力应尽量与后续工艺流程压力接近，两者压力偏差不要太大。

(5) 捕集器检修完后的进气，应通过总紧急关断阀的旁路平衡阀来进行，注意控制升压速率。

(6) 在清管时，应提前关闭调节阀的前截断阀及其旁路阀，打开收球筒进出口阀。

(7) 多注意水、烃液位变化，针对不同情况及时采取措施。

(8) 冬季应注意水排放管线防冻工作。

8.3 凝液稳定系统

8.3.1 稳定系统作用

稳定系统的工艺目的是将段塞流捕集器分离出的轻烃和气相流程中的液滴过滤分离器所排出的轻烃进行稳定，脱除所含的较轻组分，降低物料的饱和蒸气压，为后续轻烃分馏系统提供原料或直接送到低压罐储存。

8.3.2 工艺流程

由捕集器来的凝液经换热器预热，通过流量控制阀与过滤分离器来的轻烃混合后再加热，进入凝液稳定塔顶部，在塔内脱除轻组分及水分，如图 8-3 所示。

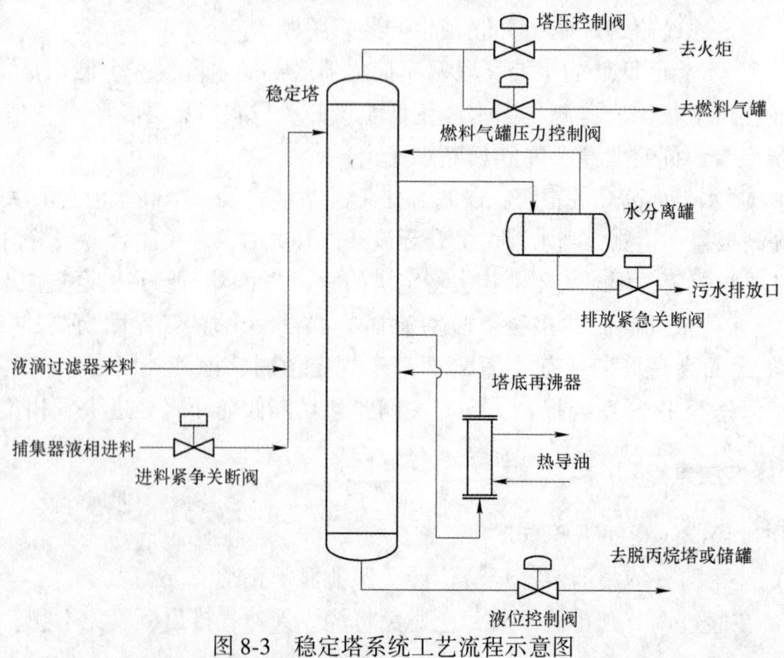

图 8-3 稳定塔系统工艺流程示意图

塔顶气体，经压力控制阀控制到燃料系统所需压力后，作为燃料气，输往燃料气分离罐。当塔处理量较多，燃料气有富余时，多余的塔顶气体经调节阀排入火炬系统。

塔底轻烃经液位控制阀后，输往脱丙烷塔或脱丁烷塔。也可以冷却后直接进入储运区的稳定轻烃储罐，此时应保证去储运区的轻烃压力低于储罐上安全阀的跳起压力。

塔设有侧线放水，即由塔中间将液流引出至烃-水分离器，在分离器进行沉降分离，顶部轻烃返回塔内，底部污水经液位控制阀排至污水处理系统。

塔底再沸器所用加热介质为热导油，通过塔底温度控制阀来控制热导油流量。

8.3.3 操作要点

8.3.3.1 影响稳定操作的主要控制点

（1）塔顶压力。塔顶气体出口压力有一设计值，塔顶压力由燃料气罐的压力控制阀控制，此阀为主控阀。塔顶气作为生产用燃料气，如塔顶气作为燃料气有富余，则塔顶气有另外一个塔压控制阀送去火炬，此阀为副控制阀。

塔顶压力的高低，直接影响塔顶气相中 C_2、C_3 的含量，压力越低，重组分越多，塔底轻烃蒸气压越低，轻烃越稳定，但塔顶气相所带走的重组分越多，轻烃收率则降低。反之，压力越高，重组分含量越低，塔底轻烃蒸气压越高，轻烃稳定性降低，但塔顶气相所带走的重组分越少，轻烃收率则提高。

（2）塔底温度及再沸器。塔底温度由控制再沸器的热导油流量来控制。

（3）塔底液位。塔底液位由液位控制阀来控制。

（4）进料预加热后的温度。预加热器的作用是防止当高压液体，经调节阀节流后的气体形成水化物，同时也为塔的进料升温。

8.3.3.2 主要设备操作

A 工艺设备操作参数

设备名称：凝液稳定塔（提馏塔）。

（1）塔顶操作参数：$p=1800\text{kPa}$；$T=60℃$。

（2）设计参数：$p=2758\text{kPa}$；$T=-28\sim177℃$。

（3）塔底操作参数：$p=2000\text{kPa}$；$T=122℃$。

B PV-140 塔底液位控制值

液位高高报警。

8.3.4 自动检测及控制

自动检测及控制包括：

（1）稳定塔气相出口温度。稳定塔气相出口安装了一个热电偶测温元件，用于燃料气温度检测。

（2）稳定塔气相出口压力。压力变送器安装在稳定塔气相出口，用于检测分离后去燃气系统的燃气压力，该压力检测值控制压力放空阀，此压力放空阀安装在稳定塔气相出口至放空火炬气管线上。由气相出口压力测量值决定是否打开该阀。

另一路作为燃料气的控制阀由稳定塔气相出口压力和燃料气分离罐气出口压力两个参数进行串级调节。该控制阀设计为故障自动关闭。

（3）液位高高的报警开关

液位开关安装在稳定塔液位最高限定处。当塔内液位达到液位浮球位置时，浮球浮起，液位开关闭合。闭合信号送至DCS系统进行液位高高报警，同时紧急关断阀连锁控制稳定塔液相出口调节阀关闭，连锁控制凝液加热器进液切断阀关闭，限制进料。

（4）稳定塔液位检测。稳定塔设置一台液位变送器，用于对塔内凝液液位进行监测。同时该液位信号用于调节液相出口调节阀的开度，设有液位低低报警点。

（5）液相出口温度检测。稳定后的轻烃如果直接作为产品送烃液储罐，则液相产品要求控制在40℃以下。

8.3.5 操作注意点

操作过程应注意如下要点：

（1）经常检查塔和分离罐的液位，保证显示正确。

（2）当分离罐排放水时，应避免将烃或天然气排出，以防不测。

（3）冬季注意水排放管线防冻工作。

（4）当稳定塔凝液进储罐操作时，应注意塔底流出物烃蒸气压，控制好相关操作参数。

（5）当稳定塔凝液进脱丁烷塔操作时，应注意塔顶馏出物烃组分不偏重，控制好相关操作参数。

（6）稳定塔进料流量控制阀，平时操作时应尽量手动控制。

（7）操作上应避免液位控制阀开关幅度波动过大、过频。

（8）稳定塔凝液进脱丁烷塔时，应及时停运空冷器及换热器，改走其他旁路。

（9）巡检时应多注意水分离罐的压差指示值。

（10）操作上应避免稳定塔塔底凝液同时向多单元进料。

8.4 过滤分离及分子筛脱水

8.4.1 分子筛系统的作用

分子筛系统实际上由一主流程和一副流程组成，主流程中又有3个不同功能的设备组合而成。3个不同功能的设备分别是：分子筛脱水塔和之前的液滴过滤器和之后的粉尘过滤器，主流程的作用是将捕集器顶部进工艺流程的天然气中夹带任何液滴从气体中分离，使粒径大于10μm以上的液滴及固体颗粒全部除去，以保证分子筛床层不被污染，天然气经分子筛脱水后，露点可以降到-90℃左右，粉尘过滤器就是阻挡可能从分子筛床层带出来的固体颗粒不被带入后续流程。

副流程就是为分子筛再生脱水服务。再生气取自干气，再生完毕后返回干气。

8.4.2 工艺流程

来自段塞流捕集器顶部气相出口的天然气通过进入主流程的压力调节阀控制压力后，进入原料气过滤分离器过滤掉10μm以上的液滴及固体颗粒，再进入分子筛干燥塔脱水至水露点-80℃以下，以保证天然气在后续的冷冻单元操作中不冻堵、不产生水化物。再经粉尘过滤器进一步过滤后，输往深冷分离单元。

两个分子筛干燥塔交替运行，一个处于吸附运行时，另一个便处于再生或备用状态，整个运行周期为96h，分6个步骤循环进行，即吸附→泄压→加热再生→冷却→升压→备用→吸附，单塔运行一个周期48h。

已吸附水汽而饱和的分子筛床层，须用热的天然气（再生气）进行加热，以便将水汽带走。再生气引自外输干气，经再生气压缩机压缩后，通过换热器与高温热导油换热至274℃以上，进入分子筛干燥塔再生，由于分子筛再生后的再生气含有大量水汽，所以，需经空冷器冷却、进入分离器气体与冷凝水分离，再生气再返回外输干气系统，冷凝水进入污水系统。

分子筛再生后，须用常温天然气进行冷却，未经加热的再生气，经再生压缩机压缩及空冷器冷却后，直接进入分子筛床层，将床层热量带走，返回外输干气系统之前，再经过空冷器冷却及分离器分掉冷凝水。

8.4.2.1 液滴过滤器

来自捕集器顶部的天然气，经紧急切断阀和压力控制阀压力控制后，进入液滴过滤分离器（一备一用），在内经重力分离、捕雾、过滤，除去10μm以上的液滴及固体颗粒后，去分子筛干燥塔。在天然气主管线上引出一小部分经换热器加热，作为分子筛干燥塔再生结束后的充压气。

过滤分离器底部设有轻烃储液器，经液位控制阀液体引至稳定塔与捕集器来的液相混合进行稳定处理。

8.4.2.2 分子筛

分子筛脱水塔的操作分为分子筛吸附脱水、分子筛再生两部分，两个塔始终保持一个处于吸附状态，一个处于再生备用状态。

A 吸附（脱水工序）

过滤后的天然气经程控阀 KV1A 从顶部进入分子筛干燥 1 塔（一用一备），经干燥 1 塔内部的分子筛床层吸附掉水汽后，从底部经程控阀 KV1C 离开干燥塔，进入粉尘过滤器，将 1μm 以上的粉尘过滤掉后去冷冻系统。

在分子筛脱水前后设有水分分析仪分别实时检测天然气的含水量。

当分子筛干燥 1 塔吸附天然气操作达 48h 后，便停止吸附，进入再生操作阶段，同时切换到干燥 2 塔进入吸附状态。

B 泄压

打开程控阀 KV1F，使干燥 1 塔泄压至较低压力时，再进行再生工序。

C 再生

再生过程对分子筛床层而言，分为床层降压、床层加热脱水、床层冷却、床层充压备用这几道工序。对再生气而言，分为再生气加压、再生气加热、再生气对床层热吹扫后再冷却、分离这几道工序。

再生气压缩机（一备一用）把外输干气加压至再生压力，经程控阀 KV7B 进入再生气加热器，被加热至 274℃，从分子筛干燥 1 塔底部的控制阀 KV1D 进入分子筛床层，为床层加热，脱除已吸附的水分，该再生气夹带着分子筛床层所脱除的水分，经干燥 1 塔顶部的控制阀 KV1B 离开分子筛干燥塔，去再生气冷却器被冷凝，再进入再生气分离罐，分离掉水分后气体返回到外输管线。

再生完成后，转入分子筛冷却工序，此时，再生气加热器主路阀门 KV7B 关闭，同时打开加热器的旁通程控阀 KV7C，冷却用气进空冷器冷却，通过程控阀 KV7C 后沿用加热气的管线，即经程控阀 KV1D 自干燥 1 塔底部进入，将分子筛床层冷却后，经程控阀 KV1B 自干燥 1 塔顶部引出，通过再生气空冷器冷却，进入再生气分离罐缓冲，分离后气相外输。

D 升压备用

表 8-1 为两个分子筛塔在 96h 内的工作状态。

表 8-1 两个分子筛塔 96h 工作状态

步序	时钟	干燥 2 塔状态	干燥 1 塔状态	耗时
1~2	0~5min	吸附开始	吸附结束	5h
2~4	5min~35min	吸附	泄压	30min

续表 8-1

步序	时钟	干燥 2 塔状态	干燥 1 塔状态	耗时
4~7	35min~4.5h	吸附	热吹准备	3h
7~8	4.5h~10.5h	吸附	热　吹	6h
8~10	10.5h~16.5h	吸附	冷吹	6h
10~11	16.5h~47h	吸附	低压备用	29.5h
11~14	47h~47.5h	吸附	充压	0.5h
14~15	47.5h~48h	吸附结束	高压备用	0.5h

最后一道工序是为分子筛充压，打开程控阀 KV1E，将过滤分离器的出口天然气引出一小股进入分子筛干燥 1 塔为此塔升压至操作压力，进入备用状态。

分子筛、液滴过滤器以及再生过程的工艺流程如图 8-4~图 8-6 所示。

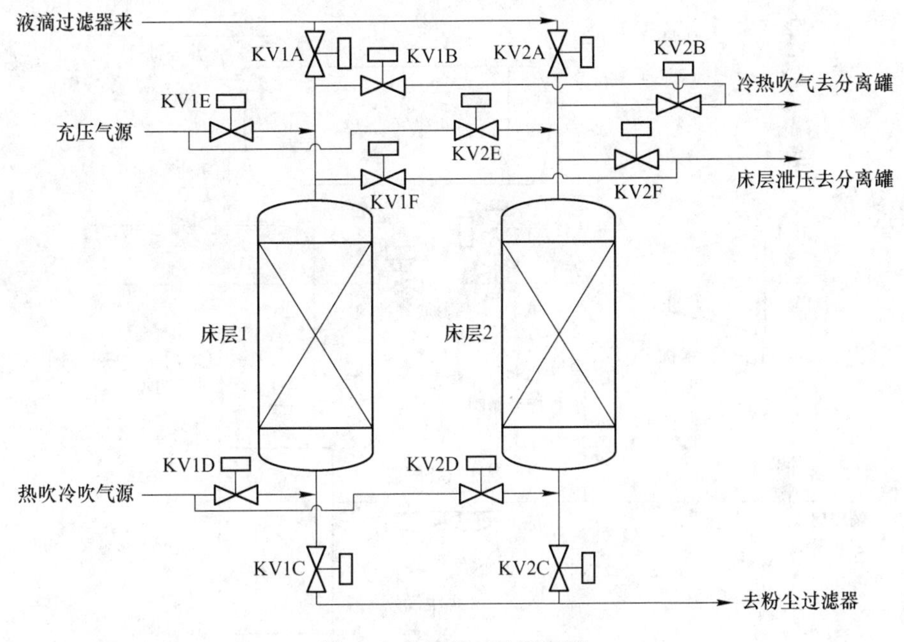

图 8-4　分子筛工艺流程图

8.4.3　液滴过滤器操作要点

8.4.3.1　影响稳定操作的主要控制点

A　进液滴过滤器天然气压力

液滴过滤器进气压力有一预设值，此值由压力控制阀根据压力变送器所测的压力信号进行自动控制。在实际控制时，进气压力依据生产需要而定。

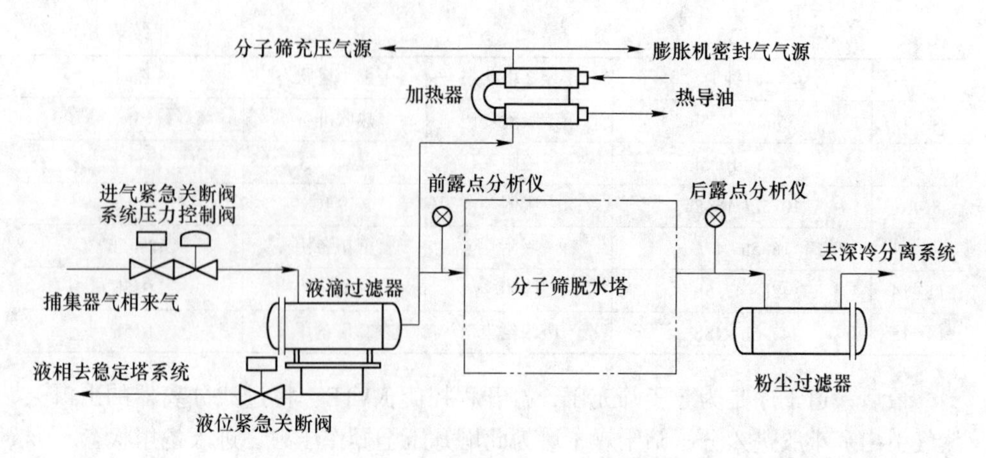

图 8-5　前后过滤器的工艺流程图

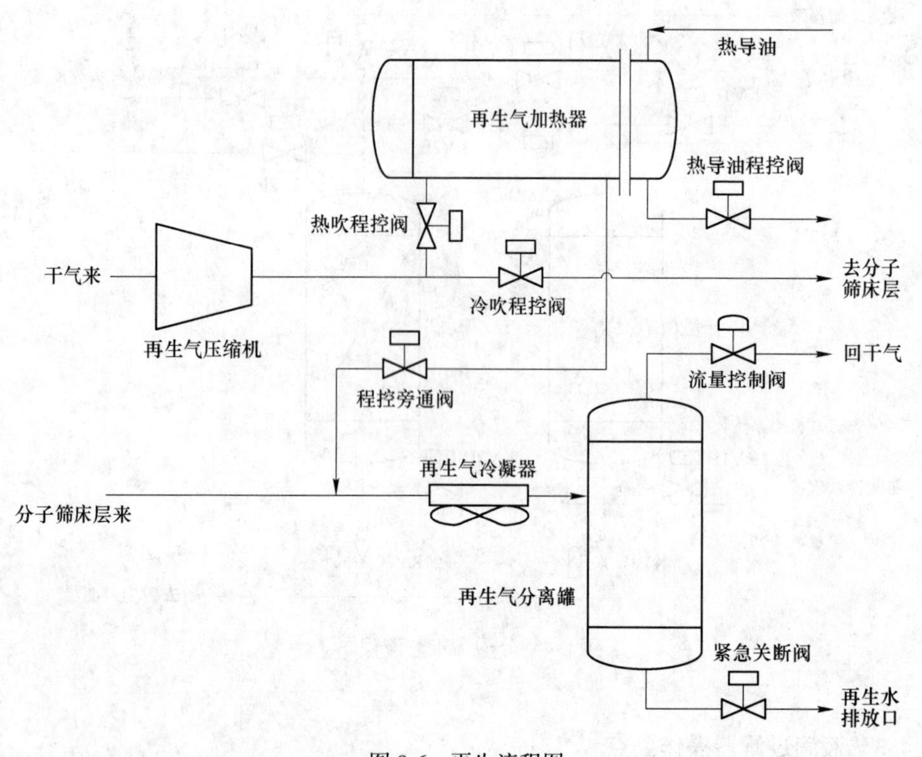

图 8-6　再生流程图

液滴过滤器各自安装一安全阀，当过滤分离器压力超过设定值时，安全阀泄压至火炬。

在对液滴过滤器引压时，应通过液滴过滤器进口管线的旁通管线来进行，升压速率控制在300kPa/min，升压完成后，开启进口阀。

B 液滴过滤器液位

液位由设在出口管线上的液位控制阀控制，同时又设高液位报警。

8.4.3.2 主要设备操作

A 主要设备及操作参数

设备名称：液滴过滤分离器。

（1）操作参数：p=4500kPa；T=15℃。

（2）设计参数：p=6895kPa；T=-10~66℃。

B 液滴过滤分离器内部构件

液滴过滤分离器由3部分组成，即动沉降段、10μm栅型捕雾器和0.3μm过滤元件（滤芯）。底部动沉降段可容纳1桶（0.163m^3）的液体，分成两个完全隔离的储液空间。过滤元件是外套玻璃纤维的过滤管，在过滤管的内衬管上开有很多气孔，所用玻璃纤维经过特殊处理。当气体由表及里通过过滤元件时，其中含有的固、液杂质大部分被拦截在过滤元件表面，形成较大的液滴，跌落到储液罐的前段。进入栅型捕雾器中的天然气所含的液滴被捕集跌落到储液罐的后段。

对一个清洁的过滤分离器来讲，内部过滤元件的差压一般为6.855~13.710kPa（1~2lb/in^2），当差压超过68.550kPa（10lb/in^2）时，说明有过量的固体颗粒存在。此时，需对过滤分离器进行内部清洗及更换过滤元件。故设计两台过滤器一用一备。

过滤器分离器的液位由液位控制阀控制，液体可排至凝液稳定塔，也可直接排至轻烃排放系统。

8.4.3.3 自动检测及控制

A 粉尘过滤分离器入口紧急关断阀

紧急关断阀安装在两台粉尘过滤分离器的进料入口汇管上。正常工作状态下，该紧急关断阀处于开启状态。当下列情况之一发生时，该阀被切断，禁止来料进入分离器。

（1）两台过滤分离器任意一台液位超高时，紧急关断阀关闭，禁止进料。

（2）粉尘过滤器出口干气的露点检测值超高高限定值时，紧急关断阀关闭，禁止进料。

（3）分离器液相出口汇管压力超过规定压力时，紧急关断阀关闭，禁止进料。

（4）冷箱干气入口过滤器差压值超过100kPa，紧急关断阀关闭，禁止进料。

B 天然气进工艺流程压力调节阀

压力调节阀安装在过滤分离器进口管线上，用于调节和控制天然气进口工艺流程压力。

C 高液位报警连锁开关

两台过滤分离器容器上各安装一台液位开关。当过滤分离器液位高至液位开关位置时，开关闭合，DCS 系统检测到液位高信号，在控制台显示报警，同时连锁关闭过滤器入口紧急关断阀，关断过滤器进气。

D 液相出口汇管压力高高的报警开关

压力开关安装在两台过滤分离器液相出口汇管上。当压力超过高报警点设置值时，通过分子筛 PLC 送至 DCS 系统报警。当出口压力超高、压力开关闭合时，DCS 系统与分子筛 PLC 连锁对下列控制点进行控制：

(1) 关闭过滤分离器进料入口紧急关断阀；

(2) 关闭 2 台过滤分离器的液相出口控制阀；

(3) 系统对分子筛控制盘发停车控制指令，由分子筛控制盘控制停车；

(4) 关闭膨胀机入口的 2 个紧急关断阀；

(5) 系统对膨胀/压缩机控制盘发停车控制指令，由膨胀/压缩机控制盘控制膨胀压缩机停车；

(6) 关闭膨胀压缩机入口紧急关断阀；

(7) 系统对两台丙烷制冷压缩机的控制盘发出停车控制指令，由两台压缩机的控制盘分别控制 2 台压缩机停车。

8.4.3.4 过滤分离单元操作注意点

过滤分离单元操作注意点包括：

(1) 注意控制好压力调节阀控制天然气进工艺流程压力；

(2) 注意膨胀机密封气温度，尤其在冬季根据实际情况适当调高其温度；

(3) 现场巡检时注意过滤分离器差压，当差压超过 $10lb/in^2$ 时，应予以更换，并注意经常检查差压表工作是否正常；

(4) 在稳定系统停运时，应继续保持液滴过滤器到稳定塔排液通畅。

8.4.4 分子筛操作要点

8.4.4.1 影响稳定操作的主要控制点

由于分子筛脱水过程是一个非受控状态的工艺过程，主要关注点是分子筛干燥塔的吸附、降压、再生、冷却、加压待用循环过程的程序正常；再生气的加压、加热、脱水、冷却、分离循环过程的程序正常；监视粉尘过滤器的压差；分子筛升压压差，降压压差；分筛脱水前后的含水分析仪；再生气分离器的液位及再生气经加热后的温度。

8.4.4.2 主要设备操作参数

A 主要设备操作参数

设 备	操作条件	设计条件
分子筛干燥塔	p=2100kPa/4500kPa T=15℃/274℃	p=6895kPa T=-10~316℃
粉尘过滤器	p=4500kPa T=15℃	p=6895kPa（G） T=-10~66℃
再生气加热器 （管程：热导油）	p=345kPa T=316℃	p=1379kPa T=-10~343℃
再生气加热器 （壳程：天然气）	p=2245kPa T=45~274℃	p=3792kPa T=-10~316℃
再生气压缩机（离心式）	进口：p_1=2100kPa T_1=33℃	进口：p_1=2100kPa T_1=33℃
	出口：p_2=2280kPa T_2=45℃	出口：p_2=2280kPa T_2=45℃
再生气分离罐	p=2345kPa T=49℃	p=3792kPa T=-10~121℃

B 分子筛干燥塔操作

（1）分子筛干燥塔筒体内有分子筛吸附床层，床层由不锈钢丝网所支撑，床层自上而下，由下列组成：

1）ϕ12.7mm 瓷球；

2）可拆卸的不锈钢丝网；

3）4Å 分子筛；

4）ϕ3.175mm 瓷球；

5）ϕ6.350mm 瓷球；

6）Johnson V 形线屏。

（2）水汽进入分子筛表面被吸附，分子筛是一种晶状硅酸铝，其分子结构中含有许多水分子般大小的孔，这些孔在正常操作条件下，对吸附和捕集水汽有较强的亲和选择性（吸附），在204.5℃的高温下，吸附效力消失，水分子释放（解吸），这是一个物理可逆反应，而不是一个化学不可逆反应，所以分子筛可被循环重复使用，直到失效。每一个脱水循环控制如下：

1）吸附天然气48h，此时KV1A/C开，其余阀关闭。

2）加热解吸 3. 2h，此时 KV1B/D 开，其余阀关闭。

3）冷却 2. 2h，此时 KV1B/D 开，其余阀关闭。

4）加压后备用 42. 6h，此时 KVlE 开，其余阀关闭。

5）泄压瞬间，此时 KVF 开，其余阀关闭。

分子筛吸附是在常温高压下进行的，而再生是在高温低压下解吸，所以是一个变压吸附、再生的过程。

在分子筛干燥塔入口和出口处分别安装含水露点分析仪以监控天然气的水露点，并可发出露点高以及露点高高的报警。报警值如下：

1）分子筛入口天然气含水露点高高报警；

2）分子筛出口天然气含水露点高报警；

3）分子筛出口天然气含水要求高高报警。

天然气经过分子筛干燥塔的压力降由差压变送器将压差信号传至控制室 DCS 显示。

分子筛床层设温度变送器，以随时监测分子筛床层温度，并设有高温度报警值。

干燥塔设压力超高保护的安全阀，超压时将天然气放空至火炬。

C　粉尘过滤器内部构件

每一个粉尘过滤器壳体内安装 11 个玻璃纤维过滤柱。过滤柱直径 89mm，长 1829mm，可过滤 1μm 以上的颗粒。

新过滤柱安装后，过滤器压降 14kPa，当压降升至 69kPa 时，过滤器前后的差压变送器报警（差压超高报警），此时备用的粉尘过滤器开启投运，原过滤器需进行清洗，更换新过滤柱。过滤柱的最大可承受压差为 104kPa。正常操作压差为 14~69kPa 之间。

D　分子筛再生操作

当分子筛干燥塔吸附过程的时间达 48h 后，便停止吸附，进入再生操作，同时，另一分子筛干燥塔进入吸附过程。

再生过程对分子筛床层而言，分为床层降压、床层加热脱水、床层冷却、床层加压备用几道工序。对再生气而言，则分为再生气加压、再生气加热、再生气经过床层吸水后再冷却、分离几道工序。

压缩机把再生用气加压至设计再生操作要求，同时升温，经程控阀 KV7B 进入再生气加热器，被加热至 274℃，从分子筛干燥塔底部经程控阀 KV1D 进入分子筛床层，为床层加热，脱除已吸附的水分，该再生气夹带着分子筛床层所脱除的水分，经塔顶部的程控阀 KV1B 离开分子筛干燥塔，去再生气冷却器，被冷至 49℃后，进入再生气分离罐，分离掉游离水后外输。

当分子筛床层被再生气加热时间达 3. 2h 时，分子筛床层加热脱水工序完成，转入冷却工序。此时，再生气加热器的进气开关阀KV7B关闭，同时打开加热器的旁通阀KV7C，冷却和再生的区别就是再生气一个经加热器加热，一个不加热，工艺流程均相同。

当分子筛床层被冷却时间达2.35h时，塔底部的再生气进气阀KV1D、顶部再生气排气阀KV1B关断，同时打开分子筛干燥塔的再生气旁通阀KV7A，此时，再生气不仅绕过再生气加热器，也绕过分子筛干燥塔外输。

KVB、KVD关断后，同时打开程控阀KVF，将过滤分离器的出口气引出一股进入分子筛干燥塔，为干燥塔充压，并保持作为备用，备用时间约42.3h。

E　再生气加热器

再生气加热器将再生气由45℃升温至274℃。

F　再生气分离罐

再生气分离罐的水液位由液位变送器将液位信号传给DCS，由DCS根据该信号设置液位控制阀的开启度，从而控制液位并设有报警点：

(1) 液位低报警；

(2) 液位高高报警。

8.4.4.3　自动检测及控制

自动检测及控制包括：

(1) 分子筛干燥塔进料湿度。湿度检测仪表安装在分子筛干燥塔进料入口汇管管线上，用于连续检测进入分子筛脱水湿气的露点。设湿度检测超高高报警，检测值送DCS系统。当湿度达到报警限值时，DCS系统连锁分子筛PLC程序。

(2) 分子筛床层温度。分子筛床层温度检测元件安装每个分子筛干燥塔上，用于检测分子筛床层温度，根据温度变化情况可以分析判断出分子筛工作状态，当温度为45℃左右时，分子筛处于脱水工况，当温度为270℃左右时，分子筛处于再生工况。设温度高报警，当高温报警信号产生时DCS系统对分子筛PLC内部连锁控制。

(3) 分子筛床层压差。分子筛干燥塔脱水入口与出口处安装一个压差表，主要用于加压或泄压时压差超高报警指示，差压开关信号由分子筛PLC检测，送DCS系统报警。

(4) 粉尘过滤器出入口压差。粉尘过滤器出入口之间安装一台差压指示开关，用于检测进过滤器的出入口差压，差压超过报警值，说明过滤器堵塞，此时DCS系统连锁分子筛PLC进行故障操作。

(5) 过滤器后气体湿度。过滤器出口安装了一台湿度检测仪，用于连续检测输出的干气露点，数据送DCS系统，设湿度超高和高高报警，当湿度达到高高报警值时 DCS 系统进行下列操作控制：

1）关闭过滤分离器进料紧急关断阀；

2）DCS 系统对分子筛控制盘发停车指令，由分子筛控制盘控制停车；

3）关闭膨胀机入口的 2 个紧急关断阀；

4）DCS 系统对膨胀/压缩机控制盘发停车指令，由膨胀/压缩机控制盘控制膨胀/压缩机停车；

5）关闭压缩机入口紧急关断阀；

6）DCS 系统对 2 台丙烷制冷压缩机的控制盘发停车控制指令，由两台丙烷压缩机的控制盘分别控制 2 台压缩机停车。

（6）再生气压缩机的启/停控制。再生气压缩机的启动/停车控制由分子筛控制盘的 PLC 按程序控制，压缩机可以由 ESD-PLC 做紧急停车控制也可以由 DCS 系统做紧急停车控制。

（7）再生气压缩机润滑油温度高报警。润滑油循环回路上设有一个温度开关，用于对润滑油温度检测，当温度高于设定值后，开关动作，报警信号由分子筛 PLC 检测，并送至 DCS 系统报警。

（8）润滑油压力低报警。润滑油循环回路上设有一个压力开关，用于对润滑油进行压力检测，当润滑油压力低至设定值时，压力开关动作，报警信号由分子筛 PLC 检测，并送至 DCS 系统报警。

（9）再生气流量低低报警开关。压缩机出口至再生气加热器之间安装了一个流量低低检测开关，当再生气流量低至设定值时，流量开关动作，开关信号由分子筛 PLC 检测，并输出报警信号至 DCS 系统报警。

（10）加热器出口温度超高报警开关。温度超高报警开关安装在加热器出口，当再生气出口温度超过设定值时，温度开关动作，报警信号由分子筛 PLC 检测，并送 DCS 系统报警。

（11）空冷器入口温度检测。空冷器入口安装了一个测温仪表，用于检测进入空冷器的再生气温度，并设高低温度报警。

（12）空冷器运行状态检测及控制。空冷器设振动开关，当设备运行时振动幅度通过一定量时，振动开关动作给出振动超限报警，提醒操作人员注意设备运行情况。

（13）再生气分离器液位高高报警。分离器最高液位限定处安装了一个液位开关，当分离器液位高至该点时，浮球浮起，液位开关动作，指示液位已达最高限定处，送至DCS 系统报警。

8.4.4.4 分子筛操作注意点

分子筛操作注意下述 12 点：

（1）分子筛干燥塔的吸附、降压、再生、冷却、加压待用循环过程与分子筛PLC控制时间及各程控阀运行状态；

（2）再生气的加压、加热、脱水、冷却、分离循环过程与分子筛PLC控制时间及程控阀运行状态；

（3）在巡检和DCS操作时应多注意分子筛升压压差及降压压差；

（4）分子筛脱水前后的含水分析仪的显示值；

（5）巡检时应多监视粉尘过滤器的压差；

（6）对分离罐排放水时，应避免将烃或天然气排出，以防不测；

（7）冬季注意再生气分离器水排放管线防冻工作；

（8）分子筛再生时，再生气经加热后的温度，分子筛加热时床层的温度，出分子筛床层后再生气的温度；

（9）分子筛冷却时，分子筛加热时床层的温度，出分子筛床层后再生气的温度；

（10）巡检时应多注意再生气压缩机机组运行情况，有无异常；

（12）巡检时应多注意再生气空冷器运行情况，有无异常。

8.4.4.5 再生各阶段阀门示意图

再生过程各阶段程控阀门状态如图8-7~图8-12所示。

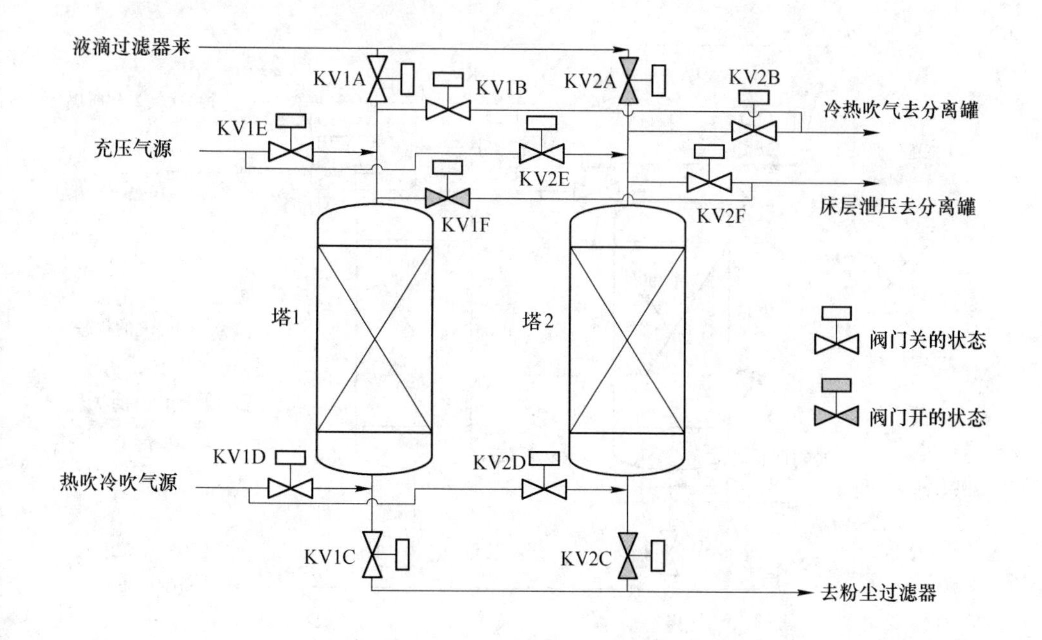

图8-7 分子筛1塔泄压程控阀状态图

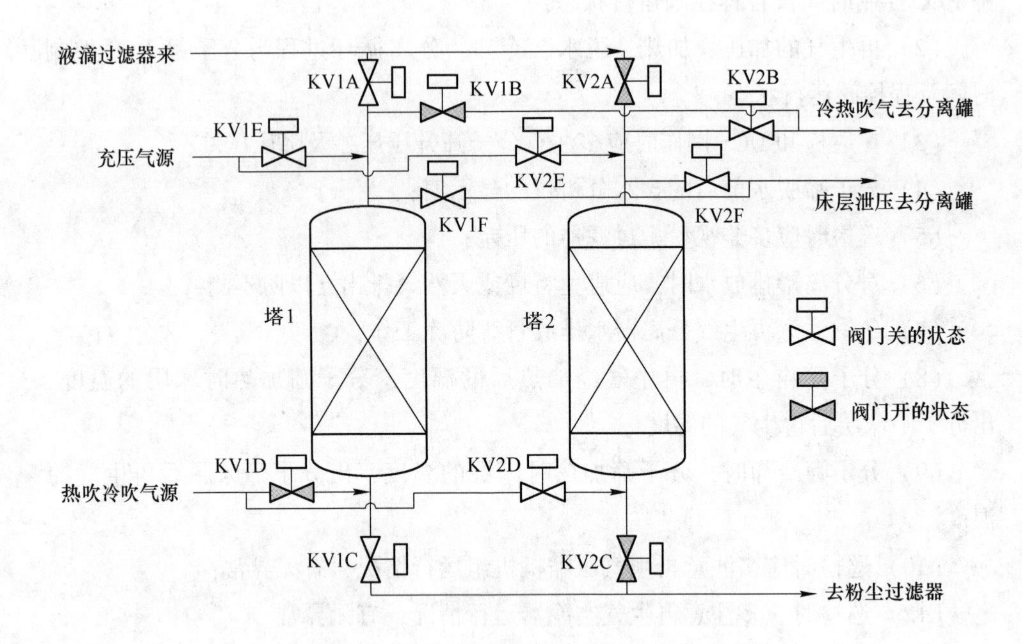

图 8-8　分子筛 1 塔冷热吹程控阀状态图

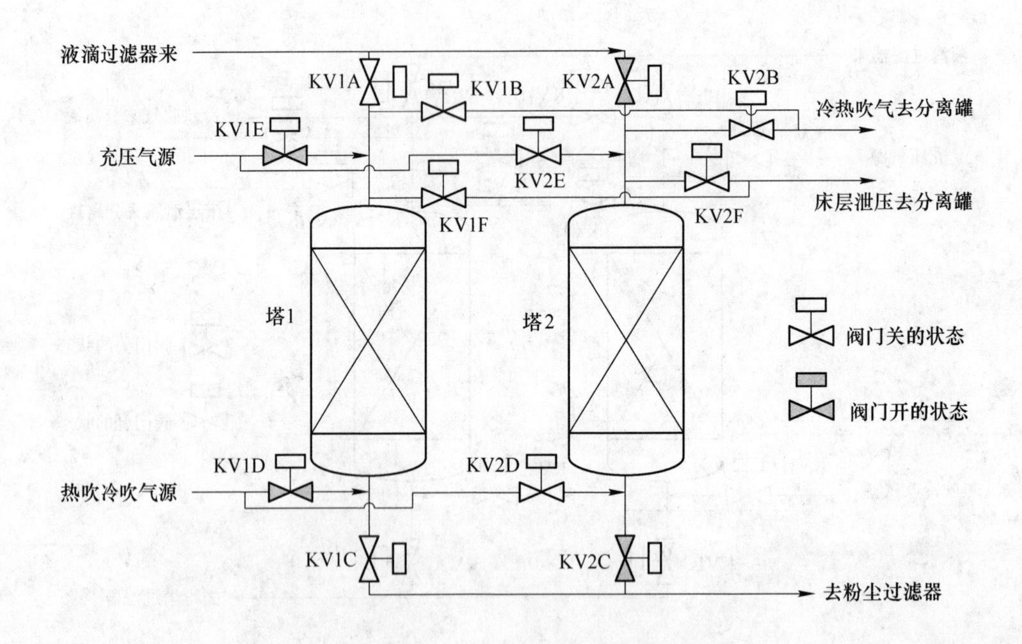

图 8-9　分子筛 1 塔充压程控阀状态图

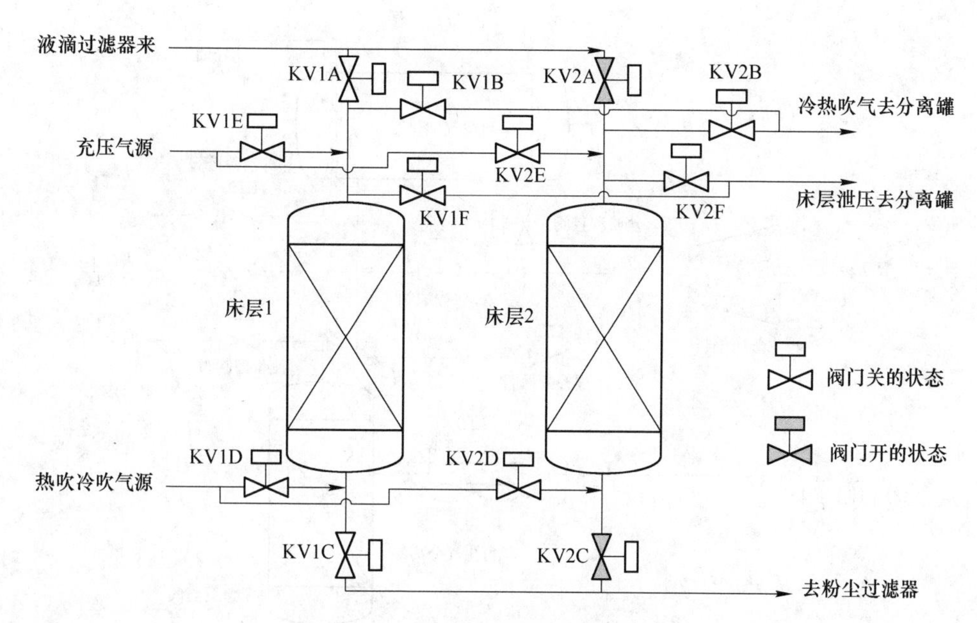

图 8-10　分子筛 1 塔备用程控阀状态图

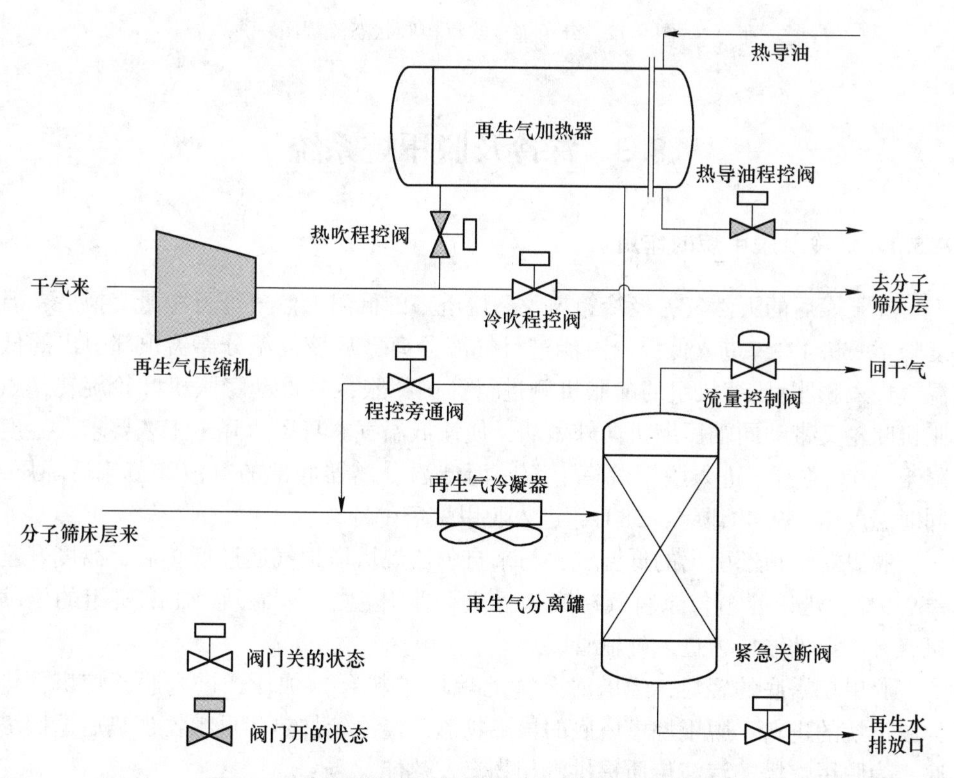

图 8-11　分子筛热吹干气加热过程程控阀状态流程图

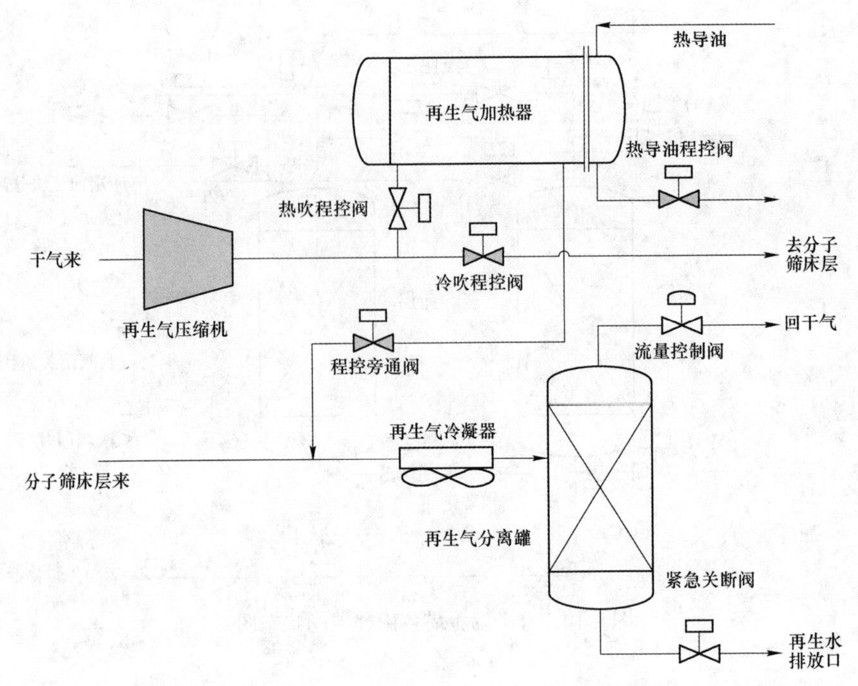

图 8-12　分子筛冷吹程控阀状态流程图

8.5　深冷及脱甲烷系统

8.5.1　深冷及脱甲烷的作用

经干燥后的天然气，经冷箱与脱乙烷塔来的低温天然气进行冷量交换后，温度降至-39.4℃，进入低温分离器进行气液分离，从该低温分离器顶部引出的低温气进入膨胀/压缩机组的膨胀机侧进行等熵膨胀，并推动膨胀机叶轮旋转，膨胀机叶轮又带动同轴压缩机向外做功，使该低温气本身压力降至工艺要求，温度降至-80℃左右，进入脱甲烷塔上部，而低温分离器底部的凝液经节流后降压，同时温度由-39.4℃降至-58℃，进入脱甲烷塔中部。

脱甲烷塔顶部引出的低温气，与来自脱乙烷塔塔顶气通过换热后，温度升至-69.9℃，进入冷箱与原料气冷交换后进一步升温，进入膨胀/压缩机组的压缩机，升压至外输压力进入外输管线。

脱甲烷塔底的轻烃，经塔底泵（乙烷塔进料泵）加压，进入脱乙烷塔，作为脱乙烷的进料。脱甲烷塔塔底的再沸物流，经冷箱加热和再沸器加热后返回塔底，为脱甲烷塔的汽液传质提供汽相物流及热能。

8.5.2 工艺流程

经脱水过滤后的天然气进入冷箱，与制冷后的干气换热，温度降至-39.4℃，进入低温分离罐进行气液分离，如图 8-13 所示。

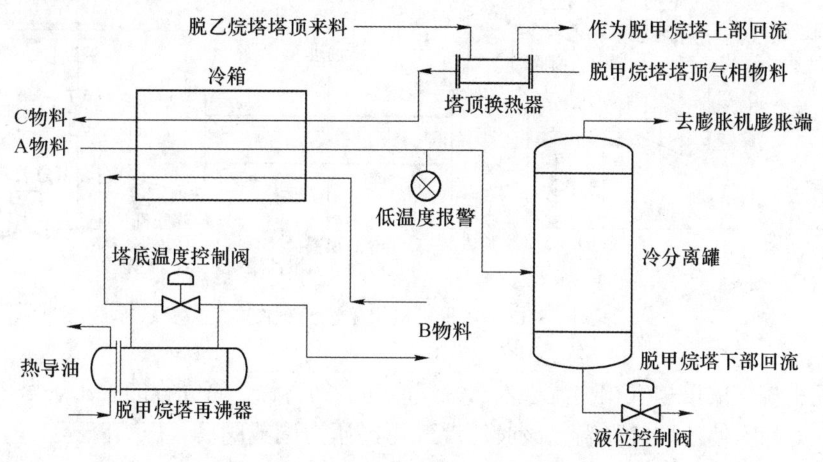

图 8-13 冷分离工艺流程图

分离罐的底部轻烃经液位控制阀控制液位后，引入脱甲烷塔（第二个填料段的下部），作为脱甲烷塔的液相进料，如图 8-14 所示。

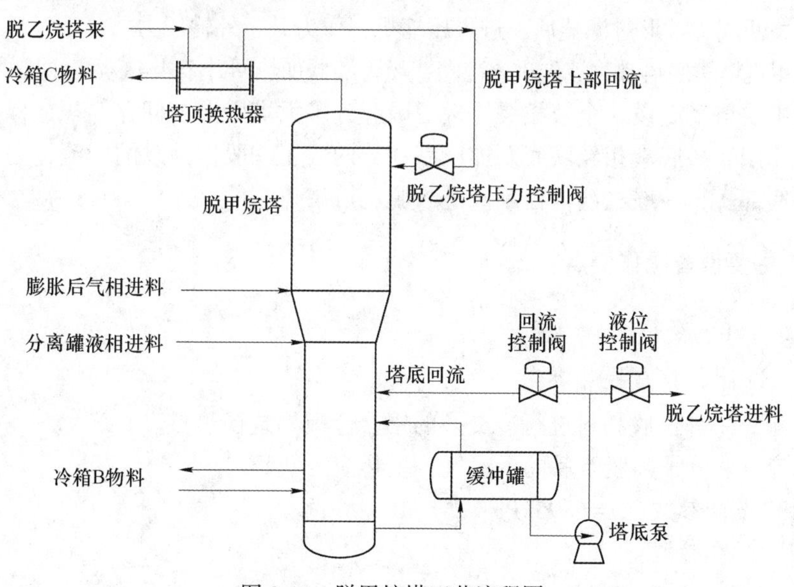

图 8-14 脱甲烷塔工艺流程图

分离罐的顶部气相经紧急关断阀、锥形过滤器后进入膨胀机，经膨胀后，天然气由高压降为低压，同时天然气温度也由-39.4℃降至-80℃左右，进入脱甲烷塔（第一个填料段的下部），作为脱甲烷塔的气相进料，如图8-15所示。

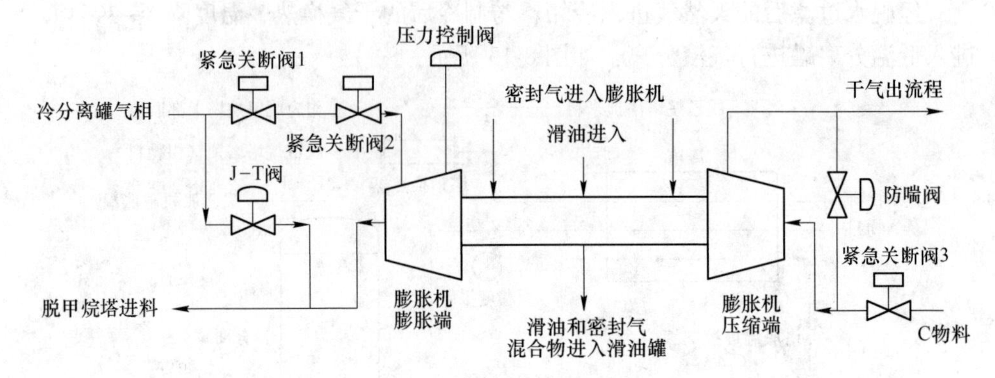

图8-15　膨胀机机组工艺流程图

脱甲烷塔的塔顶气相物流进入乙烷气冷却器的管程，将壳程的脱乙烷塔塔顶来乙烷气冷却，使乙烷气降温。该股乙烷气再经压力调节阀后，压力降至工艺要求，同时温度降为-23.3℃，进入脱甲烷塔（第一个填料段的上部）。此时，该乙烷气中所夹带的C_3、C_4组分被冷凝下来，液相的C_3、C_4沿塔而下，气相的C_2、C_1自塔顶引出，达到回收乙烷气中所夹带的C_3、C_4之目的。而脱甲烷塔的塔顶气经换热器换热后，本身温度也由-78℃升至-69.9℃，再进入冷箱，将冷量传递给来气，经紧急关断阀、锥形过滤器后，进入压缩机，压力升至外输压力。

脱甲烷塔塔底再沸物流先进入冷箱，经再沸器加热回升至4.4℃后返回脱甲烷塔。

脱甲烷塔塔底设一个液相缓冲罐，以起到扩大塔底液相储存容积、保持液位稳定的作用。塔底液相经塔底泵加压后，分两股，一股作为泵的回流，返回塔脱甲烷塔底部，另一股经液位控制阀进入脱乙烷塔。

8.5.3　主要设备操作要点

8.5.3.1　冷箱

A　设计参数与操作参数

冷箱是一种三股物料进行冷交换的铝合金板翅式换热器。

物流A：分子筛脱水后的天然气，主物流为气相。

（1）设计参数：p=6895kPa；T=-100～66℃。

（2）操作参数：

1）进料：p=4400kPa；T=15℃。

2）出料：p=4365kPa；T=-39.4℃。

物流B：脱甲烷塔的塔底再沸物流，主物流为液相。

（1）设计参数：p =2758kPa；T=-100~66℃。

（2）操作参数：

1）进料：p =1534kPa；T= -26.4℃。

2）出料：p =1534kPa；T=-2.6℃。

物流C：进入压缩机进行压缩的低温干气物流，主物流为气相。

（1）设计参数：p =2785kPa；T=-100~66℃。

（2）操作参数：

1）进料：p =1505kPa；T=-69.9℃。

2）出料：p =1485kPa；T=7.7℃。

B　操作点

冷箱是深冷工艺流程中一个最重要的换热设备，其换热效果如何，直接影响到丙烷以上轻烃的收率，而由于它是一种静设备，其操作又十分简单。保持其进料物流的洁净（不含灰尘、油腻、不含水及腐蚀性物质）是保证其持续换热效果的关键。为此，操作中要随时监视三股物料流进口的锥形过滤器压降及三股物料流进出冷箱前后的温度变化和压力变化，参见图8-16。

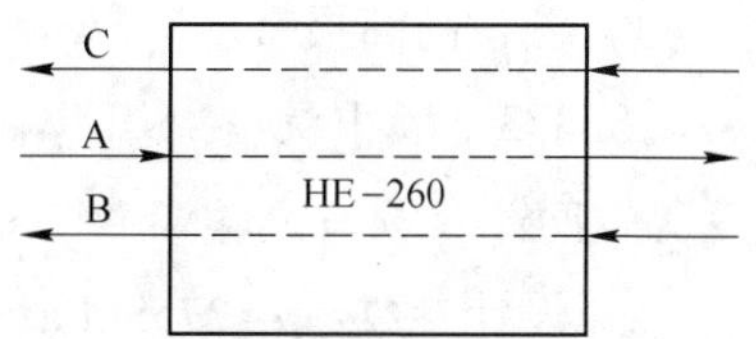

图8-16　三股物料流的方向

（1）物料流C：进口锥形过滤器差压在50kPa之内。

（2）物料流A：进口锥形过滤器差压高高报警设定值为100kPa。

（3）物料流B：进口锥形过滤器差压在50kPa之内。

上述3个锥形过滤器当差压显示值超过50kPa时应更换或清洗。

冷箱在清理过程中必须遵循下列几点：

（1）强度试验不能用水，一旦水进入冷箱，必须用热空气吹干。

（2）操作介质必须是洁净的、不含水的、无腐蚀性的。介质中也不能夹带固体颗粒，故与冷箱相连接的配管必须洁净、无焊渣、铁锈、沙子等，进口安装锥形过滤器。

（3）投运时，气相介质先引入，液相介质后引入，温度变化速度不能超过1℃/min。进料介质温度与冷箱当前温度之差小于28℃。

8.5.3.2　低温分离器

A　设计参数与操作参数

（1）设计参数：p=6895kPa；T=-45~66℃。

（2）操作参数：

进气操作参数：p=4365kPa；T=-39.4℃。

出气操作参数：p=4365kPa；T=-39.4℃。

排液操作参数：p=1554.8kPa，T=-58.8℃。

B 低温分离器操作

经冷箱换热后的天然气降至-39.4℃，进入低温分离器进行气液分离。分离器的底部轻烃经液位控制阀进入脱甲烷塔（第二个填料段的下部），作为脱甲烷塔的液相进料。

分离器顶部气相进入膨胀机膨胀，天然气压力由高压降至低压，同时温度也由-39.4℃降至-80℃左右，进入脱甲烷塔（第一个填料段的下部），作为脱甲烷塔的气相进料。

分离器液位控制报警点如下：

（1）液位超低报警；

（2）液位超高报警；

（3）液位高高报警。

8.5.3.3 脱甲烷塔

A 设计参数与操作参数

（1）设计参数：p=2758kPa；T=-100~40℃。

（2）三个填料层：顶部为ϕ64mm×2438mm高的Cascade环；中部为ϕ25mm×1524mm高的Pall环；底部为ϕ25mm×2642mm高的Cascade环，操作参数包括：

1）来自膨胀机的气相物料：p=1527kPa；T=-78℃。

2）来自低温分离器底部液相物料：p=1554kPa；T=-58.8℃。

3）来自脱乙烷塔顶气：p=1554kPa；T=-23.3℃。

4）脱甲烷塔塔顶去冷却器气相物流：p=1520kPa；T=-78℃。

5）脱甲烷塔塔底去再沸器液相物流：p=1534kPa；T=-21.7℃。

6）脱甲烷塔塔底去脱乙烷塔液相物流：p=2975kPa；T=6.2℃。

B 脱甲烷塔操作

脱甲烷塔是一座多股进料的分馏塔，并有三个填料段，本塔的作用是将进料中的甲烷及部分乙烷分馏出去，将脱除甲烷后的乙烷及较重组分由塔底引出，作为脱乙塔等后续的分馏系统的原料。

脱甲烷塔的三股进料如下：

（1）膨胀机出口气，进入第一个填料段的下部；

（2）脱乙烷塔顶部脱除气经冷却后的物流进入脱甲烷塔的顶部（第一个填料段的上部），此物流进入脱甲烷塔的作用有两个：一个是将脱乙烷塔脱除气中的C_3以上重组分冷凝回收；另一个是本物流进塔顶后，被塔顶气冷至-78℃，其冷凝液作为本塔的液相回流，进一步提高C_3的收率；

(3) 低温分离器的底部液相物流，进入本塔进行脱甲烷分馏。

脱甲烷塔有两段不同的塔径，在进料口分为上大下小。上段塔径较大是由于来自膨胀机的大流量气相物流，使塔底工艺参数更稳定，塔顶脱出气中的乙烷/甲烷摩尔比小于10%。塔顶设有捕雾器，用来降低气相物料离开塔顶时的液体量。

脱甲烷塔塔底设有一个缓冲罐，目的是增加塔底的储液量，提高塔底液相的停留时间，使塔底工艺参数更稳定，塔底泵运行更可靠。塔底泵为立式高速离心泵，该泵作用是将脱甲烷塔塔底排出液增压并输至脱乙烷塔作为进料，由于其泵的特殊性，为保证其运行稳定，设有最小排量和出口回流线，并由流量控制阀控制。

脱甲烷塔的塔底及缓冲罐液位由液位控制阀通过 DCS 自动控制。

脱甲烷塔液位报警点设定如下：

(1) 液位低低报警；

(2) 液位超低报警；

(3) 液位超高报警；

(4) 液位高高报警。

8.5.3.4 膨胀/压缩机机组

A 设计参数与操作参数

a 设计参数：

(1) 膨胀端：$p=6865$kPa；$T=-100\sim38$℃；膨胀比：2.74。

(2) 压缩端：$p=3792$kPa；$T=-28\sim93$℃；压缩比：1.40。

(3) 极限转速：小于29000r/min。

(4) 膨胀机效率：82.5%~84%；压缩机效率：73.5%~76.5%。

b 操作参数：

(1) 膨胀端：

1) 进料：$p=4366$kPa；$T=-39.4$℃。

2) 出料：$p=1527$kPa；$T=-78$℃。

(2) 压缩端：

1) 进料：$p=1485$kPa；$T=7.7$℃。

2) 出料：$p=2118$kPa；$T=37$℃。

B 膨胀/压缩机组操作

膨胀机是一种径向反作用单级开式叶轮透平膨胀制冷机，它驱动同轴的单级开式叶轮离心式压缩机，正常操作转速在29000r/min以内，同时配备了独立的自润滑油、自密封气系统及一个完备的控制、报警、关断系统。

膨胀机接收来自低温分离器出口的高压气，该气流不含水和固体颗粒。入口气沿方向可变的入口导向叶片进入膨胀机叶轮的外缘，向膨胀机输出机械功，推动叶轮高速旋转，最终推动同轴的单级离心压缩机转动，将外输气增压，而入口气本身由于推动膨胀机叶轮向外做功，能量降低，经历了一个等熵膨胀过程，压力由高压降至工艺要求压力，膨胀比为2.74，温度由-39.4℃降为-80℃左右。

膨胀机的入口导向叶片，其作用是使入口气沿某一角度进入膨胀机并推动膨胀机的叶轮。由于导向叶片的方向可调，故入口气进入膨胀机内推动叶轮的方向也随之变化，使膨胀机做功的负荷随工艺需要的变化而改变。该入口导向叶片的方向由压力调节阀根据压缩机出口气的压力来调节。

进入膨胀机的天然气流量由压缩段压力调节阀根据外输量的压力来控制。膨胀机的出口压力及转速在一个较窄的范围内，也由它来实现。

低压的干气进入压缩机增压到外输压力，压缩比为1.44，该压缩机由膨胀机所驱动。压缩机的入口设一个流通面积为管道面积三倍的锥形过滤器，以保护进气不含灰尘、固体颗粒等杂物。

压缩机的喘振保护是利用流量/差压比控制器控制回流阀来实现。当流量/差压之比在10%的喘振线区域时，控制器按该性能曲线开启回流阀。

在启运及正常操作过程中负荷变化时，会由于压缩端和膨胀端的压力差而在压缩机叶轮方向上产生一个轴向力，并施加到传动轴上，正是由于这种原因，膨胀/压缩机配备了一个轴向力平衡系统。

轴向力由轴向力控制装置所补偿。该控制装置是在压缩机叶轮后侧空间开孔，以降低压缩机入口的压力从而在反方向上产生一个力，此平衡力将减少施加在轴承座上的荷载，并延长其寿命。

膨胀机轴承座轴向压力是当轴向力沿膨胀机方向引入时而上升，压缩机轴承座轴向力是当轴向力沿压缩机方向引入时而上升。

在膨胀机的主流程中为膨胀机专门设计了一旁通阀即J-T阀如图8-17所示，它有两个功能：

(1) 当膨胀机的运行负荷不能满足脱甲烷塔的运行负荷时自动开启此阀，

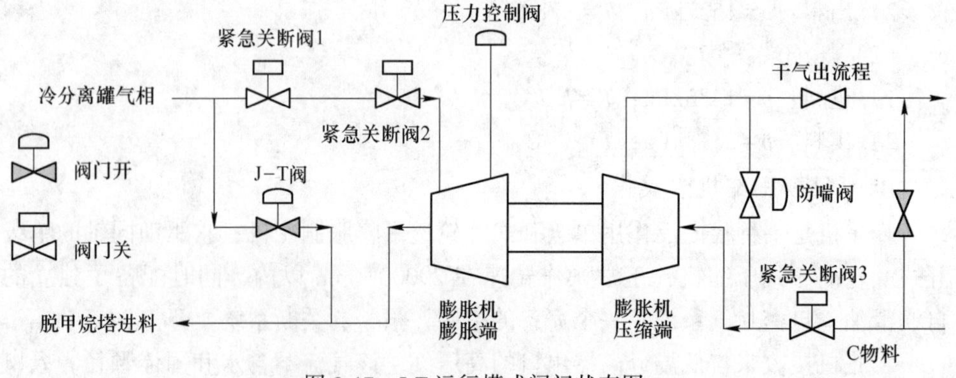

图8-17　J-T运行模式阀门状态图

以保证塔的正常操作；

(2) 当膨胀机停止运行时，此阀能替代膨胀机满足生产装置的全流量运行，但 C_3 的收率有所下降。

8.5.3.5 膨胀/压缩机的润滑油系统及密封气系统

膨胀/压缩机的润滑油系统及密封气系统的工艺流程如图 8-18 所示。

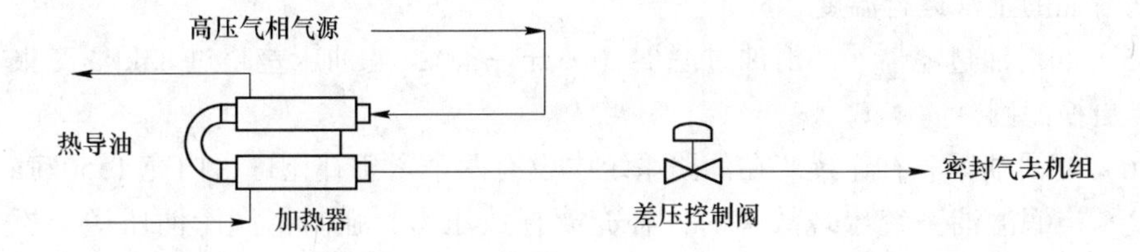

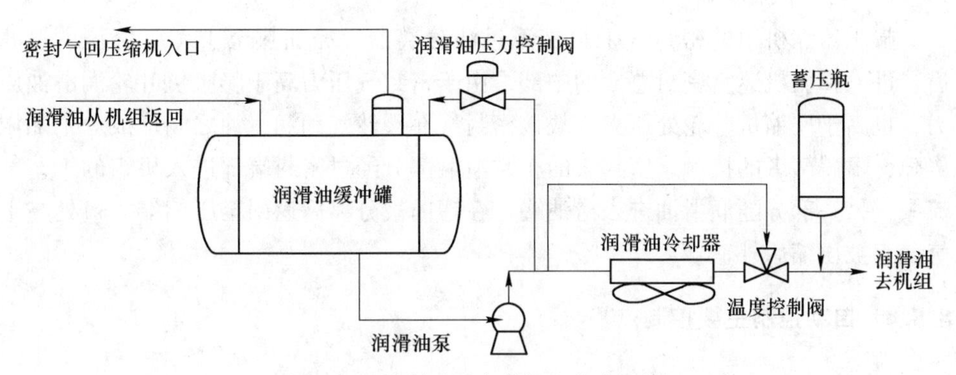

图 8-18 润滑油及密封气工艺流程图

A 润滑油系统

膨胀压缩机组配套一个独立的润滑油系统。

(1) 润滑油罐作用如下：

1) 为润滑油加压泵供料储存、缓冲；

2) 接受膨胀压缩机组的回油；

3) 将膨胀压缩机组回油中溶解的天然气脱除并返回压缩端与被压缩干气混合外输；

4) 提供润滑油补充。

(2) 润滑油罐液位控制：

1) 低低液位报警，此时应补充润滑油；

2) 高液位报警，此时应停止补充润滑油。

润滑油罐内设一个电加热器，当润滑油温度过低时为润滑油加热至 40℃。

(3) 润滑油泵。润滑油泵有两台，一备一用，润滑油进入系统的压力由差压表来控制，两者之差为1034kPa，该差压值由就地气动差压控制器通过控制泵循环差压控制阀的开启度来实现。由于润滑油泵接受膨胀压缩机组来的润滑油，且为密闭，实际上，1034kPa就相当于膨胀压缩机组供油与回油的差压。该差压在操作中，设有低差报警和低低差压报警。

(4) 空冷器。经空冷器冷却后的油温由三通式温度控制调节阀来控制。以保证润滑油的正常运行温度。

(5) 润滑油过滤器。润滑油过滤器（一开一备），滤油压差超过83kPa时报警，需更换滤网。

(6) 润滑油紧急补充罐。在油路系统中设有两个紧急补充罐，内充1550kPa的氮气。当润滑油系统出现故障时，补充罐释放压力，强制将润滑油压送至机组，以防止机组在短时间内正常停下而损坏机组。

B　密封气系统

膨胀压缩机组的密封气来自液滴过滤分离器、经加热至45℃、降压、过滤后，进入膨胀机迷宫密封总成的中部。由于密封气压力高于膨胀机叶轮润滑油压力，也高于压缩机叶轮处压力，故该密封气在天然气和润滑油之间形成一个加压屏障，阻碍两者的接触。密封气的正常泄漏部分经过密封端部进入机组的工艺气流中，另一部分随润滑油进入滑油罐，在罐内被分离后返回至压缩端入口处与干气一起被压缩后外输。

8.5.4　自动控制主要控制点

8.5.4.1　冷箱入口

(1) 入口介质高高温。温度开关安装在冷箱入口管线上（A物流），当达到高高温度设定值时，在DCS上报警。

(2) 入口锥形过滤器差压。差压开关安装在入口锥形过滤器进出口管线上，用于检测过滤器进出口差压，当差压达到高高设定值时，引起工艺流程关断。

8.5.4.2　冷箱出口

(1) 压力报警。压力变送器安装在冷箱出口去压缩机的进气管线上，用于检测换冷后的介质压力，该处设有高压报警。

(2) 高高压力报警。压力开关安装在冷箱出口去压缩机的进气管线上，当压力达到高高压设定值时，引起工艺流程关断。

(3) 冷箱差压。压差开关用于测量冷箱入口（粉尘过滤器来气）和低温分离器间的压差，当达到压差设定值时，DCS系统报警。

8.5.4.3　低温分离器

(1) 低温分离器进口低低温报警。温度开关安装在低温分离器进口管线上，当温度达到低限设定值-43℃时，引起工艺流程关断。

（2）低温分离器液位报警。液位变送器设有高低液位报警。

（3）低温分离器高高液位报警。液位开关到达高高液位设定值时，引起膨胀压缩机组单元关断。

8.5.4.4 脱甲烷塔底缓冲罐

（1）液位测量。液位变送器用于测量缓冲罐液位并控制液位调节阀开度，设有高低液位报警。

（2）液位开关低低报警。液位开关设有低低报警，当液位开关到达低低限值时，脱乙烷塔进料泵紧急停车。

（3）液位开关高高报警。液位开关设有高高报警，当液位达到高高限值时，DCS 系统报警。

8.5.4.5 膨胀压缩机组本体

（1）当膨胀压缩机的膨胀机入口和压缩机入口发生下列情况之一时，触发紧急关断阀关闭，机组停运：

1）过滤分离器高液位，开关动作时；

2）过滤分离器液体出口高高压力，开关动作时；

3）干气出口湿度高高，开关动作时；

4）低温分离器液位高高，开关动作时；

5）冷箱出口去膨胀压缩机组的压缩机天然压力高高，开关动作时；

6）过滤器压差高高，压差开关动作时；

7）低温分离器进口温度低低，温度开关动作时；

8）膨胀压缩机组的膨胀机轴承温度高高超限，温度开关动作时；

9）膨胀压缩机组的压缩机轴承温度高高超限，温度开关动作时；

10）膨胀压缩机组的压缩机进口温度高超限，温度到设定值；

11）膨胀压缩机组的膨胀机超高振动，振动开关动作时；

12）膨胀压缩机组的压缩机超高振动，振动开关动作时；

13）膨胀压缩机盘紧急停车。

（2）入口切断阀。入口切断阀用来切断膨胀机进料，切断阀由 DCS 系统控制。此阀特点为快关慢开。正常操作时该阀打开，当发生上述关断条件之一，即（1）列出的 1）~13），此阀关闭。

（3）膨胀机轴温度。测温元件安装在膨胀机传动轴上（膨胀端），用于检测膨胀机传动轴温度，设有高温和高高温报警，当温度高高超限时引起单元关断。

（4）压缩机轴温度。测温元件安装在膨胀压缩机的压缩机传动轴上（压缩端），用于检测压缩机传动轴温度，设有高温和高高温报警，当温度高高超限时引起单元关断。

（5）膨胀端轴振动。振动开关安装在膨胀端传动轴上，用于检测传动轴振动，当振动达到高限值时，DCS 系统报警。当振动高高超限时引起单元关断。

（6）膨胀/压缩机转速检测。转速检测元件安装在膨胀/压缩机传动轴上，用于膨胀/压缩机转速检测，设有高高转速报警，当转速高高超限时，引起单元关断。

（7）压缩机进口温度。测温元件安装在压缩机进口管线上，用于检测进气温度，设有高温报警，当温度升高到设定值时，引起单元关断。

（8）过滤器进出口差压。差压开关安装在压缩机进口管线上，用于检测过滤器进出口差压，当差压达到高设定值时，在控制盘上报警。

8.5.4.6 膨胀压缩机润滑系统

（1）压差检测开关。压差开关安装在密封气去膨胀/压缩机与膨胀机背压的取压管线上，用于检测两点间压差，设有报警值。

（2）低低压差检测开关。低低压差检测开关检测到压差达到低低时，控制盘报警。当压差到低低限值时，引起单元关断。

（3）低低温检测。温度开关安装在密封气压缩机管线上，用于检测密封气温度，当温度下跌到设定点 32℃时报警，跌到低低限值时，引起单元关断。

（4）低低液位检测。当低低液位开关检测到液位到达低低设定值时，连锁润滑油罐加热器停止加热，引起单元关断。

（5）润滑油过滤器压差检测。低压差开关用于检测过滤器前后的压差，当压差达到低设定值时报警。

（6）压差检测。低低压差开关检测到压差低低设定值时报警。当压差到低低限值时，引起单元关断。

8.5.5 冷冻分离单元操作注意点

冷冻分离单元操作注意点包括：

（1）操作中要随时监视三股物流进出冷箱前后的温度变化及和压力变化；

（2）巡检时多注意冷箱三股物流进口的锥形过滤器压降；

（3）冷箱进口锥形过滤器应定期更换或清洗；

（4）对冷箱的操作，物流温度变化速度不能过快，进料介质温度与冷箱当前温度之差不能过大；

（5）操作上应避免罐的液位阀开关幅度波动过大、过频；

（6）操作冷分离器进料物流时，物流温度应尽量靠近设计值，但不低于-43℃；

（7）操作中应随时注意膨胀/压缩机传动轴温度；

（8）操作中应随时注意膨胀/压缩机机组振动显示；

（9）操作中应随时注意膨胀/压缩机机组转速显示，转速波动幅度小于150r/min；

（10）巡检时多注意查看过滤器的压差显示值；

（11）操作中要严格保证密封气、润滑油的压力及温度稳定；

（12）操作中应随时监视膨胀/压缩机喘振比控制器及回流阀工作情况；

（13）巡检时多注意膨胀/压缩机轴向力平衡系统压力；

（14）巡检时多注意膨胀/压缩机轮背压力；

（15）巡检时多注意滑油罐液位，当时液位不低于50%，应及时补充润滑油；

（16）操作上应避免压力调节阀开关幅度波动过大、过频；

（17）操作中应随时注意冷分离器进料物流温度靠近设计值；

（18）巡检时多注意空冷器、润滑油泵运行情况，有无异常；

（19）巡检时多注意被空冷器冷却的润滑油温度，应接近49℃；

（20）巡检时多注意润滑油过滤器压差，压差超过83kPa时应更换滤网；

（21）巡检时多注意密封气过滤器压差，压差过高时应更换滤芯；

（22）脱甲烷塔操作上应注意进料物流平稳，塔顶和塔底的温度与压力应尽量靠近设计值。

8.5.6 安全措施

膨胀/压缩机组可由关闭膨胀机入口关断阀来实现紧急停车。为了避免由于误操作而导致的超速损坏机组，此阀被设计成在1s内全关闭。但仅靠此阀还不能实现紧急起停车，在此阀关闭后30s，另一个慢速自动关断阀关断，可实现机组完全关断。压缩机端入口关断阀也在60s关闭。压缩机端入口关断阀的延迟关闭是为了向压缩机叶轮提供制动荷载，防止空转。这种空转会引起机组在关断过程中的超速而对机组形成损害。

8.6 脱乙烷塔系统

8.6.1 脱乙烷塔的作用

本系统的工艺目的是将脱甲烷塔塔底轻烃中的 C_2 以下组分（即 C_1 及 C_2）脱除，以满足后续工艺产品对 C_2 含量的要求，脱乙烷塔顶气相物流作为脱甲烷塔顶回流，提高丙烷收率，是能否达到丙烷95%收率的关键之一。

脱甲烷塔底来的轻烃，进入脱乙烷塔进行脱乙烷分馏，塔顶分馏出来的气体被丙烷蒸发器冷却，在脱乙烷缓冲罐内进行气液分离，液相经回流泵全回流进脱乙烷塔作为塔顶回流，气相再去丙烷蒸发器及脱乙烷塔冷却器进一步冷却，返回脱甲烷塔。

8.6.2 工艺流程

脱甲烷塔底液相物流，经塔底泵加压，液位控制阀控制后，进脱乙烷塔的中部第11块板上，进行分馏。

气相自脱乙烷塔顶引出，经回流冷却器冷却后，进入脱乙烷塔回流罐进行气液分离，分成气液两相，气相经过二次冷却后经压力调节阀降压，进入脱甲烷塔（第一个填料段的上部），作为脱甲烷塔顶回流。液相经脱乙烷塔顶回流泵加压后，除少量作为泵的回流外，剩余的经流量控制阀调节后全部返回脱乙烷塔作为塔顶回流（参见图8-19）。

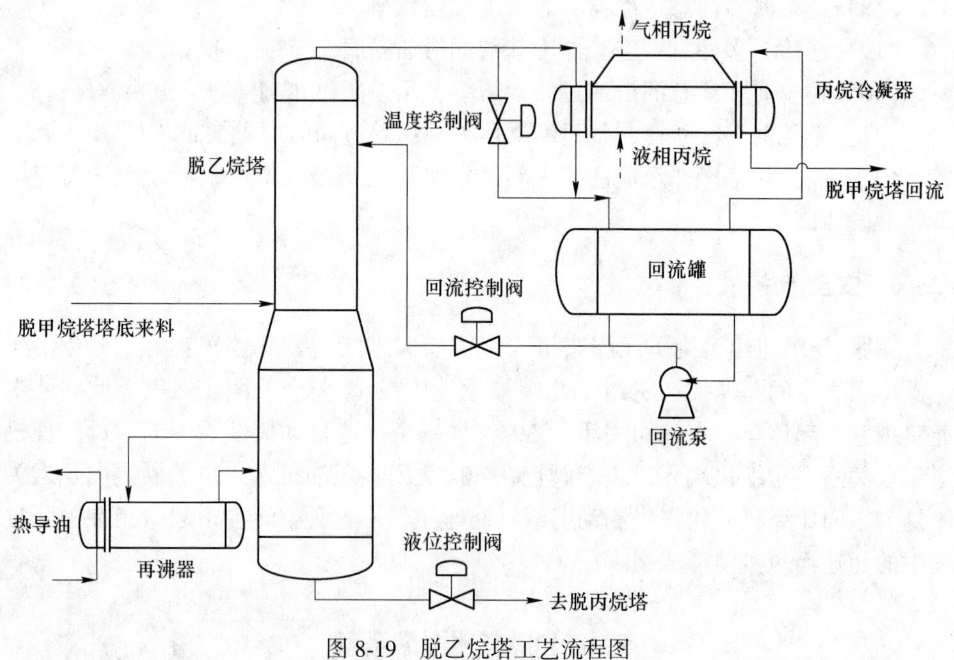

图8-19 脱乙烷塔工艺流程图

回流罐的液位由液位变送器和流量控制阀来实现液位、流量的串级调节。

第30块塔板下收集的液相物流，由重力作用引入脱乙烷塔塔底再沸器，被加热至95℃后，返回脱乙烷塔底，为脱乙烷塔提供传质传热所需的气相物流及热量。

液相物流自塔底引出经液位控制阀调节后，利用物料自身的压力进入脱丙烷塔作为脱丙烷塔的进料。

塔顶回流冷却器是丙烷蒸发器，冷源由液相丙烷蒸发而产生，丙烷在换热器里的液位由液位变送器和液相丙烷流量控制阀调节。

8.6.3 主要设备操作要点

8.6.3.1 脱乙烷塔

A 设计参数与操作参数

（1）脱乙烷塔为浮阀塔盘，上部直径 ϕ762mm，高 7739mm，有 10 块塔板，下部直径 ϕ1524mm，高 18398mm，有 20 块塔板，底座 829mm 高。

（2）设计参数：$p=3792$kPa，$T=-28\sim130$℃。

B 脱乙烷塔操作

脱乙烷塔与其他分馏塔类似，操作的主要关注点在于塔顶压力、塔顶温度、塔底温度这三个参数应尽量接近设计值。这三个参数与设计值的接近程度是该塔分馏效果好坏的关键因素。脱乙烷塔的操作效果好坏直接影响液体产品的质量和数量。

脱乙烷塔是一个从深冷工艺转换到常规精馏工艺的关键塔，它的运行稳定性直接影响到外输干气或液化石油气产品质量达标问题。

脱乙烷塔顶压力正常操作值为 2830kPa，由塔顶温度和回流量串级控制塔的压力。塔压的波动会直接影响塔顶气相和塔底液相组分中 C_3 和 C_2 的含量，塔顶压力偏高，拟制 C_2 的蒸发，使少量的 C_2 留在塔底随其他组分去后续流程；塔顶压力偏低，少量的 C_3 易进入气相，如果没有被完全冷凝就会随气相组分进入脱甲烷塔。操作的期望值是返回到脱甲烷塔的气相中 C_3 组分越少越好，同样去脱丙烷塔的液相中 C_2 的组分越少越好。气相组分中 C_3 高的缺点是当返回到脱甲烷塔后总有少量的 C_3 不能完全冷凝下沉而是随气相馏出塔经压缩后外输。外输干气中 C_3 含量超过一定值后势必造成干气热值的超标，同时也影响了 C_3 的收率。液相组分中 C_2 含量偏高时直接影响液化石油气的饱和蒸气压，产品进入储罐后如果客户不需要压力偏高的产品时，只能通过排放降低蒸气压，这是一种很大的资源浪费。

控制好脱乙烷塔的操作有两种方法，选用哪个比较适合具体要分析是塔顶还是塔底的馏分出现问题，只有正对性的采取措施才能保证塔在短时间内达到平衡。

第一种是调整塔顶冷凝器的传热面积。通过丙烷冷凝器的液位调节阀，调高或调低冷凝器中液相丙烷的液位，使内部管束暴露在气相部分的传热面积产生变化，因而可以直接影响塔顶气相的冷凝效果，间接控制了塔压的变化。当塔压比正常值偏低很大时，可以手动临时加大塔顶温度调节阀的开度，使部分气相走旁通而不被冷凝，塔的压力可及时得到提升。

第二种是控制塔底的温度。把塔底温度控制在一个合理的范围内，当受外部环境影响时及时调整塔底温度，不应出现较大的波动。

由于脱乙烷塔是全回流塔，回流温度通过第一种方法仍不能满足工艺需要时，则应降低塔底重沸器的加热负荷，使塔底温度下降，故脱乙烷塔的塔顶温度也与塔底温度有关。

塔底液位控制也是保证塔正常操作的必要条件，液位过高时，有淹塔危险(即液面上升到超过塔盘到塔上部)，一旦淹塔，整个分馏塔的分馏塔盘数会下降，分馏效果下降。液位过低，不利于塔底温度的控制。再沸器加热负荷的较小变化会导致塔底温度的较大变化，对塔的稳定操作不利。

脱乙烷塔的液位控制参数如下：

(1) 液位超低报警；

(2) 液位超高报警；

(3) 液位高高报警。

一般说来，只要不发生淹塔，且塔底温度接近于设计值，液位的偏差不会对塔的分馏效果形成影响。液位处于正常范围易于塔操作的控制。

8.6.3.2 脱乙烷塔回流罐

A 设计参数与操作参数

设备名称：卧式储罐。

(1) 设计参数：$p=3792\text{kPa}$；$T=-28\sim66℃$。

(2) 操作参数：$p=2895\text{kPa}$；$T=4.1℃$。

B 操作

此罐的操作关键是保持液位的稳定，尤其不能抽空，以免造成回流泵的汽蚀。液位由液位控制阀根据液位变送器、流量计通过DCS进行自动调节。

液位控制参数如下：

(1) 液位低低报警；

(2) 超高液位报警。

8.6.3.3 丙烷蒸发器

A 设计参数与操作参数

设备名称：管壳式蒸发器。

壳程：丙烷。

(1) 设计参数：$p=1792\text{kPa}$；$T=-28\sim66℃$。

(2) 操作参数：$p=282\text{kPa}$；$T=-7℃$。

管程：天然气。

(1) 设计参数：$p=3792\text{kPa}$；$T=-28\sim66℃$。

（2）操作参数：$p=2830kPa$；$T=4\sim6℃$。

B 操作

操作中要保持壳程中丙烷的液位，正常液位在中线以上，超高液位报警点在中线以上，液位由液位变送器及液位控制阀通过 DCS 实现 PID 调节。

8.6.4 自动检测与主要控制点

8.6.4.1 脱乙烷塔回流罐

（1）液位检测。液位变送器用于连续测量回流罐液位。液位测量值与回流泵出口流量组成串级调节控制调节阀。设有高液位报警。

（2）低低液位检测。低低液位开关检测到当液位达到低低设定值时。DCS 系统报警并连锁停回流泵。

8.6.4.2 回流泵

脱乙烷塔回流泵正常生产时，一备一用。既能现场启、停，又有控制室 DCS 启、停功能。并在事故时在 DCS 上有紧急停泵功能。

脱乙烷塔回流泵在下列情况下自动停泵：

（1）脱乙烷回流罐液位低低时，即液位开关动作时，两台泵全停；

（2）回流泵平时一备一用，当现场功能切换开关放在自动状态，且与运行泵一致时，运行泵出现故障，备用泵会自动启动，故障泵自动停下。

当在用泵的密封泄漏时被压力开关检测到，信号上传到 DCS 系统报警并连锁停运在用回流泵，自动启动备用回流泵。

8.6.4.3 塔底再沸器

塔底温度由温度变送器检测出口温度并控制热导油出口调节阀开度，设定值为 100℃。

8.6.4.4 脱乙烷塔

（1）脱乙烷塔顶压力。压力变送器安装在脱乙烷塔顶气出口管线上，用于检测塔顶压力，设有压力报警。

（2）脱乙烷塔顶高高压。高高压开关安装在脱乙烷塔顶气出口管线上，当压力达到高高限值 DCS 系统报警。

（3）脱乙烷塔底液位。液位变送器安装在脱乙烷塔底液位测量引出管线上，用于连续测量脱乙烷塔液位并控制液位调节阀开度，设有高低液位报警。

（4）脱乙烷塔液位高高检测。高高液位开关安装在脱乙烷塔液位测量引出管线上，当液位达到高高设定值时，DCS 系统报警并连锁停如下设备：

1）脱乙烷塔进料泵；

2）预润滑油泵；

3）润滑油冷却器。

8.6.4.5 塔顶丙烷冷凝器

液位变送器用于连续测量液位并控制液位调节阀开度。液位检测值送 DCS 系统显示，设有高液位报警。

8.6.5 重要参数设定值

重要参数设定值包括：

（1）脱乙烷塔回流罐低低液位检测，报警、连锁；

（2）脱乙烷塔液位高高检测，报警连锁；

（3）回流泵密封检测，报警；

（4）脱乙烷塔底再沸器出口温度检测，报警；

（5）脱乙烷塔塔顶压力检测：设定值为 2930kPa；

（6）脱乙烷塔顶压力高高：报警。

8.6.6 脱乙烷系统操作注意点

脱乙烷系统操作注意点包括：

（1）塔顶操作压力、温度、回流量和塔底操作温度 4 个参数尽量接近设计值，处理量变化时，选择其中一个或两个参数做调整；

（2）脱乙烷塔的操作要保持液位的稳定，不能抽空，以免造成回流泵的汽蚀；

（3）脱乙烷塔操作上应注意进料物流平稳，不出现断流，进料物流轻组分不偏高；

（4）操作中应避免塔底温度突然升高，过多重组分进入回流罐，造成脱乙烷塔塔顶物流温度偏高，丙烷压缩机负载增大，丙烷收率下降；

（5）脱乙烷塔塔底要保持液位的稳定，物流轻组分也不偏高；

（6）操作上应避免调节阀开关幅度波动过大、过频；

（7）巡检时多注意回流泵运行有无异常；

（8）操作上多注意塔顶冷凝器液位的稳定，液位波动过大将影响冷却效果；

（9）根据季节不同，在符合液化气质量的前提下，调整脱乙烷塔塔底操作参数，提高液化气产量。

8.7 脱丙烷塔系统

8.7.1 脱丙烷塔系统的作用

本系统的工艺目的是将脱乙烷塔塔底来的物流加以分离，以生产出纯度在

95%以上的丙烷产品，即 $x(C_4) \leqslant 2.5\%$，而脱除 C_3 组分后的液相又作为后道工序脱丁烷单元的原料。

8.7.2 工艺流程

如图 8-20 所示，脱丙烷塔的主原料是脱乙烷塔的塔底料，还有一小股料是稳定塔塔底的稳定轻烃。此两股料可以根据工艺需要旁通脱丙烷塔直接进入脱丁烷塔，此工艺路线所生产出的产品不是单一纯组分产品而是液化石油气。原料进入脱丙烷塔中部的第 14 块板。

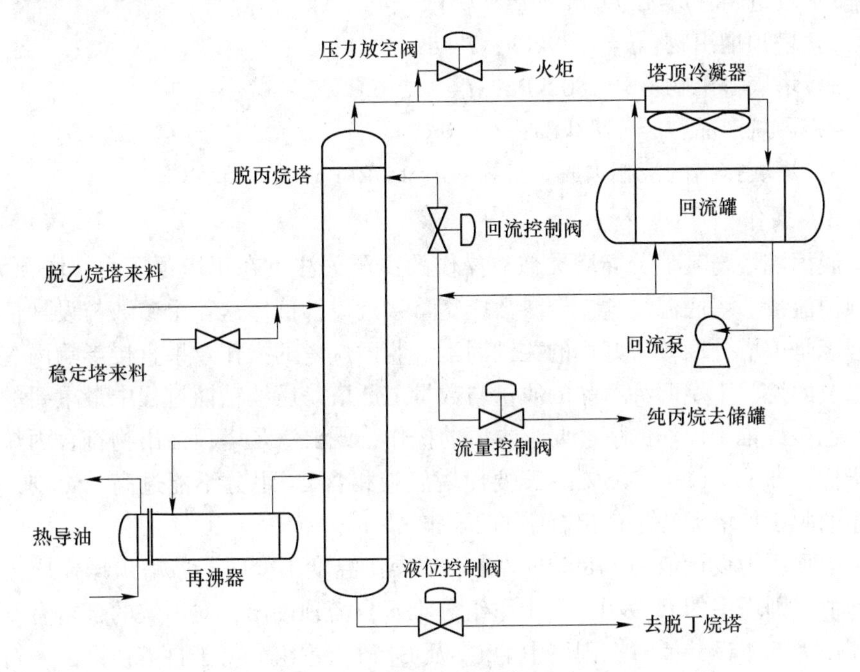

图 8-20 脱丙烷塔工艺流程图

气相自塔顶引出，经气相空冷器进行冷凝后进入回流罐缓冲储存。回流罐中的液相经回流泵加压后，分两股，一股经流量控制阀控制流量后返回脱丙烷塔作为塔顶回流，为塔内的气液传质提供液相物流。由塔的压力控制阀根据塔压来调节多余液相丙烷作为产品输到丙烷储罐储存，所以塔顶的冷凝产品是以稳定塔的操作为主，产品输出为辅。

塔底的液相由液位控制阀控制后输至脱丁烷塔，作为塔的进料。

脱丙烷塔第 28 块塔板下收集的液相物流，由重力作用进入塔底再沸器，被加热至 116℃，由热导油出口流量调节阀通过 DCS 实现 PID 自动调节。在塔底再沸器加热后的物流返回脱丙烷塔塔底。

8.7.3 主要设备操作要点

8.7.3.1 脱丙烷塔

A 设计参数和操作参数

设备名称：浮阀塔、塔盘28块。

（1）设计参数：$p=2585$kPa；$T=-10\sim204$℃。

（2）操作参数：

1）塔进料：$p=1899$kPa；$T=77.0$℃。

2）塔顶馏出物：$p=1789$kPa；$T=49.5$℃。

3）塔底排出物：$p=1802$kPa；$T=115.6$℃。

4）丙烷产品：$p=1782$kPa；$T=40$℃。

5）塔底排出的液相去脱丁烷塔：$p=1472$kPa；$T=86.5$℃。

B 操作

脱丙烷塔与其他分馏塔类似，操作的主要关注点在于塔顶压力、塔顶温度、塔顶回流量、塔底温度这4个参数应尽量接近设计值。这4个参数与设计值的接近程度是该塔分馏效果好坏的关键因素。脱丙烷塔的操作效果直接影响丙烷的收率以及丙烷、丁烷两种产品的质量与数量。此塔是后续精馏过程中最重要的塔之一，也是最难于操作的塔，要求本塔的操作，既要满足塔顶馏出物符合丙烷的质量指标，即 $x(C_4)\leqslant2.5\%$，又要使塔底液相含 C_3 组分不能过高，否则，下道工序的脱丁烷塔无法生产出合格的丁烷产品。

塔顶压力设计值为1789kPa，在塔顶操作温度不变时，若塔顶操作压力超过设计值，则塔中的 C_4 及 C_4 以上重组分难于自塔顶馏出，对丙烷的合格有利。若塔顶压力低于设计值时，则塔中的 C_4 及 C_4 以上重组分易于自塔顶馏出，对丙烷的合格不利，但较高的塔顶压力，使塔底馏出物中的 C_3 含量上升，对下道工序的脱丁烷塔操作不利。反之，较低的塔顶压力，使塔底馏出物中的 C_3 含量下降，对下道工序的脱丁烷塔操作有利。适当控制塔顶压力的不超高，易于控制操作。

在塔顶压力不变时，若塔顶温度升高，则塔顶馏出物重组分含量上升，不易于生产出合格的丙烷产品，若塔顶温度降低，则塔顶馏出物重组分含量下降，易于生产出合格的丙烷产品。但有可能少量的丙烷从塔底去脱丁烷塔，影响 C_3 的收率。

在其他操作参数不变时，若回流量上升，则塔顶温度下降，且塔内汽液传质的物流量增大，分馏效果增强，但回流量增大时，为使塔底温度保持恒定，必须有较大的塔底再沸负荷来维持，使能耗上升。反之，回流量下降时，使塔顶温度上升，分馏效果下降。

塔底温度设计值为116℃，塔底温度上升时，塔底馏出物中C_3、含量下降有利于后道工序脱丁烷产品的合格，但同时需要较大回流比来维持塔顶产品的合格，使能耗上升。

脱丙烷塔的操作，同其他分馏塔一样，尽量保持塔顶与塔底较大的温度差、压力差，更有利于提高分馏效果，有利于塔的稳定操作，有利于生产出合格产品，但同时塔回流量增加，塔底再沸器加热负荷增加，引起能耗增加。

塔底液位控制值如下：

(1) 液位低低报警；

(2) 液位超低报警；

(3) 液位超高报警；

(4) 液位高高报警。

8.7.3.2 脱丙烷塔回流罐

A 设计与操作参数

设备名称：卧式储罐。

(1) 设计参数：$p=2585$kPa；$T=-10\sim93$℃。

(2) 操作参数：$p=1789$kPa；$T=49$℃。

B 操作

在冬季，塔顶气相物流经空冷器冷却后的温度有可能低于49℃（介于20~40℃之间，属于正常操作状态），此时，应将塔顶回流量降低，以保持塔的操作稳定。

回流罐液位由罐的液位检测器与塔的压力调节阀串级控制，液位控制值为：当液位低低报警。

保持液位不过低，尤其不能抽空，以免回流泵抽空汽蚀。

8.7.3.3 脱丙烷塔再沸器HE-1820

A 设计参数与操作参数

设备名称：管壳式换热器。

(1) 设计参数：

1) 管程：热导，$p=1379$kPa；$T=-10\sim343$℃。

2) 壳程：再沸物流，$p=2585$kPa；$T=-10\sim260$℃。

操作参数：

1) 管程：热导，$p=600$kPa；$T=246$℃。

2) 壳程：再沸物流，$p=1802$kPa；$T=116$℃。

B 操作

操作中，要保持液位的稳定、壳体内再沸物流温度的稳定。由塔底物料温度控制再沸器的热导流量。

8.7.4 重要参数设定值

重要参数设定值包括：

(1) 脱丙烷塔压力控制：设定值为1795kPa；

(2) 回流罐压力控制：设定值为1789kPa；

(3) 塔顶空冷器风机振动超高报警；

(4) 回流泵密封压力超高报警；

(5) 再沸器壳程温度超高报警；

(6) 再沸器壳程温度超低报警。

8.7.5 主要控制点

主要控制点包括：

(1) 脱丙烷塔回流。低低液位开关检测到液位低低设定值时，DCS系统报警并连锁停脱丙烷塔回流泵。

(2) 脱丙烷塔回流冷凝器。

1) 脱丙烷塔回流冷凝器带有2个风扇电机，正常生产时同时运行。当某一个振动超限时连锁停一个风扇，另一台正常运行。环境温度较低时（秋、冬季）可停运一台风扇。

2) 振动开关。冷凝器风机运行振动达到高限值时DCS系统报警并连锁停冷凝器风机电机。

(3) 脱丙烷塔回流泵。

1) 脱丙烷塔回流泵正常生产时一备一用，既能现场启停又能在控制室DCS上遥控启停，在事故状态时DCS还有紧急停泵功能。

2) 回流泵密封检测。压力开关安装在回流泵密封处用于检测密封的泄漏，当在用泵密封泄漏时触点动作，信号上传到DCS系统报警并连锁停运在用回流泵，启动备用回流泵。

3) 脱丙烷塔回流罐液位低低时，触发连锁信号回流泵自动停运。

(4) 脱丙烷塔。

1) 脱丙烷塔压力。塔的压力变送器用于测量塔底压力并与脱丙烷塔回流罐液位变送器组成串级调节系统控制塔的控制阀开度，同时也控制脱丙烷塔顶放空调节阀开度。压力测量范围0~2585kPa。

2) 脱丙烷塔液位。液位变送器用于连续测量脱丙烷塔液位并控制液位调节阀开度，设有高低液位报警，报警值。

3) 脱丙烷塔低低液位。低低液位开关检测液位到低低设定置时，DCS系统报警并连锁停液位调节阀。

4）压力放空阀。压力放空阀开度由塔压力变送器的设定值1795kPa决定，其作用是保护本系统的安全。

5）流量控制阀。流量控制阀的开度由DCS系统根据脱丙烷塔回流缓冲罐压力检测器与液位检测器与脱丙烷塔压力检测器组成串级调节回路控制。该阀首先满足塔的操作压力，当操作压力高于设定值后，阀被打开并通过将丙烷产品送出系统降低回流罐液位的方式降低塔压。当处于事故状态时，由应急系统控制电磁阀来关断此阀。

6）回流控制阀。回流控制阀主要保证塔有足够的回流量，所以在正常操作时，回流量基本恒定不变。塔的压力和塔顶产品控制由流量控制阀来实现。

（5）脱丙烷塔再沸器。温度变送器用于测量再沸器温度并控制温度调节阀开度，测量范围0~200℃，设有高、低温度报警。

8.7.6 脱丙烷单元操作注意点

脱丙烷单元操作注意点包括：

（1）塔顶操作压力、温度、回流量和塔底操作温度4个参数尽量接近设计值，处理量变化时，选择其中一个或两个参数做调整；

（2）脱丙烷塔回流罐的操作要保持液位的稳定，满液位属于正常现象，但不能抽空；

（3）脱丙烷塔操作上应注意进料物流平稳，不出现断流，进料物流轻组分不偏高；

（4）经空冷器冷却后的丙烷产品温度如在40℃以下，则停用产品后冷却器；

（5）脱丙烷塔塔底要保持液位的稳定，物流轻组分也不偏高；

（6）操作上应避免温度调节阀和液位调节阀开关幅度波动过大、过频；

（7）巡检时多注意塔顶回流泵运行有无异常；

（8）巡检时注意空冷器运行有无异常，环境温度较低时（秋、冬季）停运一台空冷器；

（9）根据季节不同，在符合丙烷产品质量的前提下，调整脱丙烷塔操作参数，提高丙烷产量。

8.7.7 安全措施

设有3只安全阀，设定值分别为：2585kPa；1792kPa；2585kPa。并在塔顶气相管线上装有一个压力排放阀，在非正常情况下用于调节塔的压力。

8.8 脱丁烷塔系统

8.8.1 脱丁烷塔系统的作用

脱丁烷塔根据生产工艺要求可以生产纯丁烷，也可以生产 C_3、C_4 混合物，即液化石油气。按正常流程，脱丙烷塔启用则生产纯丁烷，如果不启动，脱乙烷塔的塔底物料走旁路进入脱丁烷塔。该塔能生产出 $x(C_5) \leqslant 2.0\%$ 的丁烷产品，脱除 C_4 的轻烃又作为后道工序脱戊烷系统的原料。

8.8.2 工艺流程

脱丙烷塔塔底来的物料进入脱丁烷塔中部的 11 块板。

从凝液稳定塔底部过来的液相除了进脱丙烷塔外也能进脱丁烷塔，视工艺需求而定。

气相自塔顶引出，经回流空冷器进行冷却后进入回流罐缓冲储存。回流罐中的液相经回流泵加压后，分两股，一股经流量控制阀控制流量后返回脱丁烷塔作为塔顶回流，为塔内的汽液传质提供液相物流。由塔的压力控制阀根据塔压来调节剩余液相丁烷作为产品输到丁烷储罐储存，所以塔顶的冷凝产品是以稳定塔的操作为主，产品输出为辅。

液相自塔底引出经液位控制阀后输至脱戊烷塔，作为戊烷塔的进料。

脱丁烷塔第 28 块塔板下收集的液相物流，由重力作用进入塔底再沸器，被加热至 127.8℃，由热导油出口流量调节阀通过 DCS 实现 PID 自动调节。在塔底再沸器加热后的物流分气、液二路返回脱丁烷塔塔底。

脱丁烷塔的塔底液位由液位变送器和液位控制阀通过 DCS 实现 PID 调节。

回流罐的液位由液位变送器及丁烷产品外输管线上的压力控制阀串级控制。脱丁烷单元工艺流程如图 8-21 所示。

8.8.3 主要设备操作要点

8.8.3.1 脱丁烷塔

A 设计参数与操作参数

设备名称：浮阀塔、塔盘数 28 块。

(1) 设计参数：$p=2240\text{kPa}$；$T=-10\sim204$℃。

(2) 操作参数：

1) 塔进料物料：$p=1472\text{kPa}$；$T=106.2$℃。

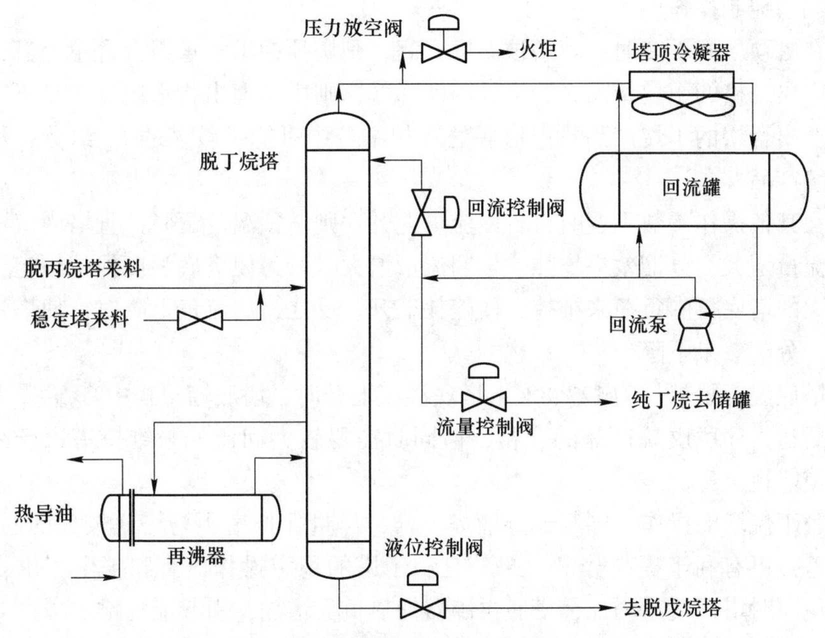

图 8-21 脱丁烷单元工艺流程图

2）塔顶气相物料：$p=755\text{kPa}$；$T=60.9$℃。

3）塔底液相物料：$p=768\text{kPa}$；$T=127.8$℃。

4）丁烷产品物料：$p=713\text{kPa}$；$T=40$℃。

5）塔底排出物流（液相，去脱戊烷塔作为原料）：$p=279\text{kPa}$；$T=93.3$℃。

B 操作

脱丁烷塔与其他分馏塔类似，操作的主要关注点在于塔顶压力、塔顶温度、塔顶回流量、塔底温度这 4 个参数应尽量接近设计值。这 4 个参数与设计值的接近程度是该塔分馏效果好坏的关键因素。脱丁烷塔的操作效果直接影响丁烷、戊烷两种产品的质量，是最重要的操控因素之一，也是最难于操作的塔，要求操控既要满足塔顶馏出物符合丁烷的质量指标，即 $x(C_4) \leqslant 2.0\%$，又要使塔底液相含 C_4 组分也不能过高，否则，下道工序的脱戊烷塔无法生产出合格的戊烷产品。

塔脱丁烷塔顶压力设计值为 755kPa，在塔顶操作温度不变时，若塔顶操作压力超过设计值，则塔中的 C_5 及 C_5 以上重组分难于自塔顶馏出，对丁烷产品的合格有利。若塔顶压力低于设计值时，则塔中的 C_5 及 C_5 以上重组分易于自塔顶馏出，对丁烷产品的合格不利，但较高的塔顶压力，使塔底馏出物中的 C_4 含量上升，对下道工序的脱戊烷塔操作不利。反之，较低的塔顶压力，使塔底馏出物中的 C_4 含量下降，对下道工序的脱戊烷塔操作有利。适当控制塔顶压力的不超高，利于控制操作。

在塔顶压力不变时，若塔顶温度升高，则塔顶馏出物重组分含量上升，不易于生产出合格的丁烷产品，若塔顶温度降低，则塔顶馏出物重组分含量下降，易于生产出合格的丁烷产品。但塔底的液相组分中可能带较多的 C_4 组分，从而影响后续产品。

在其他操作参数不变时，若回流量上升，则塔顶温度下降，且塔内汽液传质的物流量增大，分馏效果增强，但回流量增大时，为使塔底温度保持恒定，必须有较大的塔底再沸负荷来维持，使能耗上升。反之，回流量下降时，使塔顶温度上升，分馏效果下降。

塔底温度设计值为127.8℃，塔底温度上升时，塔底馏出物中 C_4 含量下降有利于后道工序脱戊烷产品的合格，但同时需要较大回流比来维持塔顶产品的合格，使能耗上升。

脱丁烷塔的操作，同其他分馏塔一样，尽量保持塔顶与塔底较大的温度差、压力差，更有利于提高分馏效果，有利于塔的稳定操作，有利于生产出合格产品，但同时塔回流量增加，塔底再沸器加热负荷增加，引起能耗增加。

如果根据工艺要求，不生产纯 C_3 和纯 C_4 产品，则对脱丁烷塔稳定运行的工艺参数是控制 C_4 在塔底物料中的含量和塔顶气相中 C_5 的含量。参数调整的重点是回绕塔顶压力和塔底温度，使塔顶的液化石油气满足国家标准。

液化石油气的国家标准为：《液化石油气》（GB 11174—2011）。标准规定：商品丙丁烷混合物中 C_5 及 C_5 以上烃类组份不大于3.0%。

塔底液位由液位变送器和液位控制阀控制值如下：

（1）液位低低报警；

（2）液位超低报警；

（3）液位超高报警。

8.8.3.2 脱丁烷塔回流罐

A 设计参数与操作参数

设备名称：卧式储罐。

（1）设计参数：$p=2240\text{kPa}$；$T=-10\sim93℃$。

（2）操作参数：$p=1403\text{kPa}$；$T=53℃$。

B 操作

在冬季，塔顶气相物流经空冷器冷却后的温度有可能低于53℃（在20～40℃之间，也属正常操作状态），此时，应将塔顶回流量降低，降低流量调节阀开度，以保持塔的操作稳定。

回流罐液位由液位变送器与压力调节阀串级控制，液位控制值如下：

（1）液位低低报警；

（2）保持液位不过低，尤其不能抽空，以免回流泵抽空汽蚀。

8.8.3.3 脱丁烷塔再沸器

A 设计参数与操作参数

设备名称：管壳式换热器。

（1）设计参数：

管程：热导，$p=1379$kPa；$T=-10\sim343$℃。

壳程：再沸物料，$p=2240$kPa，$T=-10\sim260$℃。

（2）操作参数：

管程：热导，$p=600$kPa；$T=246$℃。

壳程：再沸物料，$p=1416$kPa；$T=161$℃。

B 操作

操作中，要保持液位的稳定和壳体内再沸物流温度的稳定。温度由温度控制阀控制。

8.8.4 重要参数仪表控制

重要参数仪表控制包括：

（1）脱丁烷塔压力控制：设定值：1395kPa；

（2）回流罐压力控制：设定值：1390kPa；

（3）回流泵密封压力超高报警：PAH-1335A/B；

（4）塔顶空冷器风机振动超高报警；

（5）再沸器壳程温度超高报警；

（6）再沸器壳程温度超低报警。

8.8.5 主要控制点

主要控制点包括：

（1）脱丁烷塔回流罐。低低液位开关检测液位，当达到低低液位设定值305mm时，DCS系统报警并连锁停脱丁烷塔回流泵。

（2）脱丁烷塔回流冷凝器：

1）风机转换开关。脱丁烷塔回流冷凝器带有2个风扇电机，正常生产时同时运行，当某一个振动超限时连锁停一个风扇，另一台正常运行。环境温度较低时（春、秋、冬季）停运一台空冷器。

2）振动开关。安装在冷凝器风机上，当达到振动高限值时DCS系统报警并连锁停冷凝器。

(3) 脱丁烷塔回流泵：

1) 脱丁烷塔回流泵正常生产时一备一用，既能现场启停又能在控制室 DCS 上遥控启停，在事故状态时 DCS 还有紧急停泵功能。

2) 回流泵密封检测。压力开关安装在回流泵密封处用于检测密封的泄漏，当在用泵密封泄漏时触点动作，信号上传到 DCS 系统报警并连锁停运在用回流泵，启动备用回流泵。

3) 脱丙烷塔回流罐液位低低时，触发连锁信号回流泵自动停运。

(4) 脱丁烷塔：

1) 脱丁烷塔压力。压力变送器用于测量塔底压力并与脱丁烷塔回流罐液位变送器组成串级调节系统控制压力调节阀开度，同时也控制脱丁烷塔顶放空调节阀开度。压力测量范围 0~2585kPa。

2) 脱丁烷塔液位。液位变送器用于连续测量脱丁烷塔液位并控制液位调节阀开度，设有高低液位报警。

3) 液位调节阀。液位调节阀用于控制脱丁烷塔液位。当脱丁烷塔低低液位的液位开关动作时，由 DCS 系统控制将此阀关闭。

4) 脱丁烷塔低低液位。低低液位开关用于检测塔底液位，当液位到低低设定置时，DCS 系统报警并连锁停液位调节阀。

5) 回流控制阀。回流控制阀用的开度由 DCS 系统根据脱丁烷塔回流缓冲罐液位变送器与脱丁烷塔压力变送器组成串级调节回路控制。该阀首先满足塔的操作压力，当操作压力高于设定值后，阀被打开并通过将丙烷产品送出系统降低回流罐液位的方式降低塔压。当事故状态时，由紧急关断系统控制来关断此阀。

6) 回流控制阀。回流控制阀主要保证塔有足够的回流量，所以在正常操作时，回流量基本恒定不变，塔的压力和塔顶产品控制由流量控制阀来实现。

(5) 脱丁烷塔再沸器。温度变送器 TT-1320 安装在脱丁烷塔再沸器 HE-1320 上，用于测量再沸器温度并控制温度调节阀 TCV-1320 开度，检测值送 DCS 系统显示，测量范围 0~250℃，设有高低温度报警。

8.8.6 脱丁烷单元操作注意点

脱丁烷单元操作注意点包括：

(1) 塔顶操作压力、温度、回流量和塔底操作温度 4 个参数尽量接近设计值，处理量变化时，选择其中一个或两个参数做调整；

(2) 回流罐的操作要保持液位的稳定，满液位属于正常现象，但不能抽空；

(3) 脱丁烷塔操作上应注意进料物流平稳，不出现断流，进料物流轻组分不偏高；

(4) 脱丁烷塔塔底要保持液位的稳定，物流轻组分也不偏高；

（5）操作上应避免液位和温度的调节阀开关幅度波动过大、过频；

（6）巡检时多注意回流泵运行有无异常；

（7）巡检时注意空冷器运行有无异常，环境温度较低时（秋冬季）停运一台空冷器。

8.8.7 安全措施

设有3只安全阀：设定值分别为：2240KPa、1792KPa、2585KPa。并在塔顶气相管线上装有一个压力排放阀，用于调节塔的压力。

8.9 脱戊烷塔系统

8.9.1 脱戊烷系统的作用

脱丁烷塔底液相轻烃经节流后进入脱戊烷塔进行分馏，脱戊烷塔顶气相馏出物经全冷凝后，一部分作为塔顶回流返回脱戊烷塔顶，另一部分经进一步冷凝后，作为戊烷产品输至戊烷罐区储存。脱戊烷塔底液相物流经冷却后，输往稳定轻烃罐区储存。

8.9.2 工艺流程

脱丁烷塔底部的轻烃经自身压力进入脱戊烷塔进行分馏，气相物料自塔顶引出经回流空冷器进行全冷凝后，进入回流罐缓冲储存，回流罐中的液相戊烷用回流泵加压后，分两股，一股经流量控制阀控制流量后，返回脱戊烷塔顶部，作为塔顶回流；另一股作为剩余戊烷经塔的压力控制阀输至戊烷储罐储存。

回流罐的液位，由液位变送器及压力变送器将当前信号传至DCS，由DCS根据脱戊烷塔的压力控制塔的回流量及剩余戊烷产品的输送，实现液位、压力的串级调节。

脱丁烷塔底液相自塔底引出经冷却器冷却后，由塔底的液位控制阀控制后，输至稳定轻烃储罐储存。

填料层下部收集的液相物料，由重力作用进入塔底再沸器，被加热至118℃后，返回脱戊烷塔，为塔内汽液传质提供气相物流和能量，同时将液相中的轻烃组分C_5气体提出来，提高戊烷收率。再沸物流加热后的温度118℃，由热导油出口流量调节阀、温度变送器通过DCS实现PID自动调节。脱戊烷塔的塔底液位由液位变送器和液位控制阀通过DCS实现PID自动调节控制。脱戊烷塔单元的工艺流程如图8-22所示。

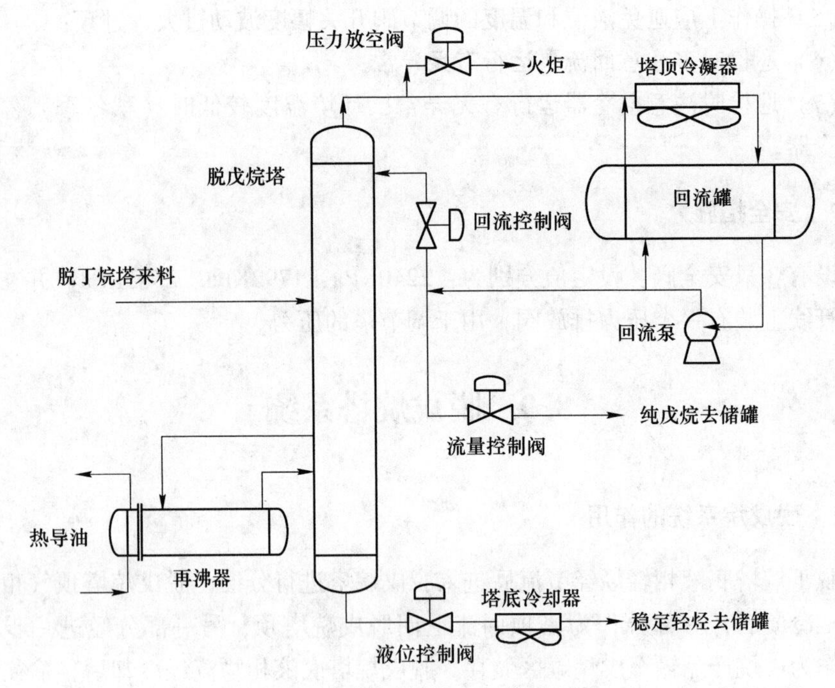

图 8-22　脱戊烷塔单元工艺流程图

8.9.3　主要设备操作要点

8.9.3.1　脱戊烷塔

A　设计参数与操作参数

设备名称：两段填料层，上层 7894mm，下层 3658mm。

（1）设计参数：p=690kPa；T=−10~2040℃。

（2）操作参数：

1）进塔物料，液相：p=279kPa；T=99℃。

2）塔顶物料，气相：p=217kPa；T=70.5℃。

3）塔顶回流物料，液相：p=217kPa；T=68.9℃。

4）戊烷产品物料，液相：p=175kPa；T=40℃。

5）稳定轻烃物料，液相：p=124kPa；T=40℃。

6）塔底去再沸器物料，液相：p=230kPa；T=113℃。

B　操作

脱戊烷塔塔顶馏出物为戊烷产品，塔底馏出物为稳定后轻烃产品，操作效果的好坏、直接影响到两种产品质量的好坏。操作的关注点在于塔顶压力、塔顶温度、塔顶回流量和塔底温度 4 个参数尽量接近设计值。

塔顶压力设计值为217kPa，塔顶压力低于设计值时，进料中的 C_6 组分易于自塔顶馏出，对戊烷产品的合格不利。塔顶压力过高时，需有较大的回流量来降低塔压，但会引起塔底再沸器负荷增加，增加了能耗。

塔顶温度设计值为70.5℃，塔顶温度超过设计值时，进料中的 C_6 组分易于自塔顶馏出，对戊烷产品的合格不利，塔顶温度低于设计值时，进料中的 C_6 组分难于自塔顶馏出，对戊烷产品的合格有利。

塔顶回流量上升时，使塔顶温度下降，且塔内参与汽液传质的物流量增大，分馏效果提高，但回流量增加时，为使塔底温度保持恒定，要增加能耗。

塔底温度上升时，塔底馏出物中 C_5 含量下降，有利于戊烷产品的收率提高，但同时需较大的回流比来维持塔顶戊烷产品中 C_6 的不超高，使能耗上升。

操作中保持塔顶与塔底较大的温度压力差，有利于提高分馏效果，但同时会增加能耗。

脱戊烷塔的液位控制指标如下：

（1）低液位报警；

（2）高液位报警。

8.9.3.2 塔顶回流罐

A 设计参数与操作参数

设备名称：卧式储罐。

设计参数：p=690kPa；T=−10～93℃。

操作参数：p=217kPa；T=70.5℃。

B 操作

回流罐的操作要保持液位的稳定，尤其不能抽空，否则将导致回流泵抽空汽蚀损坏。液位设有低低液位报警。

8.9.3.3 脱戊烷塔再沸器

A 设计参数与操作参数

设备名称：管壳式换热器。

（1）设计参数：

1）管程：热导，p=1379kPa；T=−10～343℃。

2）壳程：再沸物流，p=690kPa；T=−10～260℃。

（2）操作参数：

1）管程：热导，p=517kPa；T=246.1℃。

2）壳程：再沸物流，p=330.9kPa；T=118.3℃。

B 操作

操作中，壳体内再沸物流温度的稳定性由塔底物料的温度检测器来控制热导油的温度控制阀。

8.9.3.4 戊烷产品冷却器

A 设计与操作参数

设备名称：戊烷冷却器（空冷）。

（1）设计参数：$p=1034$kPa；$T=-10\sim93$℃。

（2）操作参数：

1）入口：$T=68.9$℃；$p=317.2$kPa。

2）出口：$T=48.9$℃；$p=282.7$kPa。

B 操作

空冷器的作用是将塔顶的气相戊烷冷凝为液相进回流罐，冷凝后的温度为48.9℃。

8.9.3.5 稳定轻烃产品冷却器

A 设计与操作参数

设备名称：稳定轻烃冷却器（空冷）。

（1）设计参数：$p=690$kPa；$T=-10\sim149$℃。

（2）操作参数：

1）入口：$T=118.3$℃；$p=330.9$kPa。

2）出口：$T=48.9$℃；$p=296.5$kPa。

B 操作

空冷器的作用是将塔底高温的液体轻烃冷却，按工艺要求冷却到50℃左右时可以往产品罐输送。

8.9.4 重要参数仪表控制

重要参数仪表控制包括：

（1）脱戊烷塔压力控制：250kPa；

（2）回流罐压力控制：220kPa；

（3）脱戊烷塔塔顶压力超高报警；

（4）回流泵密封压力超高报警；

（5）脱戊烷塔塔底温度超低报警；

（6）脱戊烷塔塔底温度超高报警。

8.9.5 主要控制点

主要控制点包括：

（1）脱戊烷塔回流罐。低低液位开关检测到液位低到低低限值230mm时，紧急关断系统报警并连锁停脱戊烷塔回流泵。

（2）脱戊烷塔回流冷凝器：

1）振动检测。振动开关安装在脱戊烷塔回流冷凝器上，当达到振动高限时，紧急关断系统报警并连锁停回流冷凝器。

2）压力检测。压力变送器用于检测进口压力，检测值送DCS系统显示，压力测量范围0~700kPa(G)，设有高压报警，报警值220kPa(G)。

（3）脱戊烷塔回流泵。

1）脱丁烷塔回流泵正常生产时一备一用，既能现场启停又能在控制室DCS上遥控启停，在事故状态时DCS还有紧急停泵功能。

2）回流泵密封检则。压力开关安装在回流泵密封处用于检测密封的泄漏，当在用泵密封泄漏时触点动作，信号上传到DCS系统报警并连联锁停运在用回流泵，启动备用回流泵。

3）脱丙烷塔回流罐液位低低时，触发连锁信号回流泵自动停运。

（4）脱戊烷塔：

1）脱戊烷塔压力。压力变送器用于测量脱戊烷塔压力并与脱戊烷塔回流罐液位组成串级压力调节控制阀。检测值为副调节值，它同时控制脱戊烷塔顶放空调节阀开度，压力测量范围0~700kPa(G)。

2）脱戊烷塔液位。液位变送器用于连续测量脱戊烷塔液位并控制液位调节阀，设有低低液位报警。

3）液位调节阀。液位调节阀用于控制脱戊烷塔液位，此阀事故状态由应急控制系统控制紧急关断。

4）脱戊烷塔高高液位。高高液位开关检测到当液位到达高高限值时，DCS系统报警并连锁电磁阀切断仪表风源，从而关闭液位调节阀，切断脱戊烷塔来料。

5）压力放空阀。压力放空阀安装在脱戊烷塔顶气出口放空管线上，开度由脱戊烷塔压力变送器检测值与设定值250kPa(G)之比决定阀门的开关。

6）脱戊烷塔底温度。温度变送器用于检测塔底温度并控制脱戊烷塔再沸器热媒油出口调节阀开度，设有低低温报警。

（5）脱戊烷塔再沸器。温度调节阀安装在脱戊烷塔再沸器热导油出口管线上，其开度由脱戊烷塔塔底的温度变送器控制。

8.9.6 脱戊烷系统操作注意点

脱戊烷系统操作注意点包括：

（1）塔顶操作压力、温度、回流量和塔底操作温度4个参数尽量接近设计值，处理量变化时，选择其中一个或两个参数做调整；

（2）回流罐的操作要保持液位的稳定，满液位属于正常现象，但不能抽空；

（3）脱戊烷塔操作上应注意进料物流平稳，不出现断流，进料物流轻组分不偏高；

（4）操作中要保持轻烃进料罐压力不偏高；

（5）巡检时注意回流泵和空冷器运行有无异常。

8.10　丙烷制冷系统

8.10.1　丙烷制冷系统的作用

由于乙烷的物理性质决定了如果利用一般的冷却或冷凝的方法无法使乙烷冷到工艺要求，在整个工艺流程中没有足够的冷量来满足脱乙烷塔塔顶所需的能量。因此设计本单元的工艺目的就是为脱乙烷塔顶冷却器连续提供足够的冷量，以维持脱乙烷塔顶回流温度控制在6.5℃。丙烷制冷系统是一个独立的闭环流程，丙烷（≥98%）制冷剂要实现蒸发、压缩、冷却、储存、再蒸发的循环过程。

8.10.2　工艺流程

丙烷制冷是一个密闭循环系统，液体丙烷储存在缓冲罐。液体丙烷从罐体底部引出进入丙烷后冷却器的壳程，被管程内的脱甲烷塔底轻烃冷却，冷却温度由旁路管线上三通阀控制，丙烷冷却至29.4℃，经过滤器过滤后分两股：一股经产品后冷却器换热后回到经济器的液位控制阀后与另一股直接经液位控制阀节流降压、降温的丙烷合并进入经济器进行气、液分离。

液体丙烷经液位调节阀的节流后，压力由1576kPa降至730kPa，有部分丙烷气化，气化过程中使整个丙烷物料温度降低，由节流前的29.4℃降至19.5℃。进入经济器分离分成气、液两相丙烷，气相丙烷经压力控制阀进入丙烷压缩机的二级入口进行级间压缩。经济罐的压力由顶部的压力控制阀保持（设定值为730kPa）。经济罐的液相自底部引出，经液位控制阀节流降压，压力由730kPa降至282kPa，有部分丙烷气化，气化的丙烷再次使丙烷物料温度降低，由节流前的19.5℃降至-7℃，进入脱乙烷塔的塔顶丙烷蒸发器的壳程，进行蒸发，蒸发潜热被管程中的脱乙烷塔塔顶气所吸收。蒸发后的气相丙烷自丙烷蒸发器顶部引出，进入丙烷压缩机的入口分离罐，以除掉气相丙烷所夹带的丙烷液滴，入口分离罐顶部的气相进入丙烷压缩机（一备一用）压缩。分离罐底部的液相丙烷被底部加热器加热后气化进入丙烷压缩机，如果罐内还有残余的滑油，则必须通过底部的排放阀门就地排放，其工艺流程如图8-23所示。

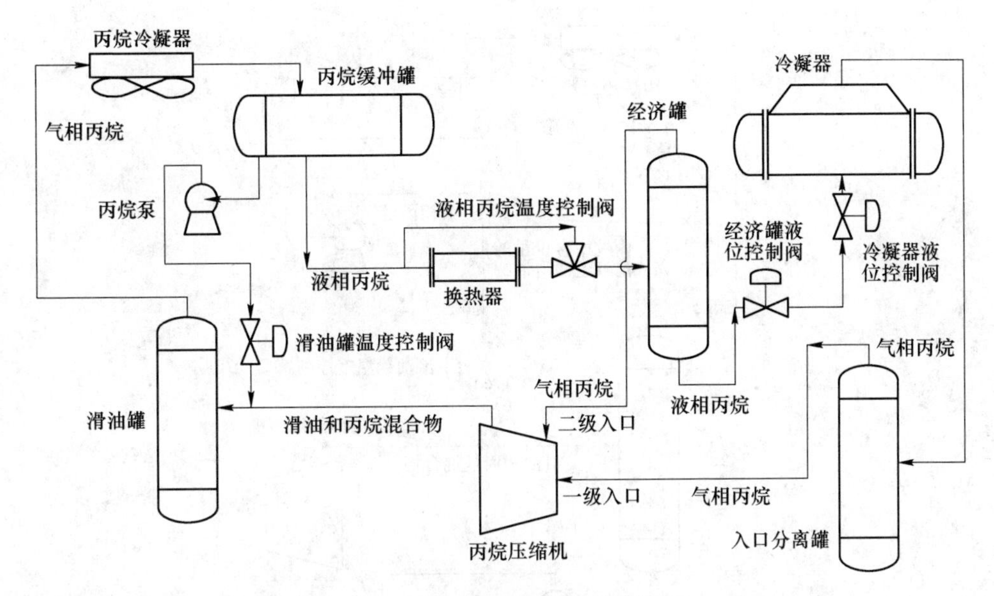

图 8-23 制冷系统中丙烷工艺流程图

经丙烷压缩机压缩后的丙烷进入丙烷-润滑油分离罐，以分离掉与丙烷一起从压缩机出来的润滑油。润滑油积聚在底部，丙烷则从分离罐顶部排出，滑油自底部引出，进入润滑油泵加压，经润滑油过滤器过滤后，返回丙烷压缩机润滑油腔，进行循环使用。

脱除润滑油后的丙烷气进入丙烷冷凝器，冷凝后的液相丙烷进入液体丙烷储罐。至此丙烷完成了自液相储存→后冷却→节流→蒸发→分离→压缩→冷凝→储存的循环过程。

丙烷缓冲罐中的液相丙烷，在循环过程中会夹带少量润滑油，如不及时消除，会随丙烷进入后续工艺影响蒸发器及换热器的传热效率，所以应予以消除，其系统滑油工艺流程如图 8-24 所示。

丙烷-润滑油分离罐运行期间罐内滑油有温度要求，并由现场就地温度控制阀来控制。丙烷缓冲罐中的液相丙烷经泵增压打回丙烷-润滑油分离罐来控制罐的温度，同时也将丙烷缓冲罐底部的滑油一并送回丙烷-润滑油分离器，在丙烷-润滑油分离罐中，液相丙烷被压缩机出来的高温（65℃）气相丙烷加热后挥发成气相，所夹带的润滑油不挥发，沉降至罐底部，压缩机出口气温度也因液相丙烷的蒸发吸热而温度下降，两股丙烷气混合后，温度为 $T=54.4$℃，进入丙烷冷凝器冷凝后返回丙烷储罐，完成液相丙烷加压→加热蒸发→冷凝的循环过程。

8.10.3 主要设备操作要点

本系统的工艺设备有 4 台泵，两台压缩机、两台空冷器、3 台分离器、1 台

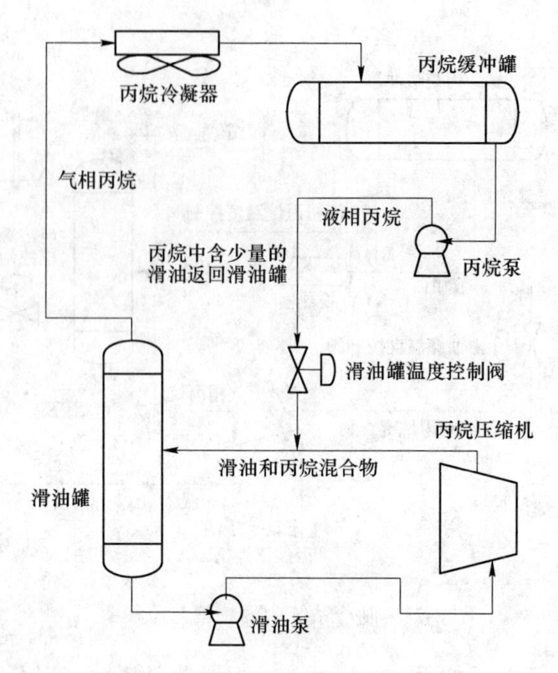

图 8-24 制冷系统中滑油工艺流程图

储罐及两台过滤器组成。

8.10.3.1 丙烷缓冲罐

A 设计参数与操作参数

设备名称：卧式储罐。

（1）设计参数：$p=2069$kPa；$T=-10\sim66$℃。

（2）操作参数，液相：$p=1590$kPa；$T=48.9$℃。

B 操作

丙烷-缓冲罐的操作，要保持液位的稳定，尤其不能过低，以防丙烷循环泵抽空汽蚀，当液位低于正常液位时，应向缓冲罐中补充丙烷。

罐设有报警控制值：低低液位报警。

8.10.3.2 丙烷-润滑油分离罐

A 设计参数与操作参数

主要分离压缩机出口气中所夹带的润滑油，该润滑油是由润滑油泵增压后，向压缩机所喷射的，以达到机组润滑的目的。

设备名称：立式重力气-液分离器。

（1）设计参数：$p=2069$kPa；$T=-10\sim93$℃。

（2）操作参数，滑油与丙烷：$p=1590$kPa；$T=54.4$℃。

B 操作

丙烷-润滑油分离罐的操作是要保持润滑油液位的稳定，尤其不能过低，以防润滑油泵的抽空汽蚀。罐的液位报警控制：

（1）低低液位报警；

（2）高高液位报警。

8.10.3.3 经济器

A 设计参数与操作参数

设备名称：立式重力气-液分离器。

（1）设计参数：$p=1792\text{kPa}$；$T=-10\sim66℃$。

（2）操作参数，丙烷：$p=730.8\text{kPa}$；$T=19.5℃$。

B 操作

经济器顶部的气相丙烷进入压缩机二级入口，液相进入脱乙烷塔顶部的丙烷蒸发器。

操作要保持压力、液位的稳定。压力由压力调节阀控制，保持730kPa，液位由液位变送器及进料液位控制阀控制。经济器设有液位报警控制值：

（1）低低液位报警；

（2）高高液位报警。

8.10.3.4 丙烷压缩机入口分离罐

A 设计参数与操作参数

（1）设计参数：$p=1792\text{kPa}$；$T=-28\sim66℃$。

（2）操作参数，气相丙烷：$p=280\text{kPa}$；$T=-7℃$。

B 操作

分离罐的目的是让丙烷蒸发器过来的气相丙烷所携带的液相丙烷在此沉淀，防止进入丙烷压缩机，因此罐的液位只设置高高液位报警。罐底部有加热管，当罐底出现液位时可通过加热把液相丙烷强制气化进入压缩机。

当分离罐的液位超高时（润滑油），可从底部的排放阀排出，至正常液位为止。

8.10.4 重要参数仪表控制

重要参数仪表控制包括：

（1）空冷器电机振动报警；

（2）丙烷压缩机进气压力低低报警；

（3）丙烷压缩机排气压力高高报警；

（4）丙烷压缩机排气温度高高报警，设定值：90℃；

（5）丙烷压缩机润滑油温度高高报警，设定值：70℃；

（6）丙烷压缩机润滑油与排气压差高高报警；

（7）丙烷压缩机振动报警；

（8）丙烷压缩机电机振动报警；

（9）丙烷循环泵密封压力超高报警；

（10）丙烷-润滑油分离器温度控制，设定值：52℃；

（11）丙烷-润滑油分离器温度超低报警。

8.10.5 主要控制点

主要控制点包括：

（1）丙烷缓冲罐。丙烷缓冲罐液位检测低低液位开关安装在丙烷缓冲罐上，当达到低低液位限值时独立的仪表控制系统报警，整个丙烷制冷系统停运。

（2）丙烷冷凝器：

1）丙烷冷凝器带有两个冷却风机，正常生产时，两台风机既可同时运行，又能单台运行。当一台风机到超高振动值时，独立的仪表控制系统连锁控制该台风机电机停。

2）振动检测。当振动到高限值时，DCS系统报警并连锁停风机电机。

（3）丙烷经济器：

1）液位检测。液位变送器用于连续测量丙烷经济器液位并控制液位调节阀，设有低液位报警。

2）液位高高检测。高高液位检测开关检测罐内液位，当液位到达高高限值时，DCS系统和独立的仪表控制系统报警，整个丙烷制冷系统停运。

（4）丙烷机入口分离罐。高高液位开关检测罐内液相液位，当液位到高高限值时，独立的仪表控制系统报警，整个丙烷制冷系统停运。

（5）丙烷循环泵：

1）丙烷循环泵正常生产时一备一用。当丙烷循环泵中的一台泵密封泄漏时，DCS连锁停该泵，同时自动启另一台泵。

2）密封检测。压力开关用于检测泵的密封泄漏，当在用循环泵密封泄漏时，压力开关的触点动作，信号上传到DCS系统报警并连锁循环泵停泵。

（6）丙烷压缩机：

1）丙烷压缩机正常生产时一备一用，各带一个独立的就地控制盘，其启停控制及自身安全保护连锁均由系统的仪表控制完成。并将一些启停信号和报警信号上传到DCS系统。

2）丙烷压缩机轴振动检测。振动开关用于检测压缩机轴承振动，当轴承振动达到高高限值时，独立的仪表控制系统报警并连锁停丙烷压缩机。

3）丙烷压缩机润滑油进口高高温检测。温度开关用于检测润滑油温度，当温度达到高高限值70℃时，独立的仪表控制系统报警连锁停丙烷压缩机。

4）丙烷压缩机润滑油进出口压差检测。压差开关用于检测润滑油进出口压差，当压差达到低设定值137kPa时，独立的仪表控制系统报警连锁停丙烷压缩机。

5）丙烷压缩机出口压力检测。压力开关检测到当出口压力达到高高设定值1850kPa时，独立的仪表控制系统报警连锁停丙烷压缩机。

6）丙烷压缩机出口温度检测。高高温度开关用于检测去丙烷压缩机出口温度，当达到高高温度设定值90℃时，温度开关动作，信号传到独立的仪表控制系统报警连锁停丙烷压缩机。

7）压缩机入口过滤器压力检测。压力变送器用于检测入口过滤器的压力。压力检测值送独立的仪表控制系统显示，压力检测范围0~1792kPa。设有低低压报警。

8）丙烷压缩机电机振动检测。振动开关安装在丙烷压缩机电机轴承上，用于检测电机振动，当振动达到高高限值时，振动开关触点动作，信号传到独立的仪表控制系统报警并连锁停压缩机。

（7）润滑油泵。润滑油泵为齿轮泵，正常生产时，一备一用。

（8）丙烷-润滑油分离器：

1）丙烷-润滑油分离器温度检测。温度开关检测到当温度到达低温限值30℃时，温度开关动作，信号上传到独立的仪表控制系统，系统报警连锁停丙烷压缩机。

2）丙烷-润滑油分离器低低液位检测。当液位降到低低限值时，液位开关动作，信号传到两台独立的仪表控制系统报警连锁停丙烷压缩机。

（9）丙烷换冷器：

1）温度检测。温度变送器安装在换冷器出口去丙烷经济器管线上，用于检测去丙烷经济器温度并控制三通调节阀，温度测量范围-10~100℃。

2）温度调节阀。温度调节阀安装在丙烷后冷器的出口管线上，用于降温调节，保证去丙烷经济器的介质温度为29℃，当出口温度检测低于29℃时，三通调节阀的介质流向为从丙烷缓冲罐到丙烷经济器，当出口温度检测值等于或高于29℃时，三通调节阀的介质流向为从丙烷后冷器出口到丙烷经济器，即三通调节阀的流向及开度由出口温度设定值决定。

8.10.6 丙烷制冷系统操作注意点

丙烷制冷系统操作注意点包括：

（1）操作中要保持丙烷压缩机入口压力的稳定；

(2) 巡检时多注意润滑油过滤器差压，差压过高时应及时更换滤芯；

(3) 巡检时注意动设备的运行有无异常；

(4) 巡检时注意空冷器运行有无异常，环境温度较低时（秋、冬季）停运一台空冷器；

(5) 注意控制好丙烷-润滑油分离器罐底部温度；

(6) 操作要保持丙烷经济器压力、液位的稳定；

(7) 操作中要保持丙烷缓冲罐液位的稳定，当液位与低 50%时，应及时补充；

(8) 操作中要保持润滑油液位的稳定，当液位与低 50%时，应及时补充；

(9) 巡检时多注意丙烷过滤器差压，差压过高时应及时更换滤芯；

(10) 注意控制好丙烷入口分离罐罐底部温度，防止液体丙烷进入丙烷压缩机；

(11) 当丙烷入口分离罐的位超高时（润滑油），应及时将润滑油排出；

(12) 启动丙烷压缩机时，严格按丙烷压缩机操作规程要求来进行；

(13) 操作要注意控制好丙烷压缩机负载及丙烷压缩机电机的电流。

8.10.7 安全措施

除了丙烷制冷系统自带一些安全保护连锁措施外，在工艺流程中还设有一些压力超压的泄压的安全阀。

设有 5 个安全阀，其设定值分别为：2069kPa、1792kPa、2069kPa、2069kPa、2069kPa。

8.11 热导油加热系统

8.11.1 热导油加热系统

该系统设计的目的是为工艺流程中需要热量的各类再沸器、加热器提供热源。

8.11.2 工艺流程

热导油系统由热导油加热炉、热导油缓冲罐、热导油循环泵及最小量循环泵组成，热导油系统与丙烷制冷系统一样，是一个独立的密闭循环系统。

热导油缓冲罐位于热导油泵的入口前，高点安装，用氮气密封，以保持泵的吸入口为正压头。热导油在循环过程中的体积热胀及冷缩由密封氮气来补偿，密封压力超高至 175kPa 时，氮气经自动压力调节阀放空至大气，密封压力低于

135kPa 时氮气经压力调节阀进入缓冲罐。缓冲罐设低液位开关，以避免热导油泵空转。

热导油自缓冲罐底部引出，经热导油泵加压分 3 股，一股经流量调节阀控制后返回缓冲罐作为回流（保护泵），另一股去热导油炉，第三股是经温度控制阀后与被热导油炉加热的高温热导油混合，作为工艺用再沸器的热源，工艺流程如图 8-25 所示。

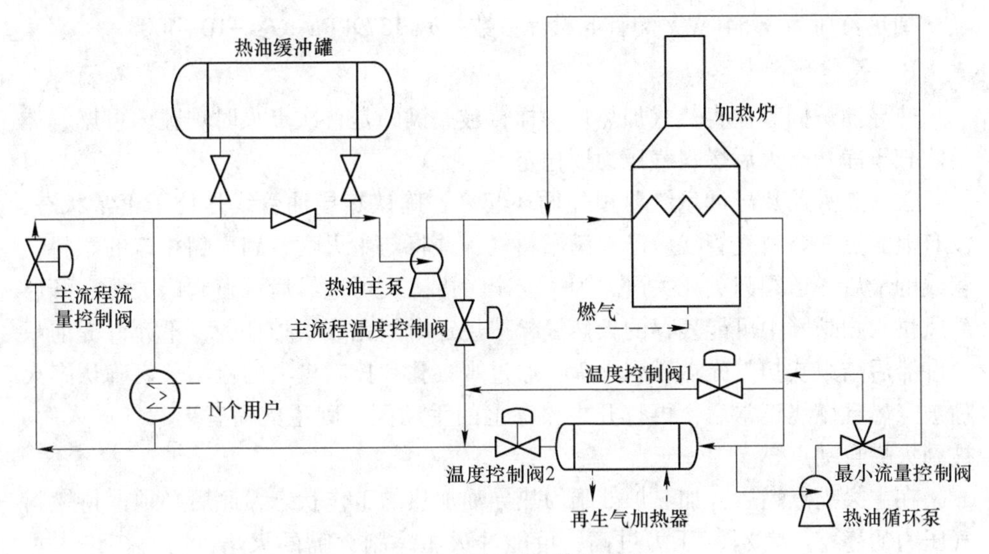

图 8-25　热导油工艺流程图

去热导油炉的热导油被热导油炉被加热至 316℃后，分为两股：一股去分子筛再生气加热器的管程，为再生气加热；另一股与热导油泵的第三股冷油合并成中温油。

流量控制阀作为热导油去各再沸器、加热器的旁通流量控制阀，以控制和调节再沸器、加热器的流量。

由于生产过程中所用的热导油温度有一定要求，所以去工艺换热器、再沸器的热导油温度设定值为 246℃，高于此值时，增大温度调节阀的开启度，以减少被加热炉所加热的热导油数量。热油管线中的温度调节阀及流量调节阀的开启度控制，首先采集流量监测的信号，使热导油泵的流量高于最小允许流量；其次再根据热油温度的数值进行调节。而温度调节阀的开启度控制到某一点，在这点工况下，流量调节阀可以实现控制各换热器的平稳操作，温度调节阀的开启度便不再变化。

为了维持加热炉的最小流量，不使炉内热导油因流量过小而结焦和损坏炉管，专门设计了两台最小流量循环泵（一备一用）。当进炉加热的热导油流量计所检测的流量低于最小流量时，通过 DCS 控制的最小流量控制阀将最小流量泵的出口流体引至加热炉入口，以增加进炉加热的热导油量，保证炉子的安全。

8.11.3 主要设备操作要点

8.11.3.1 热导炉

A 设计参数

加热负荷为 3954kW，炉管的设计参数：$p=1379\text{kPa}$；$T=-10\sim400℃$。

B 操作

热导油炉同其他直热式加热炉一样，最关键的是首次点火时炉膛内可燃气体要吹扫干净及点火后燃料气压力要稳定。

首次点火前热导油系统要预先循环起来，确认热导油管线是处于正常状态，没有泄露点。燃料气管线应已充满燃料气，并将与主火嘴、副火嘴相连的燃料气管线的最后一道阀门关死关严，为了安全考虑，也可把最后两道阀门关严。开启鼓风机吹扫炉膛中可能残存的天然气，按规定时间完成吹扫任务，不允许提前只允许滞后结束吹扫。先点燃副火嘴，通过观察孔和控制盘上的检测仪表确认副火嘴被点燃且燃烧正常后，再打开主火嘴上的手动阀，则主火嘴有天然气进入后，被副火嘴自动点燃。

在主火嘴点燃后，加热炉处于为热导油加热的工作状态，此后必须保持燃料气压力的稳定。燃料气压力过高，可能冲灭主、副火嘴的火焰，而直接进入炉膛，引起爆炸。燃料气过低，主、副火嘴火焰自然熄灭。加热炉点火不成功后的再次点火，必须严格按程序进行完全吹扫，否则点火会引起炉膛爆炸。

8.11.3.2 热导油缓冲罐

A 设计参数与操作参数

设备名称：卧式储罐。

(1) 设计参数：$p=1034\text{kPa}$；$T=-10\sim343℃$。

(2) 操作参数：$p=135\text{kPa}$；$T=218℃$。

B 操作

关键要保持压力及液位的稳定，压力由密封氮气通过压力调节阀来稳定罐压。

罐液位设有安全控制值：低低液位报警。

当罐内液位低于设定值后，且在低低液位值以上必须补充热导油。

8.11.4 重要参数仪表控制

重要参数仪表控制包括：

（1）热导油缓冲罐液位低低报警；

（2）热导油加压泵密封压力超高报警；

（3）热导油加压泵出口流量低低报警；

（4）去热导油炉流量低低报警；

（5）热导油炉本体自带一套安全控制系统。

8.11.5　主要控制点

主要控制点包括：

（1）热导油缓冲罐：

1）热导油缓冲罐氮气封顶压力。压力变送器安装在氮气进气旁通管线上，用于检测热导油缓冲罐的压力，缓冲罐的密封气（氮气）压力为135kPa，当罐内压力高于泄压设定值175kPa时，压力调节阀动作往外排气，保证热导油缓冲罐压力≤175kPa；当罐内压力低于设定值135kPa时，现场钢瓶氮气通过压力调节阀向罐内补充密封气（氮气），使罐内压力不低于135kPa，设压力报警，报警值：175kPa。

2）热导油缓冲罐低低液位检测。低低液位开关安装在热导油缓冲罐上，当达到报警限值时，在DCS上报警的同时连锁如下设备：

①热导油泵；

②密封液冷却器；

③热导油炉现场就地控制盘控制紧急停炉。

（2）热导油泵：

1）密封泄漏检测。压力开关用于检测泵密封泄漏，安装在热导油泵本体密封处。当密封泄漏至压力达70kPa时，压力开关触点动作，信号上传到DCS系统报警并连锁停在用热导油泵和密封冷却器，同时启动备用热导油泵和密封冷却器。

2）热导油泵出口流量。出口流量计量采用孔板配差压变送器，DCS系统根据流量检测值与热导油炉出口温度检测值组成串级调节回路，控制泵的流量调节阀开度。温度测量值为主调节量，流量测量值为副调节量，流量差压范围：0~38.1kPa，设定值：24.13kPa。设有低低流量报警。

（3）热油炉热导进口。流量计设有低低流量报警，报警差压值为：13.46kPa，同时DCS系统根据流量测量值控制热导油循环泵出口三通调节阀开度，稳定总热油系统的温度。

（4）热油炉热导出口：

1）温度检测。测温元件安装在热导油炉出口管线上，用于检测加热后的热导油温度。设有高温和低温报警及超高温报警。

2）炉管差压检测。低压差开关安装在热导油炉进出口管线上，用于测量进出口压差，当压差达到报警设定值时，压差开关触点动作，将信号上传到DCS系统及热导油炉就地控制盘上报警。

（5）副火嘴燃料气系统：

1）燃料气低低压检测。压力开关安装在燃料气进气管线上，当压力到低低压设定值时，压力开关动作并报警。

2）副火嘴燃料气高压检测。压力开关安装在副火嘴燃料气管线上，当压力到高压限值时，压力开关动作并报警。

3）副火嘴燃料气高高压检测。压力开关安装在副火嘴燃料气管线上，当压力到高高限值时，压力开关动作并报警。

（6）主火嘴燃料气系统：

1）主火嘴燃料气低压检测。压力开关用于检测，燃料气来气压力，当燃料气压力达到低限值时，这两个压力开关动作并报警。

2）主火嘴燃料气低低压检测。压力开关用于检测，当燃料气压力达到低低限值时，压力开关触点动作并报警。

3）主火嘴燃料气高压检测。压力开关用于检测，当燃料气压力达到高限值时，压力开关触点动作并报警。

4）主火嘴燃料气高高压检测。压力开关用于检测，当燃料气压力达到高高限值时，压力开关触点动作并报警。

（7）火嘴进空气压力。压力开关安装在火嘴进空气管线上，用于检测进空气压力，当达到低限值时，信号送到就地控制盘及DCS上报警。

8.11.6 热导油系统操作注意点

热导油系统操作注意点包括：

（1）热导油炉点火时，炉膛内可燃气体的吹扫一定要彻底；

（2）热导油工作时，必须保持燃料气压力的稳定；

（3）巡检时观察炉膛火焰燃烧形状，判断燃料气是否带液烃，尤其在冬天；

（4）操作中热导油炉热导油出口温度不超316℃；

（5）操作中注意各单元热导油调节阀开、关幅度过大或过快，避免热导油系统流量波动，造成热导油炉停运；

（6）操作中注意避免轻烃进入热导油系统，热导油系统出现轻烃应及时查明原因；

（7）巡检时注意正常运行时有无异常，特别是动设备；

（8）巡检时注意热导油缓冲罐的液位，当液位低于50%时，应及时补充；

（9）操作中注意热导油缓冲罐保持正压，系统流量要平稳。

8.11.7 安全措施

加热炉本身有一套安全保护连锁程序，在热油出炉管线上安装了2个安全阀，在缓冲罐上有压力和液位的保护开关，在每个用户点都有一个泄压阀。

8.12 燃料气系统

8.12.1 燃料气系统的用途

燃料气系统的用户有：作为热导油加热炉和火炬长明灯的燃气、残液罐、戊烷和稳定轻烃储运单元密封加压；火炬长明灯，供气压力690kPa。

8.12.2 工艺流程

燃料气气源有3个：第一路来自段塞流捕集器的天然气湿气，经压力调节阀减压至690kPa；第二路来自稳定塔顶部的气相作为主燃料气，由压力调节阀控制，此气的特点是热值高；第三个气源为干气烃，该气源为正常生产时的补充气源，如图8-26所示。

3个气源管线合并后，进入燃料气分离罐，分离掉游离水、轻烃和固体颗粒后，进入燃料气加热器加热至25℃（主要是防止液相去炉膛）后输往各用户。

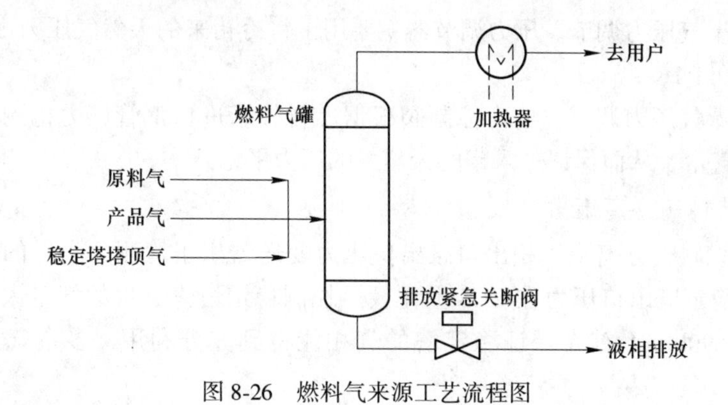

图8-26 燃料气来源工艺流程图

8.12.3 主要设备操作要点

A 燃料气分离罐

a 设计参数与操作参数

设备名称：立式气-液重力分离器

（1）设计参数：p=1379kPa；T=-28～66℃。

（2）操作参数：p=690kPa；T=-10～36℃。

b　操作

操作要保持液位不能超高，以免大量液烃进入加热炉的燃烧火嘴，使火焰不稳定或熄灭而引起爆炸危险。液位由液位变送器及液位控制阀控制，由于过低的液位会导致天然气进入排污系统产生火灾危险，故平时底部排污的手动阀及液位调节阀前后的手动阀要全关严，待液位达到正常液位达时再打开手动阀，利用液位调节阀的自动调节控制液位。

燃料气罐的液位报警控制：

（1）低低液位报警；

（2）高高液位报警。

B　燃料气加热器

燃料气加热器是一种电热器，燃料气经加热器加热后的温度控制点为25℃。加热器的作用是避免太低的燃料气温度，否则会有大量凝液产生。

一般来说，燃料气不必加热也可很好地燃烧，且主燃料气为凝液稳定塔来天然气，温度在0℃以上，操作中可不使用该加热器。

8.12.4　主要控制点

A　燃料气分离罐进口

（1）干气压力调节。压力调节器主要用于将冷箱来的天然气压力由1485kPa调压至600kPa。

（2）湿气压力调节。压力控制阀根据燃料气罐进口汇管压力检测数据来调节罐的进气量，从而保证进入罐的天然气的压力平稳。

B　燃料气分离罐出口

（1）燃料气分离罐气相出口。出口压力变送器用于检测分离后的气相压力及与凝液稳定塔出口压力在DCS上比较后控制稳定塔去火炬的气量大小，比较设定值为690kPa。首先保证稳定塔的气相能得到充分利用，多余气量排放到火炬。

（2）燃料气分离罐液相出口。液位控制阀根据液位变送器的检测值调节该阀的开度，达到液面平稳。

C　燃料气分离罐：

（1）液位检测。液位变送器用于检测液位及控制调节阀开度，设有低液位报警。

（2）液位高报警检测。液位开关的目的是当高高液位报警时连锁关闭进口阀，切断从冷箱的来气。

D 燃料气加热器

电加热器设有高温报警和高高温报警。燃气的出口温度设定值为25℃。

E 燃料气加热器出口

温度变送器安装在燃料气出口管线上，用于检测被加热后燃料气的温度及控制加热器的加热量，同时设有低温报警，报警值为0℃。

8.12.5 燃料气单元操作注意点

燃料气单元操作注意点包括：

（1）燃料气分离罐操作压力不要随意改变；

（2）正常运行时可以停用从段塞流捕集器来的天然气；

（3）正常操作时燃料气分离罐应保持一定液位，但液位不能超高。

8.13 产品交易方式

湿气经过工艺流程的加工，分离出了1个气相产品：干气以及4个液体产品：丙烷、丁烷、戊烷和稳定轻烃。由于产品的性质不一样因此出现不一样的交易方式。

8.13.1 天然气干气外输

干气外输计量主要用于干气外输时的精确计量，精度可达3‰以内，是产品销售的重要环节。干气外输计量装置是超声波流量计，为保证计量精度，每套计量器具均设计有温度补偿和压力补偿及在线色谱仪为计量提供实时组分数据。

8.13.1.1 超声波流量计

A 超声波流量计的概念

超声流量计是指一种基于超声波在流动介质中传播速度等于被测介质的平均流速与声波在静止介质中速度的矢量和原理开发的流量计，主要由换能器和转换器组成。

B 超声波流量计的工作原理

根据对信号检测的原理，超声流量计可分为传播速度差法（直接时差法、时差法、相位差法和频差法）、波束偏移法、多普勒法、互相关法、空间滤法及噪声法等。

时差式超声波流量计根据测量顺逆传播时因传播速度不同引起的时差来计算被测流体速度。

它采用两个声波发送器（S_A 和 S_B）和两个声波接收器（R_A 和 R_B）。同一声源的两组声波在 S_A 与 R_A 之间和 S_B 与 R_B 之间分别传送。它们沿着管道安装的位置与管道成 θ 角（一般 $\theta=45°$）如图 8-27 所示。由于向下游传送的声波被流体加速，而向上游传送的声波被延迟，它们之间的时间差与流速成正比。也可以发送正弦信号测量两组声波之间的相移或发送频率信号测量频率差来实现流速的测量。

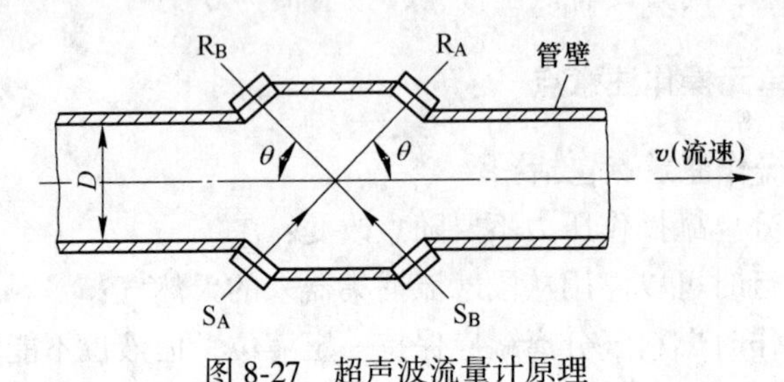

图 8-27　超声波流量计原理

C　超声波流量计的特点

超声波流量计的特点包括：

(1) 独特的信号数字化处理技术，使仪表测量信号更稳定、抗干扰能力强、计量更准确；

(2) 无机械传动部件不容易损坏，免维护，寿命长；

(3) 电路更优化、集成度高；功耗低、可靠性高；

(4) 智能化标准信号输出，人机界面友好、多种二次信号输出，供您任意选择；

(5) 管段式小管径测量经济又方便，测量精度高。

8.13.1.2　工艺流程描述

处理后的合格干气，经工艺管线进入干气外输计量系统。

总管线上设有紧急关断阀，此关断阀的信号与工艺装置相连，作为应急系统中的一个控制点。在流量计之后设有流量调节阀，用于调节干气外输流量。

在装置故障或装置刚投运外输干气不合格情况下，来自生产装置的不合格外输干气进入计量装置旁路管线，经手动放空阀进入火炬放空系统。

8.13.2　外输干气主要操作要点

外输干气主要操作要点包括：

(1) 外输干气的流量控制。外输干气的流量控制由流量控制阀根据流量计的信号，由 DCS 根据设定值及流量值进行自动控制。在实际控制时，由于影响流量控制阀动作的因素较多，所以要根据实际情况，采取必要人为干预。

（2）外输干气计量装置旁路放空控制。来自生产装置的不合格外输干气进入计量装置旁路管线，经手动阀控制后进入火炬放空系统，这时的干气外输管线压力由此手动阀控制。在实际控制时，还需注意手动阀与膨胀/压缩机之间的协调。

8.13.3 外输干气自动检测及控制

外输干气自动检测及控制包括：

（1）气相色谱分析。气相色谱在线分析仪安装在装置干气外输出口管线上，由独立的控制系统进行数据采集并作为超声波流量进行计算的组分依据；

（2）外输干气计量。由于外输计量精度要求在3‰以内，为保证计量精度，每套计量器具均设计带有温度补偿和压力补偿；

（3）外输干气流量控制阀。外输干气管线出口安装了一台流量调节阀用于对外销气进行流量控制，开度由 DCS 系统根据流量检测值控制调节阀；

（4）外输干气切断阀。外输干气出口管线设置了一个切断阀用于故障状态对外输干气切断。由紧急关断系统对该阀进行控制。阀位开、关状态送 DCS 系统显示。该控制阀为故障自动关闭阀；

（5）外输干气放空阀。放空阀安装在干气外输管线支管线上，此放空阀由操作人员在现场手动打开。

合格产品干气的外输流程如图 8-28 所示。

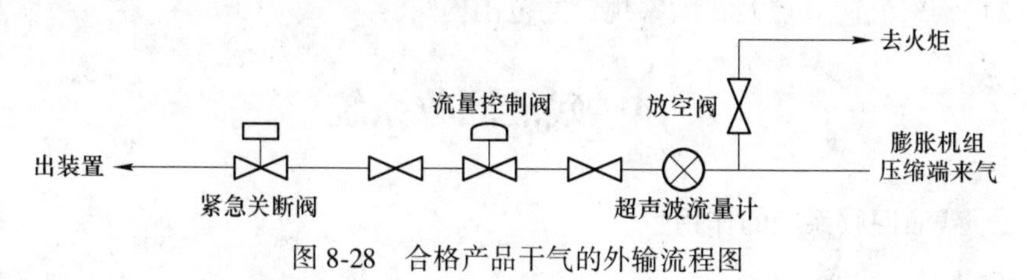

图 8-28 合格产品干气的外输流程图

8.13.4 液体产品外输

液体产品外输工艺流程包括：

（1）计量方式。外输干气没有储存设施，是以销定产；而液体产品则是储存在压力容器里。产品的计量是以称重方式进行交易。

（2）外输方式。产品的属性为易燃易爆品，因此装运的设施必须持有特种证件，且符合国家的相关法律法规，目前公路外输主要是带压的槽罐车。

（3）罐车装车程序：

1）罐车进入装料区后听从工作人员的指挥，停靠指定的装车台。未进入装车台的车辆在待装区域排队依次等待。

2）进入装车台的罐车停稳后，应熄火、拉手闸、司机必须离开驾驶室，并将车钥匙交给工作人员挂在指定处。

3）工作人员做车辆装运前检查，记录检查结果，并经双方确认符合装车条件后给罐车接上释放静电的接地线。

4）在工作人员监护下，由押运员接上装车臂液相接头和气相接头，工作台人员检查其连接是否正确、牢固。

5）在工作人员监护下由押运人员开启装车臂上的液相、气相阀门，为罐车加液。

6）罐车加液期间工作人员及押运人员均不得离开现场并注意观察罐车上液位计和压力表读数。

7）当罐车上的液位计达到指定刻度时，在工作人员的监护下，由押运员关闭装车臂上液相和气相阀门，停止装液，严禁超载。

8）在工作人员监护下，押运员缓慢打开排气阀（罐车上）排净装车臂气相管道内余气，卸下气相接头挂回原处。

9）在工作人员监护下，押运员缓慢打开排液阀（罐车上）排净装车臂液相管道内残液，卸下液相接头挂回原处。

10）工作人员卸下罐车上接地线，放回原处。确认无误后方可同意槽车驾驶员取回钥匙。

11）司机取回钥匙，启动车辆，将车辆驶离装车台。

12）物料流速应控制在国家规定的范围内。

8.14 残液回收系统

8.14.1 残液回收系统的作用

残液回收系统的设立就是根据所处理原料及中间产品的特性，在生产故障及停产检修时接收所排放的残液，以保证生产安全及环境不受污染。

8.14.2 工艺流程描述

来自各生产过程中所排放的残液，通过汇总管线，进入残液回收罐，经热导油盘管加热至10~30℃后，气相去放空火炬，液相经残液泵加压后，去凝液稳定塔再加工或进稳定轻烃储罐，残液回收罐如图8-29所示。

残液回收罐顶部有燃料气密封管线，以维持残液罐的压力稳定。

8.14.3 残液回收的操作

当主装置检修或某些设备操作不正常时，会有一部分轻烃排放至烃类残液罐

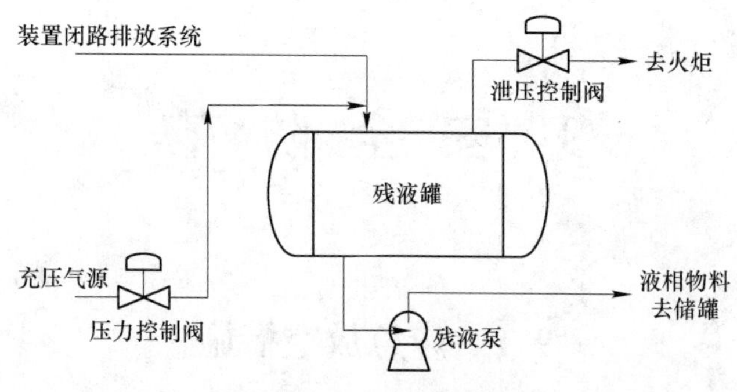

图 8-29　残液回收罐示意图

中。残液罐顶部的燃料气密封管线一般处于通气状态，由燃料气压力调节阀控制残液罐的压力。顶部的放空调节阀同样处于运行状态，当压力超高时自动打开泄压。当残液罐内的温度低于-35℃时，通过热油管线加热，达 30℃时，关闭热油管线。

当装置恢复正常后，应将罐内的轻烃经残液及时处理，使罐处于备用状态。

8.14.4　设备参数

（1）容器类别：Ⅱ 类公称容积：5.5m³；储存介质：轻烃残液。

（2）设计压力：1.40MPa；最高工作压力：1.20MPa；设计温度：-45~50℃。

8.14.5　主要控制点

主要控制点包括：

（1）压力检测。压力变送器安装在残液回收罐的顶部，用于罐内压力检测，设有压力高、低报警。

（2）液面高报警开关。液面低报警开关安装在残液回收罐的磁性液位计上，当液面达到高报警开关位置时，开关闭合并报警。

9 安 全 防 范

9.1 应急放空措施

安全排放系统用于防止压力容器、锅炉和管道等受压设备因火灾、操作故障或停水、停电造成压力设备超过其设计压力而发生爆炸事故，对化工企业的安全、稳定生产及运行有重要意义。

9.1.1 安全排放的技术措施

石油化工生产的工艺装置和设备、储存运输设备，常常需要排放可燃气体或液体，为了确保排放安全，防止火灾爆炸事故的发生，排放设施必须从工艺和设计上采取相应的安全措施。

火炬系统作为在炼油或石油、化工、装置中安全有效释放的气体或液体的设施，其正常运转对装置出现火灾或断电等紧急状况时，防止装置因此而转为灾难至关重要。

9.1.1.1 排放设施的功能

排放设施按其功能分为两种：一种是正常情况的排放，如生产装置开车时，工艺设备吹扫时以及停车检修时，需将设备内的废气、废液排到危险品回收系统，出于生产和安全上的需要可燃蒸气或有毒气体被排入火炬燃烧。另一种是事故情况下排放，当反应物料发生剧烈反应，采取加强冷却，减少投料等措施难以奏效，不能防止反应设备超压、超温、暴聚、分解爆炸事故，应将设备内物料及时排放，防止事故扩大，或紧急情况下安全阀、爆破片动作泄压，或发生火灾时，为了安全，将危险区域的易燃物料放空。甲、乙、丙类的设备均应有这些事故紧急排放设施。

9.1.1.2 排放设施

大型的石油化工生产都是通过火炬排放易燃易爆的气体，可燃气体、蒸汽或有毒气体经分离罐进行分离处理，捕集下来的液滴或污液进行回收或经地下排污管排至安全地点，其气态物经防止回火的密封罐后导入火炬系统，焚烧后排放到大气中。

火炬按照不同的分类方式有不同的类型，按燃烧器是否远离地面可分为地面火炬和高架火炬，按火炬燃烧器的形式可分为单点燃烧火炬和多燃烧器火炬。

9.1.2 地面火炬

地面火炬通常指封闭火炬，但也包括地面多燃烧器火炬，主要是根据事故泄放的量来选择，前者主要用于泄放量较小的化工厂，后者主要用于泄放量大的乙烯和天然气项目。地面火炬组成部件除有一般火炬所具有的燃烧器、引火器及其点燃器和火焰探测器、浮性或速度密封、气液分离罐、易燃易爆气体探测器、液封、管道、烟尘消除控制系统、辐射防护设备之外，还有封闭体和燃气支管。

地面火炬特点包括：

（1）火炬向四周扩散的热辐射较小；

（2）检修方便，除封闭体较高外，其余的设施均在地面上；

（3）极大限度地减少了对周围环境的空气污染、光污染和噪声污染，提高了火炬操作的安全性；

（4）占地面积少，地面火炬由于燃烧发生在地面，不会发生火雨，主要依据辐射热计算确定防火间距。

9.1.3 高空火炬

高空火炬是由自控系统、点火系统和单纯直立上升的一根钢结构管道组成，像是一根烟道，使得火焰在顶端远程自动点火燃烧，远离地面，而不致伤害到人员和工厂，高空燃烧塔可调整其高度。

火炬系统的设计内容一般包括火炬气排放管网和火炬装置两部分。排放管网的设计内容包括火炬气管道和凝液回收输送设备以及管道的工艺、配管、土建、电气的设计等。火炬装置的设计内容包括火炬头、火炬筒体、分液罐、水封罐、点火器、泵等设备以及相应的工艺配管、电气、电信、自控、土建、给排水、环境保护等设计。

排放到火炬的可燃烧气体种类包括天然气、炼厂气、废气、尾气等各种有毒、可燃性气体。点火方式有自动点火、地面手动爆燃点火等。

高空火炬工作原理：被排放气体经管道、阀门、分液、防回火装置输送至火炬头部，火炬头部配有长明灯，其燃烧源为相对稳定的供气源。长明灯经点火器点燃后将一直燃烧，当排放气到达火炬头部时，立即被长明灯点燃。

9.1.4 地面火炬和高空火炬对比

9.1.4.1 工况对比

与高空火炬工况对比地面火炬并不逊色：

（1）对于重组分火炬气，如分液罐的分离效果不好而导致火炬下“火雨”时，高空火炬会对周围环境有一定影响，由于地面火炬燃烧器均布置在火炬筒体内，不会对环境产生影响；

(2) 含有毒有害组分的火炬气，由于对大气环境影响，该类排放气体应进入高空火炬进行处理，地面火炬不适合；

(3) 高空火炬与空气的混合不充分，燃尽率较低；地面火炬与空气混合的较充分，燃尽率可达到99%以上；

(4) 高空火炬塔架较高，火炬头、长明灯、高空点火器检修困难，地面火炬每个燃烧器、长明灯、点火器安装高度只有2~3m，检修方便；

(5) 高空火炬巨大的火焰会形成一定的光污染；地面火炬火焰完全封闭在金属围栏内，不会形成光污染；

(6) 高空火炬会产生燃烧噪音、蒸汽喷射噪音；而地面火炬噪音低，防辐射金属围栏外噪音通常低于75分贝；

(7) 高空火炬热辐射影响范围较大，地面火炬较小；

(8) 高空火炬在小排放量时可能受风速的影响会引起熄火，导致可燃气体排入大气，造成一定的安全隐患，而地面火炬每个燃烧器处理的可燃气体的量相对稳定，不会熄火；

(9) 按现行规范要求，高空火炬的占地较大，而地面火炬仅考虑与周边设施的消防距离。

9.1.4.2 安全和可靠性分析

与高空火炬的安全可靠性分析对比地面火炬也非常安全可靠：

(1) 防止回火、憋压的安全措施。地面火炬在考虑安全性上为了防止回火在设计上会在燃烧系统管线上设置阻火器或水封罐，在排气管道上设置氮气吹扫口，来平衡排气管道的微正压，阻止空气回流引发回火，来保证安全生产。对放空气管路一定要按照程序和要求严格控制开启的时间和速度，为了使每一级都能准确获得信号，要在每个方框系统上都设有两只读数精读不同的压力变送器，同时还要加强监测，为安全生产提供更加可靠的保证。

(2) 自动点火系统。地面火炬内设有高效节能型长明灯，长明灯应用引射技术，耗费的燃料量小，燃烧也比较充分，火焰刚性好，恶劣天气对它的影响小，一般来说十二级的暴风雨雪都可以正常运转。此外长明灯点火还有自动点火和内传焰点火两种方式，可以说从安全可靠性来说是非常高效的。

(3) 监控和保护系统：

1) 两者均设有长明灯火焰检测和熄火系统的监控和保护，地面火炬设长明灯且保持常明状态，对其火焰用热电偶实时监测，如果长明灯熄灭，自动点火装置就会重新点燃，自动点火没有点火成功，则探测器会发出报警信号。

2) 长明灯对整个地面火炬正常运行有重要作用，对其燃料气压力监控系统也有特殊保护。在长明灯燃料气管线上设置低压报警器，当压力低于设置的低值时，报警系统会发出报警信号，这样来保持长明灯燃料气压力稳定。

3）氮气压力监测系统。地面火炬的氮气吹扫系统也设有低压报警系统，当氮气压力值低于正常标准时会发出警报。以上所述的安全监测和保护系统使得地面火炬的安全性大大提高到与高空火炬相同的程度，从而保障了工程项目的安全。

9.1.4.3 对环境保护的影响

地面火炬在环保方面具有优势：

A 噪音影响

地面火炬燃烧炉最大限度减少了对周围的噪声污染，炉内有吸音墙设计，其防热辐射隔离墙也具有吸音的特性，地面火炬燃烧噪音小，震动不明显，从噪音、环境污染角度分析影响较小。

而相比之下，高空火炬的火炬气出口速度快，噪音大，与此同时，为了使高空火炬燃烧得更充分、减少黑烟，还需要在火炬顶部注入蒸汽或空气等消烟气体，这样就使得噪音更大，需燃烧专业在设计时特别考虑消音结构，方可满足标准规范要求。

B 热辐射和光污染

地面火炬采用封闭结构，火焰完全在燃烧炉内，外界看不到火焰，所以光污染值为零。地面火炬的燃烧炉为圆柱形，它的外壳是用碳钢材料制成，内衬耐热捣打浇筑衬里，理论上能在1200℃的高温环境中持续使用，这一设计具有非常好的热稳定性和超低的高温导热系数，内部温度变化不会影响外部温度，一般都在80℃以下。还能够保证火焰的热辐射都封闭在燃烧炉内，炉内的防热辐射隔离墙能有效减少外热辐射。

高空火炬在燃烧时火炬头产生的强火焰和随之产生的热辐射对高架火炬周围的环境产生很大的影响，为满足对周围的工作人员和生活居民以及生产设备不产生危害，需提升火炬高度或在需保护位置增设防辐射屏。

9.1.4.4 投资需求和运行、维护费用

地面火炬的设计较为先进，配备的监测和保护措施也需要更多的投入，因此需要投资的资金比高空火炬高大概40%。高空火炬为保持正常运行，需要通过注入蒸汽或设置鼓风设备来使火炬气正常燃烧和完全分解，需要的蒸汽和电力较高；地面火炬无烟燃烧，运行费用支出少，所以在运行阶段高架火炬比地面火炬需要的费用高。

高架火炬的长明灯和火炬头设置在高空，在维护上不方便；地面火炬的设备都在地面，维护方便。

9.1.5 应用实例

生产过程中正常排放和非正常排放都是通过火炬排放总管先被集中到气液分

离罐进行气、液分离。其中气相进入水封分液罐内后升空到火炬被燃烧掉，减少对环境的影响。液相组分利用残液泵打回轻烃罐，减少损失。

排放到火炬系统的物料来自3个地方：压力调节的正常排放；安全阀不正常的泄压；闭排系统残液罐的气相部分。

9.1.5.1 工艺流程

火炬系统包括火炬头、火炬筒体、火炬塔架、分液罐、通风机等主设备及工艺管线、仪表电气配套部分等。

（1）放空气管道。工艺流程内的火炬放空气体经分液罐进入火炬筒体，最后通过火炬头燃烧处理。

（2）燃料气管。从燃料气总管中分一路去火炬系统，燃料气管路经总阀后分成4路支管：其中一路作为火炬长明灯气源；一路作为高空点火装置燃料气源；一路作为地面内传焰点火器点火用可燃气源；一路作为火炬头密封用气气源。

（3）仪表空气管。经总管接入作为火炬地面内传焰点火用空气气源。

（4）内传焰管道：

1）点火器出口的内传焰管道分成3路分别进入火炬头3套长明灯的内传焰管口。

2）每路内传焰引火管底部设有放液阀。

（5）排液管道。分离罐内的液相部分由回收泵打回轻烃卧罐。

9.1.5.2 主要控制点

火炬排放系统如图9-1所示，其中：

（1）残液罐设计数据：罐体直径 ϕ3000mm，长度16m；

（2）罐的液位控制。

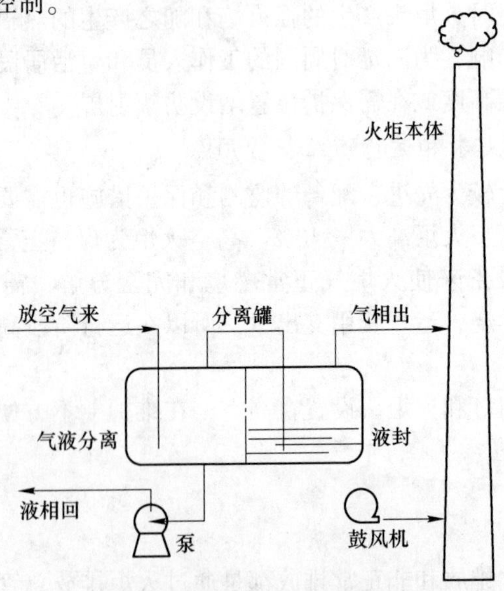

图9-1 火炬排放系统示意图

9.2 预防检测措施

燃烧是指可燃物与氧化剂作用发生的放热反应，通常伴有火焰、发光、发烟现象。而燃烧有3个要素：

（1）可燃物：指能与空气中的氧或其他氧化剂起燃烧反应的物质，如木材、纸张、布料等。可燃物中有一些物品，遇到明火特别容易燃烧，称为易燃物品，常见的有汽油、酒精、液化石油气等。

（2）助燃物：能帮助和支持可燃物质燃烧的物质，即能与可燃物发生氧化反应的物质，如空气、氧气。

（3）着火源：指供可燃物与助燃剂发生燃烧反应能量的来源。除明火外，电火花、摩擦、撞击产生的火花及发热，造成自燃起火的氧化热等物理化学因素都能成为着火源。

在化工工业生产中这3种要素到处存在，怎样避免让3要素有机会碰到在一起呢？则必须把其中之一的可燃物处在受控状态，利用现有技术对生产过程进行实时监控，阻挡一切隐患的发展。针对发生燃烧的现象，设立预防性探测措施。

9.2.1 可燃气体探测

9.2.1.1 可燃气体探测器

可燃气体探测器是对单一或多种可燃气体浓度响应的探测器。

9.2.1.2 基本分类

可燃气体探测器根据工作原理分为传感器原理报警器，红外线探测报警器，高能量回收报警器。

工业用固定式可燃气体报警器由报警控制器和探测器组成，控制器可放置在值班室内，主要对各监测点进行控制，探测器安装于可燃气体最易泄漏的地点，其核心部件为内置的可燃气体传感器，传感器检测空气中气体的浓度。探测器将传感器检测到的气体浓度转换成电信号，通过线缆传输到控制器，气体浓度越高，电信号越强，当气体浓度达到或超过报警控制器设置的报警点时，报警器发出报警信号，提醒人们现场查看并采取相关措施消除泄漏。

气体报警器可联动相关的联动设备，如在工厂生产、储运中发生泄露，可以驱动排风、切断电源、喷淋等系统，防止发生爆炸、火灾、中毒事故，从而保障安全生产。经常用在化工厂，石油，燃气站，钢铁厂等使用或者产生可燃性气体的场所。

9.1.2.3 工作原理

可燃气体报警是对单一或多种可燃气体浓度响应的探测器。可燃气体探测器有催化型、红外光学型两种类型。

催化型可燃气体探测器是利用难熔金属铂丝加热后的电阻变化来测定可燃气体浓度 。当可燃气体进入探测器时，在铂丝表面引起氧化反应（无焰燃烧），其产生的热量使铂丝的温度升高，而铂丝的电阻率便发生变化。

红外光学型是利用红外传感器通过红外线光源的吸收原理来检测现场环境的碳氢类可燃气体。

9.1.2.4 系统组成

气体报警器主要有3部分组成：（1）气体报警器，采集空气中的有毒有害、易燃易爆气体，安装在气体释放源或者易发生泄露点附近；（2）监测报警控制系统，显示需要监测气体的浓度，当达到报警设定值时，发出声光警报或其他信号，一般安装在有人值守的值班室；（3）连接部分，即防电磁干扰的铠装电缆或加金属套管的电缆，将气体探测器的信号传递至监测报警控制系统。

当气体报警器检测到空气中的有毒气体时，将气体浓度的大小转化为相应的4~20mA电流信号，由连接电缆传送至监测报警控制系统，监测报警控制器在将电信号转化为数字信号，在液晶显示器上显示出气体的浓度值，当检测值大于报警设定值时，便由蜂鸣器或警示灯发出报警信号，提示工作人员引起注意，或启动连锁排风系统，其检测原理如图9-2所示。

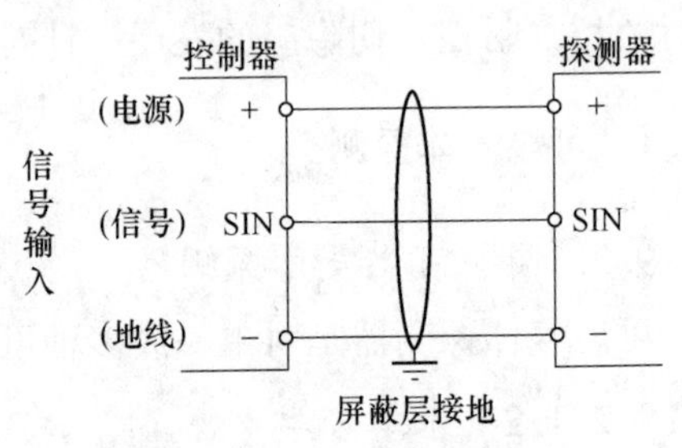

图9-2 气体检测原理图

9.2.2 烟雾探测

9.2.2.1 烟雾探测器

烟雾探测器是通过监测烟雾的浓度来实现火灾防范的一种检测仪器。常用的探测器有3类：离子型、光电型、红外光束型。

9.2.2.2 离子感烟式

离子感烟式探测器是点型探测器。它是在电离室内含有少量放射性物质，可使电离室内空气成为导体，允许一定电流在两个电极之间的空气中通过，射线使局部空气成电离状态，经电压作用形成离子流，这就给电离室一个有效的导电性。当烟粒子进入电离化区域时，它们由于与离子相结合而降低了空气的导电性，形成离子移动的减弱。当导电性低于预定值时，探测器发出警报。

平常状态下放射源会放射 α 粒子。在没有烟雾的时候，α 粒子进入电离室，将电离室内的气体电离而产生正负离子。正负离子在外电路的作用下，朝两侧的电极移动，所以在两侧的电极探测到了电荷的增加，或者电流相应的变化并通过外电路探测到，经过一定时间，电压电流稳定。如果有烟雾从入口进入，由于 α 粒子很容易被微小颗粒阻止，所以说进入到电离室的 α 粒子数目减少，外电路探测到两个电极之间电压电流的变化，因此该装置报警。

离子烟雾报警器原理如图 9-3 所示。

由于 α 粒子很小，可以感知到很小的烟雾颗粒，所以离子烟雾报警器对于小颗粒烟雾比较灵敏，比如燃烧比较旺盛的时候，烟雾颗粒很小，离子烟雾报警器也可以感知到。

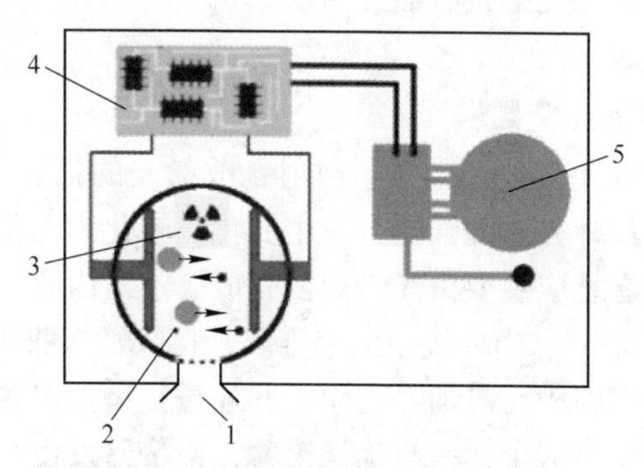

图 9-3　烟雾探测器原理图

1—烟雾颗粒；2—正负离子；3—放射源；4—电路控制部分；5—声音报警装置

9.2.2.3　光电感烟式

光电感烟探测器也是点型探测器，它是利用起火时产生的烟雾能够改变光的传播特性这一基本性质而研制的，即根据烟粒子对光线的吸收和散射作用。光电感烟探测器又分为遮光型和散光型两种。

光电烟雾报警器原理如图 9-4 所示。

图 9-4　光电烟雾报警器原理图

从图 9-4 中看到，正常状态下，红外发光管发出的红外光是无法被红外光感应管感应到的，当有烟雾进来的时候，由于烟雾颗粒的对于红外光的散射（类似于大气对于太阳光的散射），会有一部分红外光打到红外光感应管上，于是感知到烟雾。

由于红外光更容易被稍微大的颗粒散射，所以光电烟雾报警器对于探测大颗粒烟雾更有效，比如燃烧不充分的情况下光电烟雾报警器更有效。

9.2.2.4 红外光束感烟式

红外光束感烟探测器是线型探测器，它是对警戒范围内某一线状窄条周围烟气参数响应的火灾探测器。它同前面两种点型感烟探测器的主要区别在于线型感烟探测器将光束发射器和光电接收器分为两个独立的部分，使用时分装相对的两处，中间用光束连接起来。

A 红外光束感烟报警器原理

红外发射管的红外光束被烟尘粒子散射，散射光的强弱与烟的浓度成正比，所以光敏管接收到的红外光束的强弱会发生变化，转化为点信号，最后转化成报警信号。报警器对烟雾感应主要由光学迷宫完成，迷宫内有一组红外发射、接收光电管，对射角度为 135°。当环境中无烟雾时，接收管接收不到红外发射管发出的红外光，后续采样电路中无电信号变化，并通过报警器内置的主控芯片判断这些变化量来确认是否发生火警，一旦确认火警，报警器发出火警信号，火灾指示灯（红色）点亮，并启动蜂鸣器报警。

光电感烟探测器分为减光式光电感烟火灾探测器和散射光式光电感烟火灾探测器。

B 减光式光电感烟火灾探测器

该探测器的检测室内装有发光器件及受光器件。在正常情况下，受光器件接收到发光器件发出的一定光量，而火灾时，探测器的检测室进入了大量烟雾，发光器件的发射光受到烟雾的遮挡，使受光器件接收的光量减少，光电流降低，探测器发出报警信号，其原理示意图如图 9-5 所示。

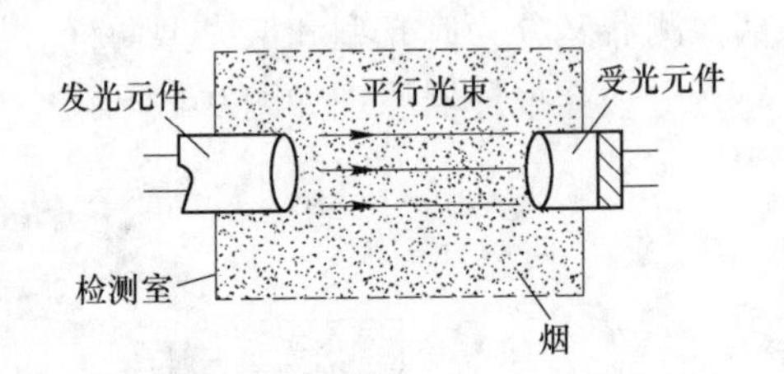

图 9-5 减光式光电感烟火灾探测器原理图

C 散射光式光电感烟火灾探测器

该探测器的检测室内也装有发光器件和受光器件。在正常情况下，受光器件是接收不到发光器件发出的光的，因而不产生光电流。在火灾发生时，当烟雾进入检测室时，由于烟粒子的作用，使发光器件发射的光产生漫射，这种漫射光被受光器件接收，使受光器件的阻抗发生变化，产生光电流，从而实现了将烟雾信号转变为电信号的功能，探测器发出报警信号，其原理示意图如图 9-6 所示。

作为发光器件，目前大多采用大电流且发光效率高的红外发光管，受光器件多采用半导体硅光电管。受光器件阻抗是随烟雾浓度的增加而降低的，变化曲线如图 9-7 所示。

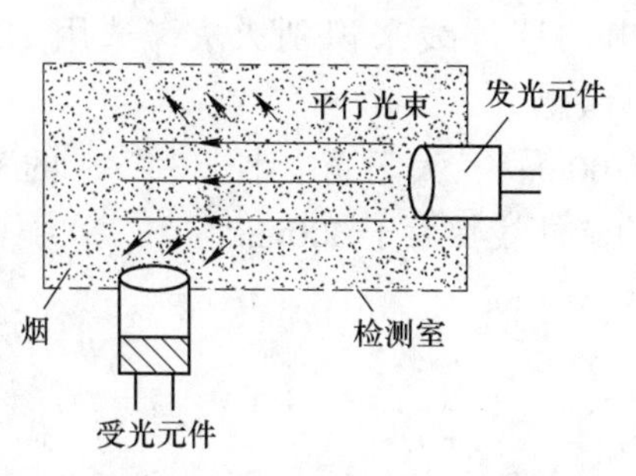

图 9-6　散射光式光电感烟火灾探测器原理图

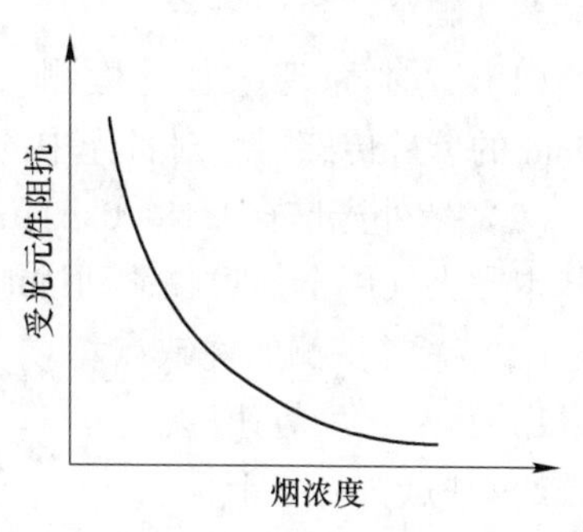

图 9-7　受光器件阻抗随烟浓度变化曲线

9.2.3　火焰探测

9.2.3.1　火焰特征

火焰燃烧过程释放出紫外线、可见光、红外线，其中红外部分可分为近红外、中红外、远红外 3 部分。

阳光、电灯、发热物体等均有热辐射，其辐射光谱随物体不同而不同，辐射光谱可能包括紫外线、红外线、可见光等。

（1）光谱。如图 9-8 所示，自然界中按不同范围的波长分为紫外部分和红外部分，燃烧物体对应其不同波长的光谱，发出不同程度的辐射。

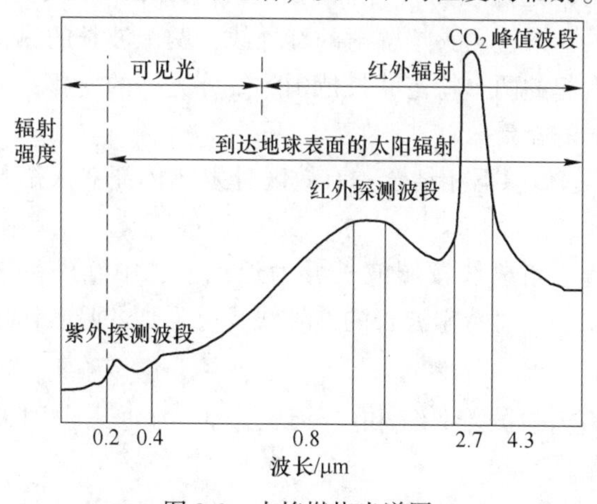

图 9-8　火焰燃烧光谱图

（2）火焰闪烁特征：

1）火焰的闪烁频率为0.5~20Hz；

2）热物体、电灯等辐射出的紫外线、红外线没有闪烁特征。

9.2.3.2 探测器工作原理

A 紫外火焰探测器

（1）基本原理。通过检测火焰辐射出的紫外线来识别火灾。选用180~260nm的紫外传感器，对日光中的紫外线不敏感。

（2）紫外光谱：0.18~0.41μm（180~4100nm），太阳光中小于300nm的紫外线基本被大气层全部吸收，到达地球表面的紫外线都大于300nm。

（3）紫外探测的优缺点。

1）优点：反应速度快；

2）缺点：易受干扰。

B 双波段红外火焰探测器

（1）基本原理。通过检测火焰辐射出的红外线来识别火灾。选用两个波长的热释电红外传感器，来检测火焰辐射的红外线。一个波长的热释电红外传感器用于检测含碳物质燃烧释放CO_2引起的特定波长红外光谱的变化；一个波长的热释电传感器用于检测红外辐射的能量。

两个不同波长的传感器相结合，有效区分发热体而非火焰释放的红外线，避免误报警。

（2）红外光谱。红外线按照波长分为近红外、中红外、远红外。空气中的气体（如CO、CO_2等）对特定波长的红外线具有强烈的吸收作用。

C 三波段红外火焰探测器

（1）基本原理。通过检测火焰辐射出的红外线来识别火灾。选用3个波长的热释电红外传感器，来检测火焰辐射的红外线，两个波长的热释电红外传感器用于检测物质燃烧引起的两个特定波长范围的红外光谱的变化；一个热释电传感器用来检测红外辐射的能量。

3个不同波长的传感器相结合，有效区分发热体而非火焰释放的红外线，避免误报警。

（2）红外光谱。红外线按照波长分为近红外、中红外、远红外。空气中的气体（如CO、C_2等）对特定波长的红外线具有强烈的吸收作用。

D 紫红外复合火焰探测器

通过检测火焰辐射的紫外线和红外线，增加判据来识别火灾，提高探测可靠性。

发热物体可以辐射出红外线，一般的低温物体通常不会辐射紫外线。只有火焰既辐射出紫外线，又辐射出红外线。含碳物质燃烧发出的辐射在特定波长（4.3μm）与热物体辐射的红外线具有明显区分，根据此区分，双波长可提高红外探测的可靠性。增加紫外探测判据，更大幅度提高探测可靠性。

9.2.3.3　火焰探测区域示意图

火焰探测区域如图9-9所示。

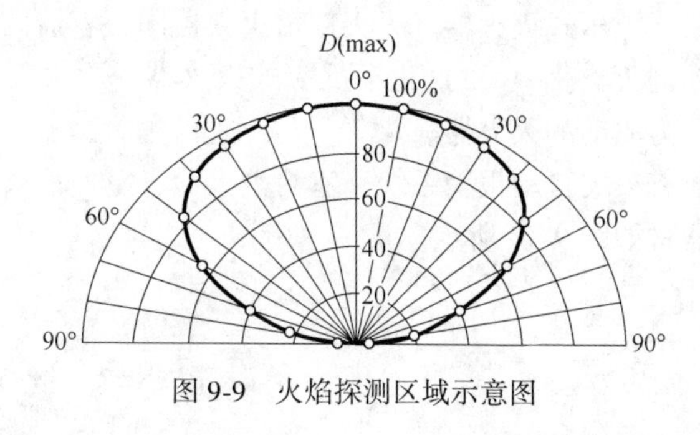

图9-9　火焰探测区域示意图

9.3　消防系统

在实际应用这些检测仪时，不是安装得越多越好，而是要根据国家规范结合生产实际合理安装合适的检测仪。例如某没有硫化氢存在的天然气加工装置，在工艺流程区域，对易泄露的管线法兰和设备结合处布局可燃气体检测仪，有明火和可燃气体存在的区域周边布局火焰探测仪，以保证第一时间检测到异常情况。

根据《火灾分类》（GB/T 4968—2008）火灾根据可燃物的类型和燃烧特性，分为A、B、C、D、E、F 6大类。

（1）A类火灾：指固体物质火灾。这种物质通常具有有机物质性质，一般在燃烧时能产生灼热的余烬。如木材、干草、煤炭、棉、毛、麻、纸张等火灾。

（2）B类火灾：指液体或可熔化的固体物质火灾。如煤油、柴油、原油、甲醇、乙醇、沥青、石蜡、塑料等火灾。

（3）C类火灾：指气体火灾。如煤气、天然气、甲烷、乙烷、丙烷、氢气等火灾。

（4）D类火灾：指金属火灾。如钾、钠、镁、钛、锆、锂、铝镁合金等火灾。

（5）E类火灾：指带电火灾。物体带电燃烧的火灾。

（6）F类火灾：指烹饪器具内的烹饪物（如动植物油脂）火灾。

由于6大类的火灾燃烧性质不同，所以其扑灭的方法也不尽相同。比较熟悉的扑救方法是用水和泡沫（一般场合使用，特殊场合需用专门的方法）。

9.3.1 消防器材

消防器材是指用于灭火、防火以及火灾事故的器材。用于专业灭火的器材。较常见的消防器材是灭火器。按驱动灭火器的压力形式灭火器可分为 3 类：(1) 贮气式灭火器。灭火剂由灭火器上的贮气瓶释放的压缩气体的或液化气体的压力驱动的灭火器。(2) 贮压式灭火器。灭火剂由灭火器同一容器内的压缩气体或灭火蒸气的压力驱动的灭火器。(3) 化学反应式灭火器。灭火剂由灭火器内化学反应产生的气体压力驱动的灭火器。

消防设施主要有火灾自动报警系统、室内消火栓、室外消火栓等固定设施。

常见的消防器材如图 9-10 所示。

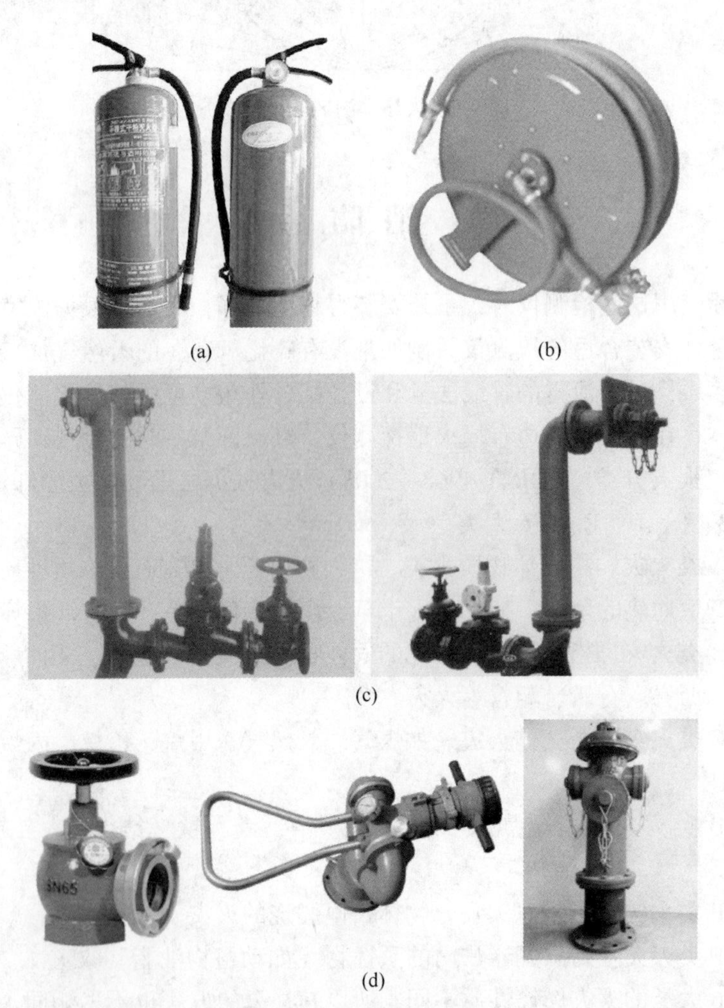

图 9-10 常见的消防器材

(a) 手提式灭火器；(b) 水带卷盘；(c) 两种不同形式的接合器；(d) 消防炮与消防栓

9.3.2 消防给水系统

9.3.2.1 消防水压

室外消防给水系统按消防水压要求分高压消防给水系统，临时高压消防给水系统和低压消防给水系统。

（1）高压消防给水系统。高压消防给水系统管网内经常维持足够高的压力，火场上不需要使用消防车或其他移动式消防水泵加压，从消火栓直接接出水带、水枪就能灭火。采用这种给水系统时，其管网内的压力，应保持生产、生活和消防用水量达到最大且水枪布置在保护范围内任何建筑物的最高处时，水枪的充实水柱不应小于10m。

（2）临时高压消防给水系统。临时高压消防给水系统管网内平时压力不高，在泵站（房）内设置高压消防水泵，一旦发生火灾，立刻启动。

（3）低压消防给水系统。低压消防给水系统管网内压力较低，火场上灭火时水枪所需要的压力，由消防车或其他移动式消防水泵加压形成。采用这种给水系统时，其管网的压力保证灭火时最不利点消火栓的水压不小于10m 水柱（从地面算起）。

9.3.2.2 水系统分类

室外消防给水系统按用途分为生活与消防合用给水系统、生产与消防合用给水系统、生产与生活及消防合用给水系统以及独立的消防给水系统。

（1）生活、消防合用给水系统。城镇、居住区和企事业单位广泛采用生活、消防合用给水系统。这样，管网内的水经常保持流动状态，水质不易变坏，而且投资上比较经济，同时便于日常检查和保养，消防给水较安全可靠。采用这种给水系统，当生活用水达到最大小时用水量时，仍应保证供给全部消防用水量。

（2）生产、消防合用给水系统。在某些工业企业内，采用生产、消防合用给水系统。采用这种给水系统，当生产用水量达到最大用水量时，仍应保证全部消防用水量，而且要求当使用消防用水最大时不致因水压降低而引起生产事故，生产设备检修时也不致造成消防用水中断。由于生产用水与消防用水的水压要求往往相差很大，在消防用水时可能影响生产用水，另外有些工业企业用水又有特殊要求。当生产用水采用独立给水系统时，在不引起生产事故的前提下，可在生产管网上设置必要的消火栓，作为消防备用水源，或将生产给水管网与消防给水管网相连接，作为消防的第二水源，但生产用水转换成消防用水的阀门不应超过两个，且开启阀门的时间不应超过5min，以利于及时供应火场消防用水。

（3）生活、生产和消防合用给水系统。大中城镇的给水系统基本上都是生活、生产和消防合用给水系统。采用这种给水系统有时可以节约大量投资。从维护使用方面看，这种系统也比较安全可靠，当生活和生产用水量很大，而消防用水量不大时宜采用这种给水系统，生产、生活和消防合用的给水系统，要求当生产、生活用水达到了最大小时用水量时，仍应保持室内和室外消防用水量，消防用水量按最大秒流量计算。

(4) 独立的消防给水系统。当工业企业内生产、生活用水量较小而消防水量较大，合并在一起不经济时，或者3种用水合并在一起技术上不可能时，或者是生产用水可能被易燃、可燃液体污染时，常采用独立的消防给水系统。设置有高压带架水枪、水喷雾消防设施等的消防给水系统基本上也都是独立的消防给水系统。

9.3.2.3 管网布置

室外消防给水系统按管网布置形式分为环状管网给水系统和枝状管网给水系统。

(1) 环状管网给水系统。在平面布置上，形成若干闭合环的管网给水系统，称为环状管网给水系统。由于环状管网的干线彼此相通，水流四通八达，供水安全可靠，并且其供水能力比枝状管网供水能力大1.5~2.0倍（在管径和水压相同的条件下），因此，在一般情况下，凡担负有消防给水任务的给水系统管网，均应布置成环状管网，以确保消防给水。

(2) 枝状管网消防给水系统。管网在平面布置上，干线成树枝状，分枝后干线彼此无联系的管网给水系统，称为枝状管网给水系统。由于枝状管网内，水流从水源地向用水单一方向流动，当某段管网检修或损坏时，其下游就无水，将会造成火场供水中断，因此，消防给水系统不应采用枝状管网消防给水系统。在城镇建设的初期，输水干管要一次形成环状管网有困难时，可允许采用枝状管网，但在重点保护部位应设置消防水池，并应考虑今后有形成环状管网的可能。

9.3.2.4 室外消火栓

(1) 室外消火栓按设置条件分为地上消火栓和地下消火栓。

1) 地上消火栓：地上消火栓部分露出地面，具有目标明显、易于寻找、出水操作方便等特点，适应于气温较高地区，但地上消火栓容易冻结、易损坏，有些场合妨碍交通，影响市容。

2) 地下消火栓：地下消火栓设置在消火栓井内，具有不易冻结、不易损坏、便利交通等优点，适应于北方寒冷地区使用。但地下消火栓操作不便，目标不明显，因此，要求在地下消火栓旁设置明显标志。

(2) 室外消火栓按压力分为低压消火栓和高压消火栓。

1) 低压消火栓：室外低压消防给水系统的管网上设置的消火栓，称为低压消火栓。低压消火栓是供应火场消防车用水的供水设备。

2) 高压消火栓：室外高压或临时高压消防给水系统的管网上设置的消火栓，称为高压消火栓。高压消火栓直接出水带、水枪就可进行灭火，不需消防车或其他移动式消防水泵加压。

9.3.3 低倍数泡沫灭火系统

9.3.3.1 低倍数泡沫灭火系统定义

泡沫灭火系统是指由一整套设备和程序组成的灭火措施。

低倍数泡沫是指泡沫混合液吸入空气后，体积膨胀小于20倍的泡沫。低倍数泡沫灭火系统主要用于扑救原油、汽油、煤油、柴油、甲醇、丙酮等B类的火灾，适用于炼油厂、化工厂、油田、油库、为铁路油槽车装卸油的鹤管栈桥、码头、飞机库、机场等。一般民用建筑泡沫消防系统等常采用低倍数泡沫消防系统。低倍数泡沫液有普通蛋白泡沫液，氟蛋白泡沫液，水成膜泡沫液（轻水泡沫液），成膜氟蛋白泡沫液及抗溶性泡沫液等几种类型。

固定式泡沫灭火系统由固定的泡沫液消防泵、泡沫液贮罐、比例混合器、泡沫混合液的输送管道及泡沫产生装置等组成，并与给水系统连成一体。当发生火灾时，先启动消防泵、打开相关阀门，系统即可实施灭火。

固定式泡沫灭火系统的泡沫喷射方式可采用液上喷射和液下喷射方式。

9.3.3.2 《泡沫灭火系统设计规范》（GB 50151—2010）的要求

在规范中对低倍数泡沫灭火系统做了具体的规定和适用场合：固定顶储罐、外浮顶储罐、内浮顶储罐、其他场所。

9.3.3.3 常见泡沫混合器

常见泡沫混合器如图9-11所示。

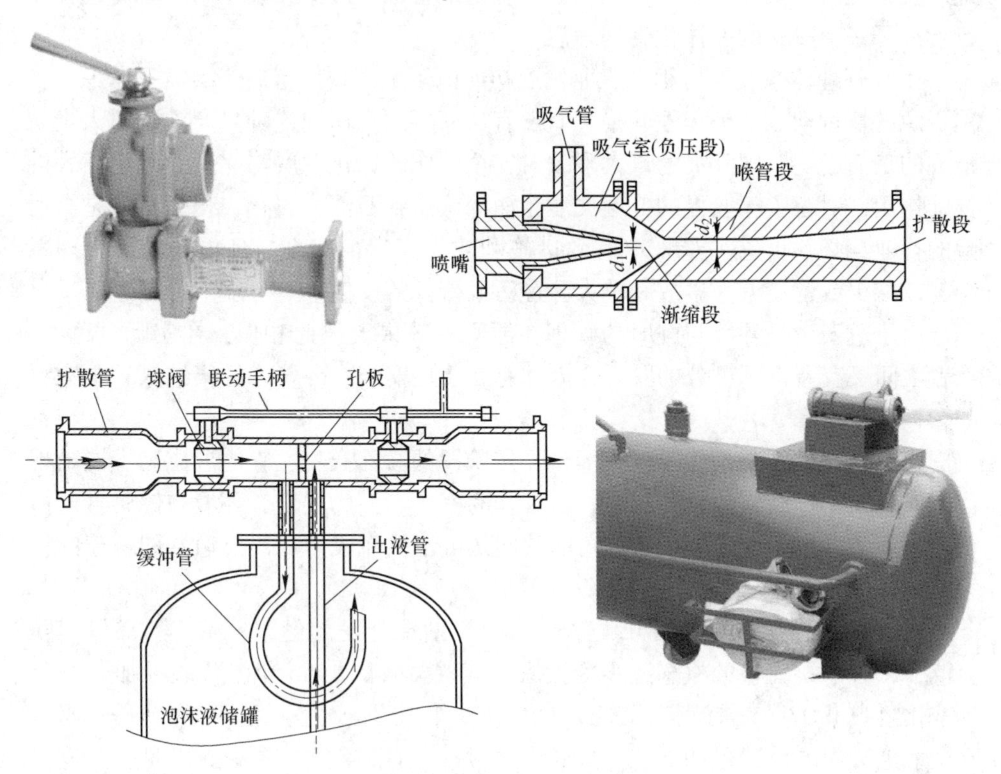

图9-11 常见泡沫混合器

10 安 全 管 理

10.1 什么是 HSE 体系

健康（Health）、安全（Safety）与环境（Environment）管理体系简称为 HSE 管理体系，三位一体的管理体系。责任制是 HSE 管理体系的核心。

HSE 是石油天然气工业通行的管理体系，体现当今石油天然气企业在大城市环境下的规范运作，突出了预防为主、领导承诺、全员参与、持续改进的科学管理思想，是石油天然气工业实现现代管理的准行证。健康、安全与环境管理体系已形成了一套完整的一体化管理思想。

HSE 管理体系发展历程在工业发展初期由于生产技术落后，人类只考虑对自然资源的盲目索取和破坏性开采，而没有从深层次意识到这种生产方式对人类所造成的负面影响。国际上的重大事故对安全工作的深化发展与完善起到了巨大的推动作用，引起了工业界的普遍关注，深深认识到石油、石化、化工行业是高风险的行业，必须更进一步采取有效措施和建立完善的安全、环境与健康管理系统，以减少或避免重大事故和重大环境污染事件的发生。

由于对安全、环境与健康的管理在原则和效果上彼此相似，在实际过程中，三者之间又有着密不可分的联系，因此有必要把安全、环境和健康纳入一个完整的管理体系。

HSE 管理体系是现代工业发展到一定阶段的必然产物，它的形成和发展是现代工业多年工作经验积累的成果。HSE 作为一个新型的安全、环境与健康管理体系，得到了世界上许多现代大公司的共同认可，从而成为现代公司共同遵守的行为准则。

1991 年，在荷兰海牙召开了第一届油气勘探开发的健康、安全、环保国际会议，HSE 这一完整的概念逐步为大家所接受。我国 1995 年派代表参加了国际标准化组织 ISO/OHS 特别工作组工作；1999 年 10 月，国家经贸委颁发了《职业安全卫生管理体系试行标准》；2001 年 12 月，国家经贸委颁发了《职业安全卫生管理体系指导意见》和《职业安全健康管理体系审核规范》。中国石油天然气总公司于 1997 年颁布了石油天然气行业标准，中国石油化工集团于 2001 年 2 月正式颁布集团 HSE 管理体系标准。

10.2 HSE 体系的要素和措施

10.2.1 一般要素

HSE 管理体系包括的一般要素如下：

（1）领导承诺、方针目标和责任。公司最高领导自上而下的承诺，并建立 HSE 保障体系；制订企业的方针目标并管理，建立企业 HSE 管理体系的指导思想；企业建立组织机构，明确不同部门、不同岗位、不同工种的责任。

（2）组织机构、职责、资源和文件管理。企业建立 HSE 管理机构，明确职责、权限和隶属关系；合理配置人力、财力和物力资源广泛开展培训，提高全员的意识和技能；为保证 HSE 管理体系正常运转，要形成完整的、适宜的、有效的文件控制。

（3）风险评价和隐患治理。明确评价对象，建立评价方法和程序，确定危害和事故的影响因素，选择判别标准，做好记录，建立详细目标和量化指标；进行生产过程中存在的隐患评估和治理。

（4）承包商和供应商的安全、健康与环境体系管理要求。

（5）装置（设施）的设计和建设。

（6）HSE 管理体系的运行和维修。

（7）变更管理和应急管理。

（8）HSE 管理体系的检查和监督。

（9）事故处理和预防。

（10）体系的审核、评审和持续改进。

10.2.2 主要措施

把 HSE 方针、目标分解到企业的基层单位，把识别危害、削减风险的措施、责任诸级落实到岗位人员，真正使 HSE 管理体系从上到下的规范运作，体现“全员参加、控制风险、持续改进、确保绩效”的工作要求。实施 HSE 管理体系可采用《HSE 作业指导书》《HSE 作业计划书》和“HSE 检查表”（简称“两书一表”）的整套做法。

“两书一表”的基础是 HSE 风险管理，“两书一表”的关键是落实责任，“两书一表”的作用是推动持续改进。

10.3 HSE 体系的设计

10.3.1 HSE 管理体系的核心

领导和承诺是 HSE 管理体系的核心。承诺是 HSE 管理的基本要求和动力，自上而下的承诺和企业 HSE 文化的培育是体系成功实施的基础。

HSE 管理体系的基本要素有：核心和条件部分、循环链部分、辅助方法和工具部分。

（1）核心和条件部分除了领导和承诺外，良好的 HSE 表现所需的人员组织、资源和文件是体系实施和不断改进的支持条件。

（2）循环链部分包括：

1）方针和目标：对 HSE 管理的意向和原则的公开声明，体现了组织对 HSE 的共同意图、行动原则和追求。

2）规划：具体的 HSE 行动计划，包括了计划变更和应急反应计划。

3）评价和风险管理：对 HSE 关键活动、过程和设施的风险的确定和评价，及风险控制措施的制定。

4）实施和监测：对 HSE 责任和活动的实施和监测，及必要时所采取的纠正措施。

5）评审和审核：对体系、过程、程序的表现、效果及适应性的定期评价。

6）纠正与改进：不作为单独要素列出，而是贯穿于循环过程的各要素中。

（3）辅助方法和工具。辅助方法和工具是为有效实施管理体系而设计的一些分析、统计方法。

10.3.2 建立 HSE 管理体系的指导原则

建立 HSE 管理体系的指导原则内容包括：

（1）第一责任人的原则。随着生命和健康成为保障人权的重要内涵。HSE 管理体系，强调最高管理者的承诺和责任，企业的最高管理者是 HSE 的第一责任者，对 HSE 应有形成文件的承诺，并确保这些承诺转变为人、财、物等资源的支持。

（2）全员参与的原则。HSE 管理体系立足于全员参与，突出“以人为本”的思想。体系规定了各级组织和人员的 HSE 职责，强调单位内的各级组织和全体员工必须落实 HSE 职责。

（3）重在预防的原则。在单位的 HSE 管理体系中，风险评价和隐患治理、承包商和供应商管理、装置（设施）设计和建设、运行和维修、变更管理和应急管理这 5 个要素，着眼点在于预防事故的发生，并特别强调了企业的高层管理者对 HSE 必须从设计抓起，认真落实设计部门高层管理者的 HSE 责任。初步设计的安全环保篇要有 HSE 相关部门的会签批复，设计施工图纸应有 HSE 相关部门审查批准签章，强调了设计人员要具备 HSE 的相应资格。风险评价是一个不间断的过程，是所有 HSE 要素的基础。

（4）以人为本的原则。HSE 管理体系强调了单位所有的生产经营活动都必须满足 HSE 管理的各项要求，突出了人的行为对单位事业成功的至关重要，建立培训系统并对人员技能及其能力进行评价，以保证 HSE 水平的提高。

10.4 HSE 体系的框架结构与管理理念

10.4.1 HSE 管理体系的结构特点

HSE 管理体系的结构特点有：

（1）HSE 管理体系是一个持续循环和不断改进的结构，即“计划—实施—检查—持续改进”的结构。

（2）由若干个要素组成。关键要素有：领导和承诺，方针和战略目标，组织机构、资源和文件，风险评估和管理，规划，实施和监测，评审和审核等。

（3）各要素不是孤立的。这些要素中，领导和承诺是核心；方针和战略目标是方向；组织机构、资源和文件作为支持；规划、实施、检查、改进是循环链过程。

（4）在实践过程中，管理体系的要素和机构可以根据实际情况做适当调整。

10.4.2 HSE 管理体系的理念

HSE 管理体系所体现的管理理念是先进的，它主要体现了以下管理思想和理念：

（1）注重领导承诺的理念。组织对社会的承诺、对员工的承诺及领导对资源保证和法律责任的承诺，是 HSE 管理体系顺利实施的前提。承诺要传递到组织内部和外部相关各方，并逐渐形成一种自主承诺、改善条件、提高管理水平的组织思维方式和文化。

（2）体现以人为本的理念。组织在开展各项工作和管理活动过程中，始终贯穿着以人为本的思想，从保护人的生命角度和前提下，使组织的各项工作得以顺利进行。人的生命和健康是无价的，工业生产过程中不能以牺牲人的生命和健康为代价来换取产品。

（3）体现预防为主、事故是可以预防的理念。我国安全生产的方针是“安全第一，预防为主”，怎样贯彻落实这一方针 HSE 体系可以做到。HSE 管理体系始终贯穿了对各项工作事前预防的理念，贯穿了所有事故都是可以预防的理念。事故的发生往往由人的不安全行为、机械设备的不良状态、环境因素和管理上的缺陷等引起。HSE 管理体系系统地建立起了预防的机制。

（4）贯穿持续改进可持续发展的理念。HSE 管理体系贯穿了持续改进和可持续发展的理念。也就是人们常说的，没有最好，只有更好。体系建立了定期审核和评审的机制。每次审核要对不符合项目实施改进，不断完善。这样，使体系始终处于持续改进的趋势，不断改正不足，坚持和发扬好的做法，按 PDCA 循环模式运行，实现组织的可持续发展。

（5）体现全员参与的理念。安全工作是全员的工作，是全社会的工作。HSE 管理体系中就充分体现了全员参与的理念。在确定各岗位的职责时要求全员参与，在进行危害辨识时要求全员参与，在进行人员培训时要求全员参与，在进行审核时要求全员参与。通过广泛的参与，形成组织的 HSE 文化，使 HSE 理念深入到每一个员工的思想深处，并转化为每一个员工的日常行为。

10.4.3 进行 HSE 管理的目的

HSE 管理的目的如下：

（1）满足政府对健康、安全和环境的法律、法规要求；

（2）为企业提出的总方针、总目标以及各方面具体目标的实现提供保证；

（3）减少事故发生，保证员工的健康与安全，保护企业的财产不受损失；

（4）保护环境，满足可持续发展的要求；

（5）提高原材料和能源利用率，保护自然资源，增加经济效益；

（6）减少医疗、赔偿、财产损失费用，降低保险费用；

（7）满足公众的期望，保持良好的公共和社会关系；

（8）维护企业的名誉，增强市场竞争能力。

10.5 安全标准化建设

10.5.1 安全生产标准化内涵

安全生产标准化体现了“安全第一、预防为主、综合治理”的方针和“以人为本”的科学发展观，强调企业安全生产工作的规范化、科学化、系统化和法制化，强化风险管理和过程控制，注重绩效管理和持续改进，符合安全管理的基本规律，代表了现代安全管理的发展方向，是先进安全管理思想与我国传统安全管理方法、企业具体实际的有机结合，有效提高企业安全生产水平，从而推动我国安全生产状况的根本好转。

安全生产标准化主要包含目标职责、制度化管理、教育培训、现场管理、安全投入、安全风险管控及隐患排查治理、应急管理、事故查处、绩效评定、持续改进 10 个方面。

《危险化学品从业单位安全标准化通用规范》文件规定了危化品企业安全生产标注化评审条件、流程、评审单位、达标分级及其他相关要求。并且国家又颁发了《企业安全生产标准化基本规范》（GB/T 33000）。

10.5.2 标准化一般要求

《企业安全生产标准化基本规范》（GB/T 33000）的一般要求如下。

开展安全生产标准化工作要遵循“安全第一、预防为主、综合治理”的方针，以隐患排查治理为基础，提高安全生产水平，减少事故发生，保障人身安全健康，保证生产经营活动的顺利进行。

10.5.3 标准化核心要求（部分）

《企业安全生产标准化基本规范》（GB/T 33000）的核心要求如下。

10.5.3.1 建立岗位职责

建立安全生产责任制，明确各级单位、部门和人员的安全生产职责。

10.5.3.2 安全生产投入

建立安全生产投入保障制度，完善和改进安全生产条件，按规定提取安全费用，专项用于安全生产，并建立安全费用台账。

10.5.3.3 法律法规与安全管理制度

建立健全安全生产规章制度，并发放到相关工作岗位，规范从业人员的生产作业行为。

安全生产规章制度至少应包含下列内容：安全生产职责、安全生产投入、文件和档案管理、隐患排查与治理、安全教育培训、特种作业人员管理、设备设施安全管理、建设项目安全设施“三同时”管理、生产设备设施验收管理、生产设备设施报废管理、施工和检维修安全管理、危险物品及重大危险源管理、作业安全管理、相关方及外用工管理，职业健康管理、防护用品管理，应急管理，事故管理等。

根据生产特点，编制岗位安全操作规程，并发放到相关岗位。

10.5.3.4 教育培训

A 操作岗位人员教育培训

对操作岗位人员进行安全教育和生产技能培训，使其熟悉有关的安全生产规章制度和安全操作规程，并确认其能力符合岗位要求。未经安全教育培训，或培训考核不合格的从业人员，不得上岗作业。

新入职人员在上岗前必须经过厂、车间、班组三级安全教育，并有记录。

在新工艺、新技术、新材料、新设备设施投入使用前，应对有关操作岗位人员进行专门的安全教育和培训。

操作岗位人员转岗、离岗一年以上重新上岗者，应进行车间、班组安全教育培训，经考核合格后，方可上岗工作。

从事特种作业的人员应取得特种作业操作资格证书，方可上岗作业。

B 其他人员教育培训

对相关方现场作业人员进行安全教育培训。

对外来参观、学习等人员进行危害及应急知识的教育和告知。

10.5.3.5 生产设备设施

A 生产设备设施建设

所有设备设施应符合有关法律法规、标准规范要求；安全设备设施应与建设项目主体工程同时设计、同时施工、同时投入生产和使用。

生产设备设施变更应执行变更管理制度，履行变更程序，并对变更的全过程进行隐患控制。

B 设备设施运行管理

有专人负责管理各种安全设备设施，建立台账，定期检维修。

安全设备设施不得随意拆除、挪用或弃置不用；确因检维修拆除的，应采取临时安全措施，检维修完毕后立即复原。

10.5.3.6 作业安全

A 生产现场管理和生产过程控制

对存在的隐患，应进行分析和控制。对动火作业、受限空间内作业、临时用电作业、高处作业等危险性较高的作业活动实施作业许可管理，严格履行审批手续。作业许可证应包含危害因素分析和安全措施等内容。

B 警示标志

按照《安全标志及其使用导则》（GB 2894—2016）和企业内部规定，在有较大危险因素的作业场所和设备设施上，设置明显的安全警示标志，进行危险提示、警示，告知危险的种类、后果及应急措施等。

C 相关方管理

对承包商、供应商等的资格预审、选择、服务前准备、作业过程、提供的产品、技术服务、表现评估、续用等进行管理。

双方的项目协议应明确规定双方的安全生产责任和义务。

10.5.3.7 隐患排查和治理

A 隐患排查

应组织事故隐患排查工作，对隐患进行分析评估，确定隐患等级，登记建档，及时采取有效的治理措施。

排查方案应依据：

（1）有关安全生产法律、法规要求；

（2）设计规范、管理标准、技术标准；

（3）企业的安全生产目标等。

B 排查范围与方法

隐患排查的范围应包括所有与生产经营相关的场所、环境、人员、设备设施和活动。

C 隐患治理

根据隐患排查的结果，制定隐患治理方案，对隐患及时进行治理。重大事故隐患在治理前应采取临时控制措施并制定应急预案。

10.5.3.8 重大危险源监控

A 辨识与评估

依据有关标准对本单位的危险设施或场所进行重大危险源辨识与安全评估。

B 登记建档与备案

对确认的重大危险源及时登记建档，并按规定备案。

C 监控与管理

建立健全重大危险源安全管理制度，制定重大危险源安全管理技术措施。

10.5.3.9 职业健康

A 职业健康管理

定期对作业场所职业危害进行检测，在检测点设置标识牌予以告知，并将检测结果存入职业健康档案。

B 职业危害告知和警示

与从业人员订立劳动合同时，应将工作过程中可能产生的职业危害及其后果和防护措施如实告知从业人员，并在劳动合同中写明。

10.5.3.10 应急救援

A 应急预案

制定生产安全事故应急预案，并针对重点作业岗位制定应急处置方案或措施，形成安全生产应急预案体系。

B 应急设施、装备、物资

建立应急设施，配备应急装备，储备应急物资，并进行经常性的检查、维护、保养，确保其完好、可靠。

C 应急演练

组织生产安全事故应急演练，并对演练效果进行评估。

10.5.4 危险化学品从业单位安全标准化通用规范（部分）

10.5.4.1 原则

（1）企业应结合自身特点，依据本规范的要求，开展安全标准化。

（2）安全标准化的建设，应当以危险、有害因素辨识和风险评价为基础，树立任何事故都是可以预防的理念，与企业其他方面的管理有机地结合起来，注重科学性、规范性和系统性。

（3）安全标准化的实施，应体现全员、全过程、全方位、全天候的安全监督管理原则，通过有效方式实现信息的交流和沟通，不断提高安全意识和安全管理水平。

（4）安全标准化采取企业自主管理，安全标准化考核机构考评、政府安全生产监督管理部门监督的管理模式，持续改进企业的安全绩效，实现安全生产长效机制。

10.5.4.2 实施

（1）安全标准化的建立过程，包括初始评审、策划、培训、实施、自评、改进与提高6个阶段。

（2）初始评审阶段：依据法律法规及本规范要求，对企业安全管理现状进行初始评估，了解企业安全管理现状、业务流程、组织机构等基本管理信息，发现差距。

（3）策划阶段：根据相关法律法规及本规范的要求，针对初始评审的结果，确定建立安全标准化方案，包括资源配置、进度、分工等；进行风险分析；识别和获取适用的安全生产法律法规、标准及其他要求；完善安全生产规章制度、安全操作规程、台帐、档案、记录等；确定企业安全生产方针和目标。

（4）培训阶段：对全体从业人员进行安全标准化相关内容培训。

（5）实施阶段：根据策划结果，落实安全标准化的各项要求。

（6）自评阶段：应对安全标准化的实施情况进行检查和评价，发现问题，找出差距，提出完善措施。

（7）改进与提高阶段：根据自评的结果，改进安全标准化管理，不断提高安全标准化实施水平和安全绩效。

附录　工艺图纸中的图标与图例

附录1　机泵类（部分）

名　称	图　例	名　称	图　例
压缩机		回转式压缩机	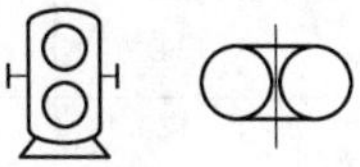
往复式压缩机	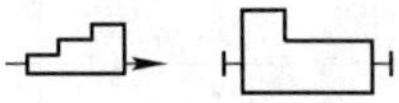	离心式压缩机	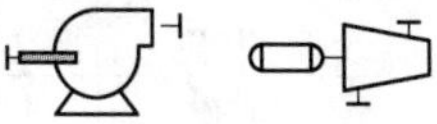
离心式鼓风机	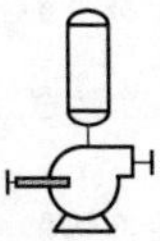	立式泵	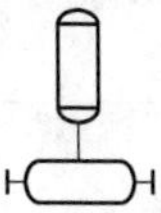
卧式泵	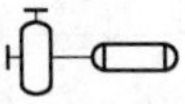	真空泵	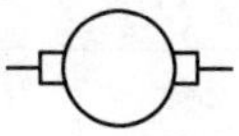
齿轮泵	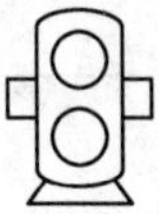	配比泵	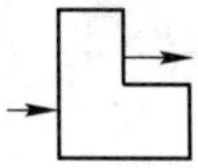
螺杆泵	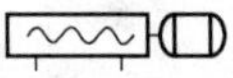	正排量泵	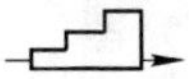
泵	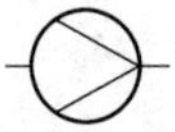	离心泵	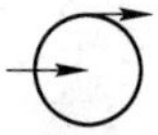
往复式泵	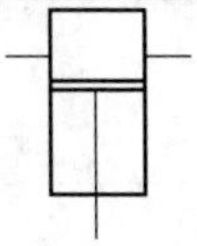	旋转泵	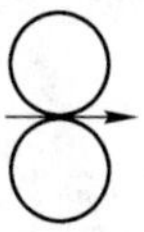
扇叶		潜水泵	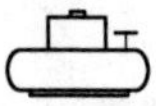
螺杆透平压缩机	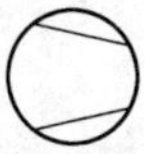	活塞式压缩机	

附录 2　换热器类（部分）

名　称	图　例	名　称	图　例
管式换热器	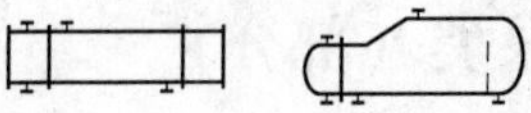	管翅式换热器	
浮头换热器		板式换热器	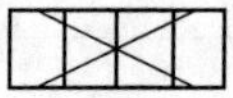
热交换器	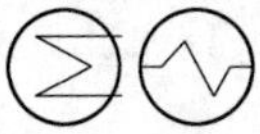	冷却塔	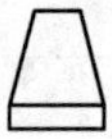
U 型管换热器	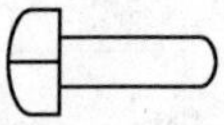	重沸器	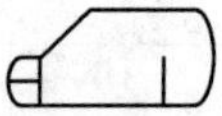
板式换热器	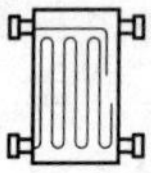	套管换热器	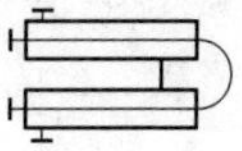
电加热	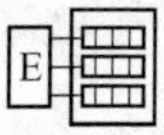 E	空冷器	

附录 3　常用设备类（部分）

名　称	图　例	名　称	图　例
板式塔	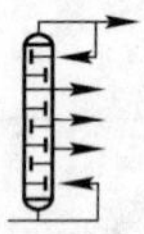	填料塔	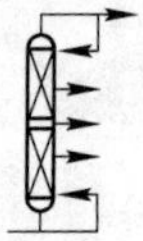
分离器		加热炉	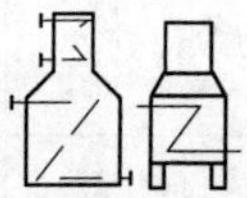

附录 4　阀门类（部分）

名　称	图　例	名　称	图　例
止回阀		闸阀	
常闭闸阀		球心阀	
旋塞阀		手动闸阀	
蝶阀		手动法兰阀	
球阀		常闭球阀	
电动阀		三通阀	
针阀		旋转阀	
控制阀		背压调节阀	
手动角阀		安全阀	
减压阀		隔膜阀	
电磁阀	S	电动阀	M
三通阀		四通阀	
常开阀	C.S.O	常闭阀	C.S.C

附录 5　管道和连接线（部分）

名　称	图　例	名　称	图　例
主管道		副管道	
过程连接		未来线	
箭头		防爆膜	
蒸汽伴热管道		电伴热管道	
夹套管	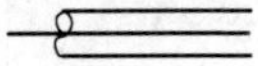	翅片管	
限流孔板	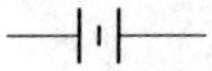	喷淋管	
管端法兰		管端帽	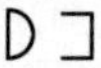
承插焊	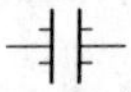	螺纹连接	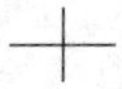
孔板	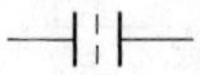	法兰盖	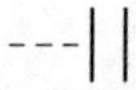
异径管	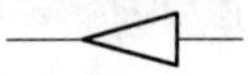	文氏管	
斜率的要求	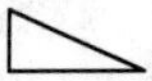	过滤器	
喇叭口		可拆卸短管	
篮式过滤器	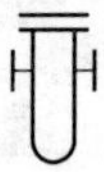	Y 型过滤器	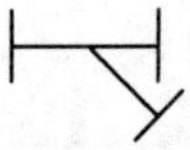
圆锥过滤器		阀组	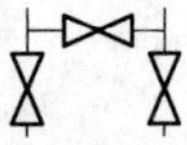
伸缩缝		放空管	
消防栓		旋转接头	
软管		挠性软管	
夹式法兰连接		补偿	
盲板		8 字盲板	
孔板		喷射器	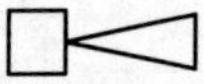
T 型过滤器	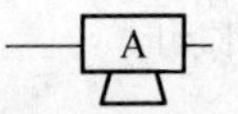 A	视镜	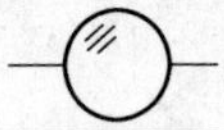

附录6　仪表类（部分）

名　称	图　例	名　称	图　例
指示器		液面指示器	LI
中央控制		流量记录仪	FR
压力计		压力指示控制	PIC 105
共享指示器		带手轮及定位器气动调节阀	P
温度计	TI	气动三通切断阀	P P
温度自动控制	TC	气动蝶阀	P
压力指示器	PI	二位二通电磁阀	S
压力变送器	PT 55	二位五通电磁阀	B A S P R
流量变送器	FT	控制面板	

续附录 6

名　称	图　例	名　称	图　例
本地控制		液面报警器	LA 25
流量计		转子流速计	R
可配置显示器		压力记录	PRC 40
温度变送器	TT	带手轮气动调节阀	P
流量指示器	FI	气动调节阀	P
液面控制器	LC 65	电动调节阀	E
传感器	1 P	二位三通电磁阀	S 1 2 3
流量控制器	FC	气动蝶阀	P